孫子集註

魏武帝等註
清孫星衍等校

重刊清嘉慶孫星衍校刊
岱南閣叢書孫子十家註

孫子兵法序

黃帝李法周公司馬法已佚。太公六韜原本今不傳。兵家言惟孫子十三篇最古。古人學有所受。孫子之學或即出于黃帝。故其書通三才五行。本之仁義。佐以權謀。其說甚正。古之名將用之則勝。違之則敗。稱為兵經。比于六藝。良不媿也。孫子為吳將兵。以三萬破楚二十萬。入郢威齊晉之功歸之子胥。故春秋傳不載其名。蓋功成不受官。越絕書稱巫門外大冢。吳王客孫武冢。是其証也。其著兵書八十二篇。圖九卷。見藝文志。其圖八陳有苹車之陳。見周官鄭注。有算經。今存。有雜占六甲兵法。見隋志。其與吳王問答。見于吳越春秋諸書者甚多。或即八十二篇之文。今惟傳此十三篇者。史記稱闔閭有十三篇吾盡觀之之語。七錄孫子兵法三卷。史記正義云。十三篇為上卷。又有中下二卷。則上卷是孫子手定。見於吳王。故歷代傳之勿失也。秦漢已來用兵皆用其法。而或祕其書。不肯註以傳世。魏武始為之註。云撰為略解。謙言解其觕略。漢官解詁稱魏氏瑣連孫武之法。則謂其捷要。杜牧疑為魏武刪削者謬也。此本十五卷。為宋吉天保所集。見宋藝文志。稱十家會註。十家者。一魏武。二梁孟氏。三唐李筌。四杜牧。五陳皡。六賈林。七宋梅聖俞。八王晳。九何延錫。十張預也。書中或改曹公為曹操。或以孟氏置唐人之後。或不知何延錫之名。稱為何氏。或多出杜佑而置在其孫杜牧之後。吉天保之不深究此書可知。今皆校勘更正。杜佑實未註孫子。其文即通典也。多與曹註同。而文較備。疑佑用曹公王淩孟氏諸人古註。故有王子曰。即淩也。今或非全註本。孫子有王淩張子尚賈詡沈友鄭本。所採不足。今佚矣。曩予游關中。讀華陰嶽廟道藏。見有此書。後有鄭友賢遺說一卷。友賢亦見鄭樵通志。蓋宋人。又從大興朱氏處見明人刻本。餘則世無傳者。國家令甲以孫子校士。所傳本或多錯謬。當用古本是正其文。適吳念湖太守畢恬溪孝廉皆為此學。所得或過于予。遂刊一編以課武士。孔子曰。軍旅之事未之學。又曰。我戰則克。孔子定禮正樂。兵則五禮之一。不必以為專門之學。故云未學。所為聖人有所不知。或行軍好謀則學之。或善將將如伍子胥之用孫子。又何必自學之。故又曰。我戰則克也。今世泥孔子之言。以為兵書不足觀。又泥趙括徒能讀父書之言。以為成法不足用。又見兵書有權謀有反間。以為非聖人之法。

皆不知吾儒之學者。吏之治事可習而能。然古人猶有學製之懼。兵凶戰危。將不素習。未可以人命為嘗試。則十三篇之不可不觀也。項梁教籍兵法。籍略知其意。不肯竟學。卒以傾覆。不知兵法之弊。可勝言哉。宋襄徐偃仁而敗。兵者危機。當用權謀。孔子猶有要盟勿信。微服過宋之時。安得妄責孫子以言之不純哉。孫子蓋陳書之後。陳書見春秋傳。稱孫書。姓氏書以為景公賜姓。言非無本。又泰山新出孫夫人碑。亦云與齊同姓。史遷未及深考。吾家出樂安。真孫子之後。媿余徒讀祖書。考証文字。不通方略。亦享承平之福者久也。陽湖孫星衍撰。

編按.原刻本之孫子原文與十家註文.字體大小相同.皆一欄一行.而孫星衍校文為一欄雙行併排.分別甚明.此刊特予括號標明.唯孫子原文下之校文列於各家之前.讀之義甚明了.故不另加標示.另有校刊之處.前皆加編按二字以別之.

孫子序 按太平御覽作孫子兵法序.

魏武帝

操聞上古有弧矢之利。論語曰足兵。御覽足兵上有足食二字.尚書八政曰師。易曰師貞丈人吉。詩曰王赫斯怒爰征其旅。黃帝湯武咸用干戚以濟世也。司馬法曰人故殺人殺之可也。恃武者滅。恃文者亡。二恃字御覽皆作用.夫差偃王是也。聖人之用兵。御覽作聖賢之於兵也.戢而時動。不得已而用之。吾觀兵書戰策多矣。孫武所著深矣。孫子者齊人也。名武為吳王闔閭作兵法一十三篇試之婦人。卒以為將。西破強楚入郢。北威齊晉。後百歲餘有孫臏。是武之後也。自孫子者以下五十字據御覽補.按史記正義引魏武帝註云孫子者齊人.事於吳王闔閭為吳將作兵法十三篇.正義所引即謂此文也.審計重舉。明畫深圖。不可相誣。而但世人未之深亮訓說況文煩富。行於世者失其旨要。故撰為略解焉。

孫子本傳

孫子武者。齊人也。以兵法見於吳王闔閭。闔閭曰。子之十三篇吾盡觀之矣。可以小試勒兵乎。對曰。可。闔閭曰。可試以婦人乎。曰。可。於是許之。出宮中美人得百八十人。孫子分為二隊。以王之寵姬二人各為隊長。皆令持戟。令之曰。汝知而心與左右手背乎。婦人曰。知之。孫子曰。前則視心。左視左手。右視右手。後即視背。婦人曰。諾。約束既布。乃設鈇鉞。即三令五申之。於是鼓之右。婦人大笑。孫子曰。約束不明。申令不熟。將之罪也。復三令五申。而鼓之左。婦人復大笑。孫子曰。約束不明。申令不熟。將之罪也。既已明。而不如法者。吏士之罪也。乃欲斬左右隊長。吳王在臺上觀。見且斬愛姬。大駭。趣使使下令曰。寡人已知將軍能用兵矣。寡人非此二姬。食不甘味。願勿斬也。孫子曰。臣既已受命為將。將在軍。君命有所不受。遂斬隊長二人以徇。用其次為隊長。於是復鼓之。婦人左右前後跪起。皆中規矩繩墨。無敢出聲。於是孫子使使報王曰。兵既整齊。王可試下觀之。唯王所欲用之。雖赴水火猶可也。吳王曰。將軍罷休就舍。寡人不願下觀。孫子曰。王徒好其言。不能用其實。於是闔閭知孫子能用兵。卒以為將。西破彊楚入郢。北威齊晉。顯名諸侯。孫子與有力焉。孫武既死。越絕書曰.吳縣巫門外大冢.孫武冢也.去縣十里. 後百餘歲而有孫臏。臏生阿鄄之間。臏亦孫武之後世孫也。臏嘗與龐涓俱學兵法。龐涓既事魏。得為惠王將軍。而自以為能不及孫臏。乃陰使召孫臏。臏至。龐涓恐其賢於己。疾之。則以法刑斷其兩足而黥之。欲隱勿見。齊使者如梁。孫臏以刑徒陰見說齊使。齊使以為奇。竊載與之齊。齊將田忌善而客待之。忌數與齊公子馳逐重射。孫子見其馬足不甚相遠。馬有上中下輩。於是孫子謂田忌曰。君第重射。臣能令君勝。田忌信然之。與王及諸公子逐射千金。及臨質。孫子曰。今以君之下駟與彼上駟。取君上駟與彼中駟。取君中駟與彼下駟。既馳三輩畢。而田忌一不勝而再勝。卒得王千金。於是忌進孫子於威王。威王問兵法。遂以為師。其後魏伐趙。趙急。請救於齊。齊威王欲將孫臏。臏辭謝曰。刑餘之人不可。於是乃以田忌為將。而孫子為師。居輜車中。坐為計謀。田忌欲引兵之趙。孫子曰。夫解雜亂紛糾者不控捲。救門者不搏撠。批亢擣虛。形格勢禁。則自為解耳。今梁趙相攻。輕兵銳卒必竭於外。老弱罷於內。君不若引兵疾走大梁。據其街路。衡其方虛。彼必釋趙而自救。是我一舉解趙之圍而收弊於魏也。田忌從之。魏果去邯鄲。與齊戰於桂陵。大破梁軍。後十五年。魏與趙攻韓。韓告急於齊。齊使田忌將而往。直走大梁。魏將龐涓聞之。去韓而歸齊軍既已過而西矣。孫子謂田忌曰。彼三晉之兵素悍勇輕齊。齊號為怯。善戰者因其勢而利導之。兵法百里而趨利者蹷上將。（魏武帝曰。蹷猶挫也。）五十里而趨利者軍半至。使齊軍入魏地為十萬竈。明日為五萬竈。又明日為二萬竈。龐涓行三日。大喜曰。我固知齊軍怯。入吾地三日。士卒亡者過半矣。乃棄其步車。與其輕銳倍日并行逐之。孫子度其行。暮當至馬陵。馬陵道狹。而旁多阻隘。可伏兵。乃斫大樹而書之曰。龐涓死於此樹之下。於是令齊軍善射者萬弩夾道而伏。期日暮見火舉而俱發。龐涓果夜至斫木下○見白書○乃鑽火燭之○讀其書未畢○齊軍萬弩俱發○魏軍大亂相失○龐涓自知智窮兵敗○乃自剄○曰○遂成豎子之名○齊因乘勝盡破其軍○虜魏太子申以歸○孫臏以此名顯天下○世傳其兵法○

孫子集註　目錄

孫子集註卷一

賜進士及第署山東提刑按察使分巡兗沂曹濟黃河兵備道孫星衍　賜進士出身署萊州府知府候補同知吳人驥　同校

計篇

曹公曰.計者.選將.量敵.度地.料卒.遠近.險易.計於廟堂也.○李筌曰.計者.兵之上也.太乙遁甲先以計神加德宮以斷主客成敗.故孫子論兵.亦以計為篇首.○杜牧曰.計.算也.曰.計算何事.曰.下之五事.所謂道.天地.將.法也.於廟堂之上.先以彼我之五事.計算優劣.然後定勝負.勝負既定.然後興師動眾.用兵之道.莫先此五事.故著為篇首耳.○王皙曰.計者.謂計主將.天地.法令.兵眾.士卒.賞罰也.○張預曰.管子曰.計先定於內.而後兵出境.故用兵之道.以計為首也.或曰.兵貴臨敵制宜.曹公謂計於廟堂者.何也.曰.將之賢愚.敵之強弱.地之遠近.兵之眾寡.安得不先計之.及乎兩軍相臨.變動相應.則在於將之所裁.非可以隃度也.

孫子曰。兵者。國之大事。杜牧曰.傳曰.國之大事.在祀與戎.○張預曰.國之安危在兵.故講武練兵.實先務也.死生之地。存亡之道。不可不察也。李筌曰.兵者.凶器.死生存亡繫於此矣.是以重之.恐人輕行者也.○杜牧曰.國之存亡．人之死生．皆由於兵．故須審察也．○賈林曰．地猶所也．亦謂陳師振旅戰陳之地．得其利則生．失其便則死．故曰死生之地．道者．權機立勝之道．得之則存．失之則亡．故曰不可不察也．書曰．有存道者．輔而固之．有亡道者．推而亡之．○梅聖俞曰．地有死生之勢．戰有存亡之道．○王晳曰．兵舉則死生存亡繫之．○張預曰．民之死生兆於此．則國之存亡見於彼．然死生曰地．存亡曰道者．以死生在勝負之地．而存亡繫得失之道也．得不重愼審察乎．

故經之以五校之計。而索其情。

通典古本如此．今本作經之以五事．校之以計．蓋後人因註內有五事之言．又下文有校之以計句．故臆改之也．按本書言兵之所重在計．故云．經之以五校之計也．且五事與計自一事．原非截然兩端．今因註內五事之言而改其文．然則下文又有七事之語．又可臆改為七計乎．從通典．編按漢墓竹簡本及宋明諸本此句．計上皆有以字．而讀為經之以五校之以計．於義為勝．○曹公曰．謂下五事．彼我之情．（原本作謂下五事七計．求彼我之情也．按此亦後人臆增．從通典御覽改正．）○李筌曰．謂下五事也．校量也．量計遠近．而求物情以應敵．○杜牧曰．經者．經度也．五者．即下所謂五事也．校者．校量也．計者．即篇首計算也．索者．搜索也．情者．彼我之情也．此言先須經度五事之優劣．次復校量計算之得失．然後始可搜索彼我勝負之情狀．○賈林曰．校量彼我之計謀．搜索兩軍之情實。則長短可知。勝負易見。○梅堯臣曰。經紀五事。校定計利。○王晳曰。經常也。又經緯也。計者謂下七計。索盡也。兵之大經。不出道天地將法耳。就而校之以七計。然後能盡彼己勝負之情狀也。○張預曰。經經緯也。上先經緯五事之次序。下乃用五事以校計彼我之優劣。探索勝負之情狀。

一曰道。杜佑曰。德化。（據通典補下四句同）○張預曰。恩信使民。

二曰天。杜佑曰。惠覆。○張預曰。上順天時。

三曰地。杜佑曰。慈愛。○張預曰。下知地利。

四曰將。杜佑曰。經略。○張預曰。委任賢能。

五曰法。杜佑曰。制作。○杜牧曰。此之謂五事也。○王晳曰。此經之五事也。夫用兵之道。人和為本。天時與地利則其助也。三者具。然後議舉兵。兵舉必須將能。將能然後法修。孫子所次此之謂矣。○張預曰。節制嚴明。夫將與法在五事之末者。凡舉兵伐罪。廟堂之上。先察恩信之厚薄。後度天時之逆順。次審地形之險易。三者已孰。然後命將征之。兵既出境。則法令一從於將。此其次序也。

道者。令民與上同意也。令民二字。原本脫。今據通典北堂書鈔太平御覽補。又按下文主孰有道。張預注云。所謂令民與上同意之道也。○張預曰。以恩信道義撫眾。則三軍一心。樂為上用。易曰。悅以犯難。民忘其死。

故可與之死。可與之生。而民不畏危。原本作可以與之死。可以與之生。而不畏危。今據通典北堂書鈔太平御覽改正。又通典引民作人。避唐諱。危作佹。字之誤也。○曹公曰。謂道之以教令。危者危疑也．○孟氏曰．一作人不疑．謂始終無二志也．一作人不危道．謂道之以政令齊之以禮教故能化服民志與上下同一也故用兵之妙以權術為道．大道廢而有法．法廢而有權．權廢而有勢．勢廢而有術．術廢而有數．大道淪替．人情訛偽．非以權數而取之．則不得其欲也．故其權術之道．使民上下同進趨．同愛憎．一利害．故人心歸於德．得人之力．無私之至也．故百萬之眾．其心如一．可與俱同死力．動而不至危亡也．臣之於君．下之於上．若子之事父．弟之事兄．若手臂之捍頭目而覆胸臆也．如此．始可與上同意．死生同致．不畏懼於危疑．○杜佑曰．謂導之以政令．齊之以禮教也．危者．疑也．上有仁施．下能致命也．故與處存亡之難．不畏傾危之敗．若晉陽之圍．沉竈產蛙．人無叛疑心矣．○李筌曰．危．亡也．以道理眾．人自化之．得其同用．何亡之有．○杜牧曰．道者．仁義也．李斯問兵於荀卿．對曰．彼仁義者．所以修政者也．政修則民親其上．樂其君．輕為之死．復對趙孝成王論兵曰．百將一心．三軍同力．臣之於君也．下之於上也．若子之事父．弟之事兄．若手臂之捍頭目而覆胸臆也．如此始可令與上同意．死生同致．不畏懼於危疑也．○陳皡註同杜牧．○賈林曰．將能以道為心．與人同利共患．則士卒服．自然心與上者同也．使士卒懷我如父母．視敵如仇讎者．非道不能也．黃石公云．得道者昌．失道者亡．○梅堯臣曰．危．戾也．主有道．則政教行．人心同．則危戾去．故主安與安．主危與危．○王晳曰．道．謂主有道．能得民心也．夫得民之心者．所以得死力也．得死力者．所以濟患難也．易曰．悅以犯難．民忘其死．如是則安畏危難之事乎。○張預曰。危疑也。士卒感恩。死生存亡與上同之。決然無所疑懼。

天者陰陽寒暑時制也。

通典制上有節字。誤。御覽一引作節制。一引作時制。○曹公曰。順天行誅。因陰陽（通典及御覽陰陽下有剛柔二字。）四時之制。故司馬法曰。冬夏不興師。所以兼愛民也。○孟氏曰。兵者。法天運也。陰陽者。剛柔盈縮也。用陰則沉虛固靜。用陽則輕捷猛厲。後則用陰。先則用陽。陰無蔽也。陽無察也。陰陽之象無定形。故兵法天。天有寒暑。兵有生殺。天則應殺而制物。兵則應機而制形。故曰天也。○杜佑曰。謂順天行誅。因陰陽四時剛柔之制。故司馬法曰。冬夏不興師。所以兼愛吾民。若細雨沐軍。臨機必有捷。回風相觸。道還而無功。雲類群羊。必走之道。氣如驚鹿。必敗之勢。黑雲出壘。赤氣臨軍。皆敗之兆。若烟非烟。此慶雲也。必勝。若霧非霧。是泣軍也。必敗。是知風雲之占。由來久矣。（故司馬法曰以下。原本無。今據通典及太平御覽補。）○李筌曰。應天順人。因時制敵。○杜牧曰。陰陽者。五行刑德向背之類是也。今五緯行止。最可據驗。巫咸甘氏石氏唐蒙史墨梓慎裨竈之徒。皆有著述。咸稱祕奧。察其指歸。皆本人事。準星經曰。歲星所在之分不可攻。攻之反受其殃也。左傳昭三十二年夏。吳伐越。始用師於越。史墨曰。不及四十年。越其有吳乎。越得歲而吳伐之。必受其凶。註曰。存亡之數。不過三紀。歲星三周。三十六歲。故曰不及四十年也。此年歲在星紀。星紀吳分也。歲星所在。其國有福。吳先用兵。故反受其殃。哀二十二年。越滅吳。至此三十八歲也。李淳風曰。天下誅秦歲星聚於東井.秦政暴虐.失歲星仁和之理.違歲星恭肅之道.拒諫信讒.是故胡亥終於滅亡.復曰.歲星清明潤澤.所在之國分大吉.君令合於時.則歲星光嘉.年豐人安.君尚暴虐.令人不便.則歲星色芒角而怒.則兵起.由此言之.歲星所在.或有福德.或有災祥.豈不皆本於人事乎.夫吳越之君.德均勢敵.闔閭興師.志於吞滅.非為拯民.故歲星福越而禍吳.秦之殘酷.天下誅之.上合天意.故歲星禍秦而祚漢.熒惑罰星也.宋景公出一善言.熒惑移三舍.而延二十七年.以此推之.歲為善星.不福無道.火為罰星.不罰有德.舉此二者.其他可知.況所臨之分.隨其政化之善惡.各變其本色.芒角大小.隨為禍福.各隨時而占之.淳風曰.夫形器著於下.精象係於上.近取之身.耳目為肝腎之用.鼻口實心腹所資.彼此影響.豈不然歟.易曰.在天成象.在地成形.變化見矣.蓋本於人事而已矣.刑德向背之說.尤不足信.夫刑德天官之陳.背水陳者為絕紀.(編按:當作絕地.史記淮陰侯背水陳而破趙.後自引兵法曰.陷之死地而後生云云.死地意同此絕地也.) 向山坂陳者為廢軍.武王伐紂.背清水向山坂而陳.以二萬二千五百人.擊紂之億萬之眾.今可目覩者.國家自元和已後.至今三十年間.凡四伐趙寇昭義軍.加以數道之眾.常號十萬.圍之臨城縣.攻其南不拔.攻其北不拔.攻其東不拔.攻其西不拔.其四度圍之.通有十歲.十歲之內.東西南北.豈有刑德向背王相吉辰哉.其不拔者.豈不曰城堅池深.糧多人一哉.復以往事驗之.秦累世戰勝.竟滅六國.豈天道二百年間常在乾方.福德常居

鶡首．豈不曰穆公已還．卑身趨士．務耕戰．明法令．而致之乎．故梁惠王問尉繚子曰．黃帝有刑德可以百戰百勝．其有之乎．尉繚子曰．不然．黃帝所謂刑德者．刑以伐之．德以守之．非世之所謂刑德也．夫舉賢用能者．不時日而利．明法審令者．不卜筮而吉．貴功養勞者．不禱祠而福．周武王伐紂．師次於汜水共頭山．風雨疾雷．鼓旗毀折．王之驂乘惶懼欲死．太公曰．夫用兵者．順天道未必吉．逆之未必凶．若失人事．則三軍敗亡．鬼神視之不見．聽之不聞．故智者不法．愚者拘之．若乃好賢而任能．舉事而得時．此不看時日而事利．不假卜筮而事吉．不待禱祀而福從．遂命驅之前進．周公曰．今時太歲逆．龜灼言凶．卜筮不吉．星凶為災．請還師．太公怒曰．今紂剖比干．囚箕子．以飛廉為政．伐之有何不可．枯草朽骨．安可知乎．乃焚龜折蓍．率眾先涉．武王從之．遂滅紂．宋高祖圍慕容超於廣固．將攻城．諸將諫曰．今往亡之日．兵家所忌．高祖曰．我往彼亡．吉孰大焉．乃命悉登．遂克廣固．後魏太祖武帝討後燕慕容麟．甲子晦日進軍．太史令鼂崇奏曰．昔紂以甲子日亡．帝曰．周武豈不以甲子日興乎．崇無以對．遂戰破之．後魏太武帝征夏赫連昌於統萬城．師次城下．昌鼓譟而前．會有風雨從賊後來．太史進曰．天不助人．將士飢渴．願且避之．崔浩曰．千里制勝．一日之中．（編按之中二字據北史崔浩傳補）豈得變易．風道在人．豈有常也．帝從之．昌軍大敗．或曰．如此者．陰陽向背．定不足信．孫子敘之何也．答曰．夫暴君昏主．或為一坊（編按古寶字）一馬．則必殘人逞志．非以天道鬼神．誰能制止．故孫子敘之。蓋有深旨。寒暑時氣。節制其行止也。周瑜為孫權數曹公四敗。一曰。今盛寒。馬無藳草。驅中國士衆遠涉江湖。不習水土。必生疾病。此用兵之忌也。寒暑同歸於天時。故聯以敘之也。○賈林曰。讀時制為時氣。謂從其善時。占其氣候之利也。○梅堯臣曰。兵必參天道。順氣候。以時制之。所謂制也。司馬法曰。冬夏不興師。所以兼愛民也。○王晳曰。謂陰陽。總天道五行四時風雲氣象也。善消息之。以助軍勝。然非異人特授其訣。則未由也。若黃石授書張良。乃太公兵法是也。意者豈天機神密。非常人所得知耶。其諸十數家紛紜。抑未足以取審矣。寒暑。若吳起云。疾風大寒。盛夏炎熱之類。時制。因時利害而制宜也。范蠡云。天時不作。弗為人客是也。○張預曰。夫陰陽者。非孤虛向背之謂也。蓋兵自有陰陽耳。范蠡曰。後則用陰。先則用陽。盡敵陽節。盈吾陰節而奪之。又云。設右為牝。益左為牡。早晏以順天道。李衛公解曰。左右者人之陰陽。早晏者天之陰陽。奇正者天人相變之陰陽。此皆言兵自有陰陽剛柔之用。非天官日時之陰陽也。今觀尉繚子天官之篇。則義最明矣。太白陰經亦有天無陰陽之篇。皆著為卷首。欲以決世人之惑也。太公曰。聖人欲止後世之亂。故作為譎書。以寄勝於天道。無益於兵也。是亦然矣。唐太宗亦曰。凶器無甚於兵。行兵苟便於人事。豈以避忌為疑也。寒暑者。謂冬夏興師也。漢征匈奴。士多墮指。馬援征蠻。卒多疫死。皆冬夏興師故也。時制者。謂順天時而制征討也。太白陰經言天時者。乃水旱蝗雹荒亂之天時。非孤虛向背之天時也。

地者。遠近險易廣

狹死生也。曹公曰．言以九地形勢不同．因時制利也．（通典及御覽作制度非）論在九地篇中．○李筌曰．得形勢之地．有死生之勢．○梅堯臣曰．知形勢之利害．凡用兵貴先知地形．知遠近則能為迂直之計．知險易則能審步騎之利．知廣狹則能度眾寡之用．知死生則能識戰散之勢也．

將者。智信仁勇嚴也。按潛夫論引作智仁敬信勇嚴．是漢時故書如此．○曹公曰．將宜五德備也．○李筌曰．此五者．為將之德．故師有丈人之稱也．○杜牧曰．先王之道．以仁為首．兵家者流．用智為先．蓋智者．能機權識變通也．信者．使人不惑於刑賞也．仁者．愛人憫物．知勤勞也．勇者．決勝乘勢．不逡巡也．嚴者．以威刑肅三軍也．楚申包胥使於越．越王勾踐將伐吳．問戰焉．曰．夫戰智為始．仁次之．勇次之．不智則不能知民之極．無以詮度天下之眾寡．不仁則不能與三軍共飢勞之殃．不勇則不能斷疑以發大計也．○賈林曰．專任智則賊．偏施仁則固．守信則愚．恃勇力則暴．令過嚴則殘．五者兼備．各適其用．則可為將帥．○梅堯臣曰．智能發謀．信能賞罰．仁能附眾．勇能果斷．嚴能立威．○王晳曰．智者．先見而不惑．能謀慮．通權變也．信者．號令一也．仁者．惠撫惻隱．得人心也．勇者．徇義不懼．能果毅也．嚴者．以威嚴肅眾心也．五者相須．闕一不可．故曹公曰．將宜五德備也．○何延錫曰．非智不可以料敵應機．非信不可以訓人率下．非仁不可以附眾撫士．非勇不可以決謀合戰．非嚴不可以服強齊眾．全此五才．將之體也．○張預曰．智不可亂．信不可欺．仁不可暴．勇不可懼．嚴不可犯．

五德皆備.然後可以為大將.

法者。曲制官道主用也。曹公曰.曲制者.部曲旛幟金鼓之制也.官者.百官之分也.道者.糧路也.主用者.主軍費用也.（原本作主君誤.今從通典御覽改正）○李筌曰.曲.部曲也.制.節度也.官.爵賞也.道.路也.主.掌也.用者.軍資用也.皆師之常法.而將所治也.○杜牧曰.曲者.部曲隊伍有分畫也.制者.金鼓旌旗有節制也.官者.偏裨校列各有官司也.道者.營陳開闔各有道徑也.主者.管庫廝養.職守主張其事也.用者.車馬器械.三軍須用之物也.荀卿曰.械用有數.兵者以食為本.須先計利糧道.然後興師.○梅堯臣曰.曲制.部曲隊伍分畫必有制也.官道.裨校首長統率必有道也.主用.主軍之資糧百物必有用度也.○王晳曰.曲者.卒伍之屬.制者.節制其行列進退也.官者.群吏偏裨也.道者.軍行及所舍也.主者.主守其事.用者.凡軍之用.謂輜重糧積之屬.○張預曰.曲.部曲也.制.節制也.官.謂分偏裨之任.道.謂利糧餉之路.主者.職掌軍資之人.用者.計度費用之物.六者用兵之要.宜處置有其法.

凡此五者。將莫不聞。知之者勝。御覽無知字.非.**不知者不勝。**曹公曰.同聞五者.將知其變極.即勝也.（原本誤於而索其情下.今改正）○張預曰.以上五事.人人同聞.但深曉變極之理則勝.不然則敗.

故校之以計（通典上有用兵之道四字.此意增也.又御覽計字上有五字.）**而索其情。**曹公曰.索其情者.勝負之情．○杜佑曰．索其勝負之情．索音山格反．搜索之義也．（據通典御覽補）○杜牧曰．謂上五事．將欲聞知校量計算彼我之優劣．然後搜索其情狀．乃能必勝．不爾則敗．○賈林曰．書云．非知之艱．行之惟難．○王晳曰．當盡知也．言雖周知五事．待七計以盡其情也．○張預曰．上已陳五事．自此而下．方考校彼我之得失．探索勝負之情狀也．

曰。主孰有道。 杜牧曰．孰誰也．言我與敵人之主．誰能遠佞親賢．任人不疑也。○梅堯臣曰：誰能得人心也。○王晳曰．若韓信言項王匹夫之勇．婦人之仁．名雖為霸．實失天下心．謂漢王入武關．秋毫無所害．除秦苛法．秦民亡不欲大王王秦者是也．○何氏曰．書曰．撫我則后．虐我則讎．撫虐之政．孰有之也．○張預曰．先校二國之道．誰有恩信之道．即上所謂令民與上同意者之道也．若淮陰料項王仁勇過高祖．而不賞有功．為婦人之仁．亦是也．

將孰有能。 曹公曰．道德智能．（按御覽引校之以計作校之以五計．五計者．主孰有道．將孰有能．一也．天地孰得．二也．法令孰行．三也．兵眾孰強．士卒孰練．四也．賞罰孰明．五也．故其註文各附正文．而主孰有道．將孰有能．為一節．兵眾孰強．士卒孰練為一節．今杜佑註于兵眾士卒二句．亦合解之．然則魏武解辨．本詳其註意．亦與杜佑同也．道德智能四字．既統釋二句．不當在主孰有道句下．今改正．）○杜佑曰．道德智能．主君也．（原本作主君也．道道德也．此合註者改之．今從通典御覽訂正．）必先考校兩國之君主．知能否也．（原本作兩國之君．誰知誰否也．據通典御覽改正．）若荀息料虞公貪而好寶.宮之奇懦而不能強諫.是也.○李筌曰.孰實也.有道之主必有智能之將.范增辭楚.陳平歸漢.即其義也.（按李筌及杜佑註原本誤附于主孰有道句下.今改正.）○杜牧曰.將孰有能者.上所謂智信仁勇嚴.若漢高祖料魏將柏直不能當韓信之類也.**天地孰得.**曹公李筌並曰.天時地利.○杜佑曰.視兩軍所據.知誰得天時地利.○杜牧曰.天者.上所謂陰陽寒暑時制也.地者.上所謂遠近險易廣狹死生也.○梅堯臣曰.稽合天時.審察地利.○王晳同杜牧註.○張預曰.觀兩軍所舉.誰得天時地利.若魏武帝盛冬伐吳.慕容超不據大峴則失天時地利者也.**法令孰行.**曹公曰.設而不犯.犯而必誅.○杜佑曰.設而不犯.犯而必誅.（原本刪去此八字.今據通典御覽補.）發號出令.知誰能施行也.（原本作校孰下不敢犯.今從通典御覽改正.）○杜牧曰.縣法設令.貴賤如一.魏絳戮僕.曹公斷髮是也.○梅堯臣曰.齊眾以法.一眾以令.○王晳曰.孰能法明令便.人聽而從.○張預曰.魏絳戮揚干.穰苴斬莊賈.呂蒙誅鄉人.臥龍刑馬謖.茲所謂設而不犯.犯而必誅.誰為如此.**兵眾孰強.**杜牧曰.上下和同.勇於戰為強.卒眾車多為強.○梅堯臣曰.內和外附.○王晳曰.強弱足以相形而知.○張預曰.車堅馬良.士勇兵利.聞鼓而喜.聞金而怒.誰者為然.**士卒孰練.**杜佑曰.知誰兵器強利.士卒簡練者.故王子曰.士不素習.當陣惶惑.將不素習.臨陣闇變.○梅堯臣曰.車騎閑習.孰國精粗.○王晳曰.孰訓之精.○何氏曰.勇怯強弱.豈能一槩.○張預曰.離

合聚散之法．坐作進退之令．誰素閑習．**賞罰孰明**。杜佑曰．賞善罰惡．知誰分明者．故王子曰．賞無度則費而無恩．罰無度則戮而無威．○杜牧曰．賞不僭．刑不濫．○梅堯臣曰．賞有功．罰有罪．○王晳曰．孰能賞必當功．罰必稱情．○張預曰．當賞者雖仇怨必錄．當罰者雖父子不舍．又司馬法曰．賞不逾時．罰不遷列．於誰為明．**吾以此知勝負矣**。曹公曰．以七事計之．知勝負矣．○杜佑曰．以上七事．料敵情知勝負所在．（據通典御覽補）○賈林曰．以上七事．校彼我之政．則勝敗可見．○梅堯臣曰．能索其情．則知勝負．○張預曰．七事俱優．則未戰而先勝．七事俱劣．則未戰而先敗．故勝負可預知也．

將聽吾計。用之必勝。留之。將不聽吾計。用之必敗。去之。曹公曰．不能定計．則退而去也．○孟氏曰．將．裨將也．聽吾計畫而勝．則留之．違吾計畫而敗．則除去之．○杜牧曰．若彼自備護．不從我計．形勢均等．無以相加．用戰必敗．引而去．故春秋傳曰．允當則歸也．○陳皥曰．孫武以書干闔閭曰．聽用吾計策．必能勝敵．我當留之不去．不聽吾計策．必當負敗．我去之不留．以此感動．庶必見用．故闔閭曰．子之十三篇寡人盡觀之矣．其時闔閭行軍用師．多用為將．故不言主而言將也．○梅堯臣曰．武以十三篇干吳王闔閭．故首篇以此辭動之．謂王將聽吾計而用戰必勝．我當留此也．王將不聽我計而用戰必敗．我當去此也．○王晳曰．將．行也．用．謂用兵耳．

言行聽吾此計用兵.則必勝.我當留行.不聽吾此計用兵.則必敗.我當去也.○張預曰.將辭也.孫子謂今將聽吾所陳之計而用兵.則必勝.我乃留此矣.將不聽吾所陳之計而用兵.則必敗.我乃去之他國矣.以此辭激吳王而求用.

計利以聽。乃為之勢。以佐其外。曹公曰.常法之外也.○李筌曰.計利既定.乃乘形勢之便也.佐其外者.常法之外也.○杜牧曰.計算利害.是軍事根本.利害既見聽用.然後於常法之外.更求兵勢以助佐其事也.○賈林曰.計其利.聽其謀.得敵之情.我乃設奇譎之勢以動之.外者.或傍攻.或後躡.以佐正陳.○梅堯臣曰.定計於內.為勢於外.以助成勝.○王晳曰.吾計之利已聽.復當知應變以佐其外.○張預曰.孫子又謂吾所計之利若已聽從.則我當復為兵勢以佐助其事於外.蓋兵之常法即可明言於人.兵之勢利須因敵而為.

勢者。因利而制權也。曹公曰.制由權也.權因事制也.○李筌曰.謀因事勢.○杜牧曰.自此便言常法之外勢.夫勢者不可先見.或因敵之害見我之利.或因敵之利見我之害.然後始可制機權而取勝也.○梅堯臣曰.因利行權以制之.○王晳曰.勢者乘其變者也.○張預曰.所謂勢者.須因事之利.制為權謀以勝敵耳.故不能先言也.自此而後.略言權變.

兵者。詭道也。曹公曰.兵無常形.以詭詐為道.○杜佑曰.兵無常形.以詭詐為道.若息侯誘蔡.楚子謀宋也.(據御覽補)○李筌曰．兵不厭詐．○梅堯臣曰．非譎不可以行權．非權不可以制敵．○王晳曰．詭者．所以求勝敵．御眾必以信也．○張預曰．用兵雖本於仁義．然其取勝必在詭詐．故曳柴揚塵．欒枝之譎也．萬弩齊發．孫臏之奇也．千牛俱奔．田單之權也．囊沙壅水．淮陰之詐也．此皆用詭道而制勝也．

故能而示之不能。

張預曰．實強而示之弱．實勇而示之怯．李牧敗匈奴．孫臏斬龐涓之類也．

用而示之不用。

杜佑曰．言己實能用師．外示之怯也．（原本作言己實能用．外示之以不能不用．使敵不我備也．按此後人所改．今從御覽訂正．編按原本以能用為二事．較合孫子原義．應不改為是．）若孫臏減竈而制龐涓．○李筌曰．言已實用師．外示之怯也．漢將陳豨反．連兵匈奴．高祖遣使十輩視之．皆言可擊．復遣劉敬．報曰．匈奴不可擊．上問其故．對曰．夫兩國相制．宜矜誇其長．今臣往．徒見羸老．此必能而示之不能．臣以為不可擊也．高祖怒曰．齊虜以口舌得官．今妄沮吾眾．械繫敬廣武．以三十萬眾至白登．高祖為匈奴所圍．七日乏食．此師外示之以怯之義也．○杜牧曰．此乃詭詐藏形．夫形也者．不可使見於敵．敵人見形必有應．傳曰．鷙鳥將擊．必藏其形．如匈奴示羸老於漢使之義也．○王晳曰．強示弱．勇示怯．治示亂．實示虛．智示愚．眾示寡．進示退．速示遲．取示捨．彼示此．○何氏曰．能而示之不能者．如單于羸師誘高祖圍於平城是也．用而示之不用者．李牧按兵於雲中．大敗匈奴是也．○張預曰．欲戰而示之退．欲速而示之緩．班超擊莎車．趙奢破秦軍之類也．

近而示之

遠。遠而示之近。杜佑曰.欲進而理去道也.言多宜設其近.（原本作欲近而設其遠也.欲遠而設其近也.按此後人改之以牽合二句辭義淺俚.又與下文不接.今從御覽訂正.）誑耀敵軍.示之以遠.本從其近.若韓信之襲安邑.陳舟臨晉而渡夏陽.（陳舟句原本刪去.今從御覽補.）○李筌曰.令敵失備也.漢將韓信虜魏王豹.初陳舟欲渡臨晉.乃潛師浮木罌從夏陽襲安邑.而魏失備也.耿弇之征張步.亦先攻臨淄.皆示遠勢也.○杜牧曰.欲近襲敵.必示以遠去之形.欲遠襲敵.必示以近進之形.韓信盛兵臨晉.而渡於夏陽.此乃示以近形而遠襲敵也.後漢末曹公袁紹相持官渡.紹遣將郭圖淳于瓊顏良等攻東郡太守劉延於白馬.紹引兵至黎陽.將渡河.曹公北救延津.荀攸曰.今兵少不敵.分兵勢乃可.公致兵延津.將欲渡兵向其後.紹必西應之.然後輕兵襲白馬.掩其不備.顏良可擒也.公從之.紹聞兵渡.即留分兵西應之.公乃引趨白馬.未至十餘里.良大驚來𢧐.使張遼關羽前進擊破斬顏良.解白馬圍.此乃示以遠形而近襲敵也.○賈林曰.去就在我.敵何由知.○梅堯臣曰.使其不能測.○王晳同上註.○何氏曰.遠而示之近者.韓信陳舟臨晉而渡夏陽是也.近而示之遠者.晉侯伐虢假道于虞是也.○張預曰.欲近襲之.反示以遠.吳與越夾水相拒.越為左右句卒.相去各五里.夜爭鳴鼓而進.吳人分以禦之.越乃潛涉.當吳中軍而襲之.吳大敗.是也.欲遠攻之.反示以近.韓信陳兵臨晉而渡於夏陽是也.

利而誘之。杜牧曰.趙將李牧大縱畜牧人眾滿野.匈奴小入。佯北不勝。以數千人委之。單于聞之。大喜。率眾大至。牧多為奇陳。左右夾擊。大破殺匈奴十餘萬騎也。○賈林曰。以利動之。動而有形。我所以因形制勝也。○梅堯臣曰。彼貪利。則以貨誘之。○何氏曰。利而誘之者。如赤眉委輜重而餌鄧禹是也。○張預曰。示以小利。誘而克之。若楚人伐絞。莫敖曰。絞小而輕。請無扞采樵者以誘之。於是絞人獲楚三十人。明日絞人爭出。驅楚役徒於山中。楚人設伏兵於山下而大敗之。是也。

亂而取之。 李筌曰。敵貪利必亂也。秦王姚興征禿髮傉檀。悉驅部內牛羊。散放於野。縱秦人虜掠。秦人得利。既無行列。傉檀陰分十將。掩而擊之。大敗秦人。斬首七千餘級。亂而取之之義也。○杜牧曰。敵有昏亂。可以乘而取之。傳曰。兼弱攻昧。取亂侮亡。武之善經也。○賈林曰。我令姦智亂之。候亂而取之也。○梅堯臣曰。彼亂。則乘而取之。○王晳曰。亂為無節制。取言易也。○張預曰。詐為紛亂。誘而取之。若吳越相攻。吳以罪人三千。示不整而誘越。罪人或奔或止。越人爭之。為吳所敗是也。言敵亂而後取者是也。春秋之法。凡書取者。言易也。魯師取邿。是也。

實而備之。 曹公曰。敵治實。須備之也。○李筌曰。備敵之實。蜀將關羽欲圍魏之樊城。懼吳將呂蒙襲其後。乃多留備兵守荊州。蒙知其旨。遂詐之以疾。羽乃撤去其備兵。遂為蒙所取。而荊州沒吳。則其義也。○杜牧曰。對壘相持。不論虛實。常須為備。此言居常無事。鄰封接境。敵若修政治實。上下相愛。賞罰明信。士卒精練。即須備之。不待交兵。然後為備也。○陳皞曰。敵若不動。完實謹備。則我亦自實以備敵也。○梅堯臣曰。彼實則不可不備。○王晳曰。彼將有以擊吾之不備也。○何氏曰。彼敵但見其實而未見其虛之形。則當蓄力而備之也。○張預曰。經曰。角之而知有餘不足之處。有餘則實也。不足則虛也。言敵人兵勢既實。則我當為不可勝之計以待之。勿輕舉也。李靖軍鏡曰。觀其虛則進。見其實則止。

強而避之。曹公曰。避其所長也。○杜佑曰。彼府庫充實。士卒銳盛。則當退避以伺其虛懈。變而應之。○李筌曰。量力也。楚子伐隨。隨之臣季梁曰。楚人上左。君必左。無與王遇。且攻其右。右無良焉。必敗。偏敗。衆乃攜矣。少師曰。不當王。非敵也。不從。隨師敗績。隨侯逸。攻強之敗也。○杜牧曰。逃避所長。言敵人乘兵強氣銳。則當須且回避之。待其衰懈。候其間隙而擊之。晉末嶺南賊盧循徐道覆乘虛襲建鄴。劉裕禦之。曰。賊若新亭直上。且當避之。回泊蔡洲。乃成擒耳。徐道覆欲焚舟直上。循以為不可。乃泊於蔡洲。竟以敗滅。○賈林曰。以弱制強。理須待變。○梅堯臣曰。彼強則我當避其銳。○王晳曰。敵兵精銳。我勢寡弱。則須退避。○張預曰。經曰。無邀正正之旗。無擊堂堂之陳。言敵人行陳修整。節制嚴明。則我當避之。不可輕肆也。若秦晉相攻。交綏而退。蓋各防其失敗也。

怒而撓之。曹公曰。待其衰懈也。○孟氏曰。敵人盛怒。當屈撓之。○李筌曰。將之多怒者。權必易亂。性不堅也。漢相陳平謀撓楚權。以太牢具進楚使。驚是亞夫使邪。乃項王使邪。此怒而撓之者也。○杜牧曰。大將剛戾者。可激之令怒。則逞志快意。志氣撓亂。不顧本謀也。○梅堯臣曰。彼褊急易怒。則撓之使憒急輕戰。○王晳曰。敵持重則激怒以撓之。○何氏曰。怒而撓之者。漢兵擊曹咎於汜水是也。○張預曰。彼性剛忿則辱之令怒志氣撓惑則不謀而輕進。若晉人執宛春以怒楚是也。尉繚子曰。寬不可激而怒言性寬者則不可激怒而致之也。

卑而驕之。杜佑曰。彼其舉國興師。怒而欲進。則當外示屈撓以高其志。俟惰歸。要而擊之。故王子曰。善用法者如貍之與鼠。力之與智。示之猶卑。靜而下之。○李筌曰。幣重而言甘。其志不小。後趙石勒稱臣於王浚。左右欲擊之。浚曰。石公來欲奉我耳。敢言擊者斬。設饗禮以待之。勒乃驅牛羊數萬頭。聲言上禮。實以填諸街巷。使浚兵不得發。乃入薊城。擒浚於廳。斬之而并燕。卑而驕之。則其義也。○杜牧曰。秦末匈奴冒頓初立。東胡強。使使謂冒頓曰。欲得頭曼時千里馬。冒頓以問群臣。群臣皆曰。千里馬國之寶。勿與。冒頓曰。奈何與人鄰國愛一馬乎。遂與之。居頃之。東胡使使來曰。願得單于一閼氏。冒頓問群臣。群臣皆怒曰。東胡無道。乃求閼氏。請擊之。冒頓曰。與人鄰國愛一女子乎。與之。居頃之。東胡復曰。匈奴有棄地千里。吾欲有之。冒頓問群臣。群臣曰。與之亦可。不與亦可。冒頓大怒曰。地者國之本也。本何可與。諸言與者皆斬之。冒頓上馬。令國中有後者斬。東襲東胡。東胡輕冒頓。不為之備。冒頓擊滅之。冒頓遂西擊月氏。南并樓煩白羊河南。北侵燕代。悉復收秦所使蒙恬所奪匈奴地也。○陳皥曰。所欲必無所顧惜。子女以惑其心。玉帛以驕其志。范蠡鄭武之謀也。○梅堯臣曰。示以卑弱。以驕其心。○王晳曰。示卑弱以驕之。彼不虞我而擊其間。○張預曰。或卑辭厚賂。或羸師佯北。皆所以令其驕怠。吳子伐齊。越子率眾而朝。王及列士皆有賂。吳人皆喜。惟子胥懼曰。是豢吳也。後果為越所滅。楚伐庸。七遇皆北。庸人曰。楚不足與戰矣。遂不設備。楚子乃為二隊以伐之。遂滅庸。皆其義也。

佚而勞之。

御覽作引而勞之。親而離之下。又有佚而勞之四字。按本文誘與取為韻。備與避為韻。撓驕與勞為韻。不應于親而離之下復重出也。○一本作引而勞之。○曹公曰。以利勞之。○李筌曰。敵佚而我勞之者。善功也。吳伐楚。公子光問計於伍子胥。子胥曰。可為三師以肄焉。我一師至。彼必盡眾而出。彼出我歸。亟肄以疲之。多方以誤之。然後三師以繼之。必大克。從之。楚於是始病吳矣。○杜牧曰。吳公子光問伐楚於伍員。員曰。可為三軍以肄焉。我一師至。彼必盡出。彼出則歸。亟肄以疲之。多方以誤之。然後三師以繼之。必大克。從之。於是子重一歲七奔命。於是乎始病吳。終入郢。後漢末。曹公既破劉備。備奔袁紹。引兵欲與曹公戰。別駕田豐曰。操善用兵。未可輕舉。不如以久持之。將軍據山河之固。有四州之地。外結英豪。內修農戰。然後揀其精銳。分為奇兵。乘虛迭出。以擾河南。救右則擊其左。救左則擊其右。使敵疲於奔命。人不安業。我未勞而彼已困矣。不及三年。可坐克也。今釋廟勝之策。而決成敗於一戰。悔無及也。紹不從。故敗。○梅堯臣曰。以我之佚。待彼之勞。○王晳曰。多奇兵也。彼出則歸。彼歸則出。救左則右。救右則左。所以罷勞之也。○何氏曰。孫子有治力之法。以佚而待勞。故論敵佚。我宜多方以勞弊之。然後可以制勝。○張預曰我則力全彼則道敝若晉楚爭鄭久而不決晉知武子乃分四軍為三部晉各一動而楚三來于是三駕而楚不能與之爭又申公巫臣教吳伐楚於是子重一歲七奔命是也

親而離之。曹公曰以間離之○杜佑曰以利誘之使五間并入辯士馳說親彼君臣分離其形勢若秦遣反間欺誑趙君使廢廉頗而任趙奢之子卒有長平之敗（按通典摘引利而誘之親而離之二語故其釋之如此）○李筌曰破其行約間其君臣而後攻也昔秦伐趙秦相應侯間於趙王曰我惟懼趙用括耳廉頗易與也趙王然之乃用括代頗為秦所敗坑卒四十萬於長平則其義也○杜牧曰言敵若上下相親則當以厚利啗而離間之陳平言於漢王曰今項王骨鯁之臣不過亞父鍾離昧龍且周殷之屬不過數人大王誠能用數萬斤金間其君臣彼必內相誅漢因舉兵而攻之滅楚必矣漢王然之出黃金四萬斤與平使之反間項王果疑亞父不急擊下滎陽漢王遁去○陳皡曰彼恡爵祿此必捐之彼嗇財貨此必輕之彼好殺罰此必緩之因其上下相猜得行離間之說由余所以歸秦英布所以佐漢也○梅堯臣同杜牧註○王晳曰敵相親則以計謀離間之○張預曰或間其君臣或間其交援使相離貳然後圖之應侯間趙而退廉頗陳平間楚而逐范增是君臣相離也秦晉相合以伐鄭燭之武夜出說秦伯曰今得鄭則歸於晉無益於秦也不如捨鄭以為東道主秦伯悟而退師是交援相離也

攻其無備出其不意。曹公曰擊其懈怠出其空虛○孟氏曰擊其空虛襲

其懈怠。使敵不知所以敵也。故曰。兵者無形為妙。太公曰。動莫神於不意。謀莫善於不識。○杜佑曰。擊其懈怠不備之處。攻其空虛之塗也。太公曰。動莫神於不意。謀莫大於不識。（據通典補）○李筌曰。擊解怠。襲空虛。○杜牧曰。擊其空虛。襲其懈怠。○梅堯臣王晳註同上。○何氏曰。攻其無備者。魏太祖征烏桓。郭嘉曰。胡恃其遠。必不設備。因其無備。卒然擊之。可破滅也。太祖行至易水。嘉曰。兵貴神速。今千里襲人。輜重多。難以趨利。不如輕兵兼道以出。掩其不意。乃密出盧龍塞。直指單于庭。合戰大破之。唐李靖陳十策以圖蕭銑。總管三軍之任。一以委靖。八月集兵夔州。銑以時屬秋潦。江水泛漲。三峽路危。必謂靖不能進。遂不設備。九月靖率兵而進。曰。兵貴神速。機不可失。今兵始集。銑尚未知。乘水漲之勢。倏忽至城下。所謂疾雷不及掩耳。縱使知我。倉卒無以應敵。此必成擒也。進兵至夷陵。銑始懼。召江南兵。果不能至。勒兵圍城。銑遂降。出其不意者。魏末遣將鍾會鄧艾伐蜀。蜀將姜維守劍閣。會攻維未克。艾上言。請從陰平由邪徑出劍閣西入成都。奇兵衝其腹心。劍閣之軍必還赴涪。則會方軌而進。劍閣之軍不還。則應涪之兵寡矣。軍志云。攻其無備。出其不意。今掩其空虛。破之必矣。冬十月。艾自陰平行無人之境七百餘里。鑿山通道。造作橋閣。山高谷深。至為艱險。又糧運將匱。瀕於危殆。艾以氊自裹。自轉乃下。將士皆攀木緣崖。魚貫而進。先登至江油。蜀守將馬邈降。諸葛瞻自涪還綿竹。列陳相拒。大敗之。斬瞻及尚書張遵等。進軍至成都。蜀主劉禪降。又齊神武為東魏將。率兵伐西魏。

屯軍蒲坂.造三道浮橋渡河.又遣其將竇泰趣潼關.高敖曹圍洛州.西魏將周文帝出軍廣陽.召諸將謂曰.賊今掎吾三面.又造橋於河.示欲必渡.欲綴吾軍.使竇泰得西入耳.久與相持.其計得行.非良策也.且高歡用兵.常以泰為先驅.其下多銳卒.屢勝而驕.今出其不意.襲之必克.克泰.則歡不戰而自走矣.諸將咸曰.賊在近.捨而遠襲.事若蹉跌.悔無及矣.周文曰.歡前再襲潼關.吾軍不過霸上.今者大來.兵未出郊.賊固謂吾但自守耳.無遠鬥志.又狃於得志.有輕我心.乘此擊之.何往不克.賊雖造橋.未能徑渡.比五日中.吾取竇泰必矣.公等勿疑.周文遂率騎六千還長安.聲言欲往隴右.辛亥潛出軍.癸丑晨至潼關.竇泰卒聞軍至.惶懼依山為陳.未及陳列.周文擊破之.斬泰.傳首長安.高敖曹適陷洛州.聞泰沒.燒輜重棄城而走.○張預曰.攻無備者.謂懈怠之處.敵之所不虞者.則擊之.若燕人畏鄭三軍.而不虞制人.為制人所敗.是也.出不意者.謂虛空之地.敵不以為慮者.則襲之.若鄧艾伐蜀.行無人之地七百餘里.是也.

此兵家之勝。不可先傳也。

御覽先作豫.註同.○曹公曰.傳猶洩也.兵無常勢.水無常形.(御覽作兵無成勢.無常形.按此用下篇語也.御覽誤) 臨敵變化.不可先傳.故曰.料敵在心.察機在目也.(原本傳下有也字.故下無曰字.今從御覽改正)○李筌曰.無備不意.攻之必勝.此兵之要.祕而不傳也.○杜牧曰.傳.言也.此言上之所陳.悉用兵取勝之策.固非一定之制.見敵之形.始可施為.不可先事而言也.○梅堯臣曰.臨敵應變制宜.豈可預前言

之。○王晳曰。夫校計行兵。是為常法。若乘機決勝。則不可預傳述也。○張預曰。言上所陳之事。乃兵家之勝策。須臨敵制宜。不可以預先傳言也。

夫未戰而廟算勝者。得算多也。未戰而廟算不勝者。得算少也。多算勝。少算不勝。通典作少算敗。此臆改之也。**而況於無算乎。吾以此觀之。勝負見矣。**通典見上有易字。○曹公曰。以吾道觀之矣。○李筌曰。夫戰者。決勝廟堂。然後與人爭利。凡伐叛懷遠。推亡固存。兼弱攻昧。皆物之所出。中外離心。如商周之師者。是為未戰而廟算勝。太一遁甲置算之法。因六十算已上為多算。六十算已下為少算。客多算臨少算。主人敗。客少算臨多算。主人勝。此皆勝敗易見矣。○杜牧曰。廟算者。計算於廟堂之上也。○梅堯臣曰。多算。故未戰而廟謀先勝。少算。故未戰而廟謀不勝。是不可無算矣。○王晳曰。此懼學者惑不可先傳之說。故復言計篇義也。○何氏曰。計有巧拙。成敗繫焉。○張預曰。古者興師命將。必致齋於廟。授以成算。然後遣之。故謂之廟算。籌策深遠。則其計所得者多。故未戰而先勝。謀慮淺近。則其計所得者少。故未戰而先負。多計勝少計。不勝其無計者。安得無敗。故曰。勝兵先勝而後求戰。敗兵先戰而後求勝。有計無計。勝負易見。

孫子集註卷二

賜進士及第署山東提刑按察使分巡兗沂曹濟黃河兵備道孫星衍　賜進士出身署萊州府知府候補同知吳人驥　同校

作戰篇

曹公曰．欲戰必先算其費務因糧於敵也○李筌曰．先定計然後修戰具是以戰次計之篇也○王晳曰．計以知勝然後興戰而具軍費猶不可以久也○張預曰．計算已定然後完車馬利器械運糧草約費用以作戰備故次計．

孫子曰。凡用兵之法。馳車千駟。御覽作千乘．革車千乘。帶甲十萬。曹公曰．馳車．輕車也．駕駟馬．凡千乘．（據御覽補按王晳引曹註亦有凡千乘三字．）革車．重車也．言萬騎之重也．一車駕四馬．（原本作萬騎之重車駕駟馬．今據御覽補．）卒十騎一重．（原本作率三萬軍．今據御覽改．）養二人．主炊家子一人．主保固守衣裝廄二人．（御覽廄作斯．）主養馬．凡五人．步兵十人．重以大車駕牛．養二人．主炊家子一人．主守衣裝．凡三人也．帶甲十萬．士卒數也○李筌曰．馳車．戰車也．革車．輕車也．帶甲．步卒車一兩駕以駟馬．步卒七十人．計千駟之軍．帶甲七萬．馬四千匹．孫子約以軍資之數．以十萬為率．則百萬可知也○杜牧曰．輕車．乃戰車也．古者車戰．革車．輜車．重車也．載器械財貨衣裝也．司馬法曰．一車甲士三人．步卒七十二人．炊家子十人．固守衣裝五人．廄養五人．樵汲五人．

輕車七十五人．重車二十五人．故二乘兼一百人為一隊．舉十萬之眾．革車千乘．校其費用度計．則百萬之眾皆可知也．○梅堯臣曰．馳車．輕車也．革車．重車也．凡輕車一乘．甲士步卒二十五人．重車一乘．甲士步卒七十五人．舉二車各千乘．是帶甲者十萬人．○王晳曰．曹公曰．輕車也駕駟馬．凡千乘．晳謂馳車謂駕革車也．一乘四馬為駟．千駟則革車千乘．曹公曰．重車也．晳謂革車兵車也．有五戎．千乘之賦．諸侯之大者．曹公曰．帶甲十萬．步卒數也．晳謂井田之法．甸出兵車一乘．甲士三人．步卒七十二人．千乘總七萬五千人．此言帶甲十萬．豈當時權制歟．○何氏曰．十萬舉成數也．○張預曰．馳車即攻車也．革車即守車也．按曹公新書云．攻車一乘．前拒一隊．左右角二隊．共七十五人．守車一乘．炊子十人．守裝五人．廄養五人．樵汲五人．共二十五人．攻守二乘凡一百人．興師十萬．則用車二千．輕重各半．與此同矣．

千里饋糧。曹公曰．越境千里．○李筌曰．道理縣遠．

則內外之費。賓客之用。膠漆之材。車甲之奉。日費千金。御覽無費字．脫．

然後十萬之師舉矣。通典御覽師作眾．○曹公曰．謂贈賞猶在外．（原本贈譌作購今改正．杜牧亦云贈賞猶在外．編按．購即有懸賞之義．疑不改為是．）○李筌曰．夫軍出於外．則帑藏竭於內．舉千金者．言多費也．千里之外贏糧．則二十人奉一人也．○杜牧曰．軍有諸侯交聘之禮．故曰賓客也．車甲器械．完緝修繕．言膠漆者．舉其細微．千金者．言費用多也．猶贈賞在外也．○

賈林曰.討費不足.未可以興師動眾.故李太尉曰.三軍之門.必有賓居論議.○梅堯臣曰.舉師十萬.饋糧千里.日費如此.師久之戒也.○王皙曰.內謂國中.外謂軍所也.賓客若諸侯之使及軍中宴饗吏士也.膠漆車甲.舉細與大也.○何氏曰.老師費財.智者慮之.○張預曰.去國千里.即當因糧.若須供餉.則內外騷動.疲困於路.蠹耗無極也.賓客者.使命與遊士也.膠漆者.修飾器械之物也.車甲者.膏轄金革之類也.約其所費.日用千金.然後能興十萬之師.千金言重費也.贈賞猶在外.

其用戰也勝。久御覽無勝字.編按.杜牧以下皆勝久連讀.費解.故以勝字屬上讀為宜.**則鈍兵**通典御覽俱作頓兵.下同.**挫銳。攻城則力屈。**曹公曰.鈍弊也.屈盡也.○杜牧曰.勝久淹久而後能勝也.言與敵相持久而後勝.則甲兵鈍弊.銳氣挫衄.攻城.則人力殫盡屈折也.○賈林曰.戰雖勝人.久則無利.兵貴全勝.鈍兵挫銳.士傷馬疲則屈.○梅堯臣曰.雖勝且久.則必兵仗鈍弊而軍氣挫銳.攻城而久.則力必殫屈.○王皙曰.屈.屈窮也.求勝以久.則鈍弊折挫.攻城則益甚也.○張預曰.及交兵合戰也.久而後能勝.則兵疲氣沮矣.千里攻城.力必困屈.**久暴師則國用不足。**孟氏曰.久暴師露眾千里之外.則軍國費用不足相供.○梅堯臣曰.師久暴於外.則輸用不給.○張預曰.日費千金.師久暴.則國用豈能給.若漢武帝窮征深討.久而不解.及其國用空虛.乃下哀痛之詔.是也.**夫**

鈍兵挫銳。屈力殫音單。貨。通典御覽并作力屈貨殫。則諸侯乘其弊而起。雖有智者。不
能善其後矣。杜佑曰。雖當時有用兵之術。不能防其後患。○李筌曰。十萬眾舉。日費千金。非唯頓挫於外。亦財殫於內。是以聖人
無暴師也。隋大業初。煬帝重兵好征。力屈鴈門之下。兵挫遼水之上。疏
河引淮。轉輸彌廣。出師萬里。國用不足。於是楊玄感李密乘其弊而起。
縱蘇威高熲。豈能為之謀也。○杜牧曰。蓋以師久不勝。財力俱困。諸侯
乘之而起。雖有智能之士。亦不能於此之後善為謀畫也。○賈林曰。人
離財竭。雖伊呂復生。亦不能救此亡敗也。○梅堯臣曰。取勝攻城。暴師
且久。則諸侯乘此弊而起襲我。我雖有智將。不能制也。○王晳曰。以其
弊甚。必有危亡之憂。○何氏曰。其後謂兵不勝而敵乘其危殆。雖智者
不能盡其善計而保全。○張預曰。兵已疲矣。力已困矣。財已匱矣。鄰國
因其罷弊。起兵以襲之。則縱有智能之人。亦不能防其後患。若吳伐楚
入郢。久而不歸。越兵遂入。當是時。雖有伍員孫武之徒。何嘗能為善謀
於後乎。故兵聞拙速。未睹巧之久也。曹公李筌曰。雖拙有以速勝。未睹者言其無也。○孟氏曰。雖拙有以速勝。
○杜佑註同孟氏。○杜牧曰。攻取之間。雖拙於機智。然以神速為上。蓋
無老師費財鈍兵之患。則為巧矣。○陳皥曰。所謂疾雷不及掩耳。卒電
不及瞬目。○梅堯臣曰。拙尚以速勝。未見工而久可也。○王晳曰。晳謂
久則師老財費。國虛人困。巧者保無所患也。○何氏曰。速雖拙。不費財

力也。久雖巧。恐生後患也。後秦姚萇與苻登相持。萇將苟曜據逆萬堡。密引苻登。萇與登戰。敗於馬頭原。收眾復戰。姚碩德謂諸將曰。上慎於輕戰。每欲以計取之。今戰既失利。而更逼賊。必有由也。萇聞而謂碩德曰。登用兵遲緩。不識虛實。今輕兵直進。徑據吾東。必苟曜與之連結耳。事久變成。其禍難測。所以速戰者。欲使苟曜豎子謀之未就。好之未深耳。果大敗之。武后初。徐敬業舉兵於江都。稱匡復皇家。以盩厔尉魏思恭為謀主。問計於思恭。對曰。明公既以太后幽縶少主。志在匡復。兵貴拙速。宜早渡淮北。親率大眾。直入東都。山東將士知公有勤王之舉。必以死從。此則指日刻期。天下必定。敬業欲從其策。薛璋又說曰。金陵之地。王氣已見。宜早應之。兼有大江設險。足可以自固。請且攻取常潤等州。以為王霸之業。然後率兵北上。鼓行而前。此則退有所歸。進無不利。實良策也。敬業以為然。乃自率兵四千人南渡。以擊潤州。思恭密謂杜求仁曰。兵勢宜合不可分。今敬業不知并力渡淮。率山東之眾以合洛陽。必無能成事。果敗。○張預曰。但能取勝。則寧拙速而無巧久。若司馬宣王伐上庸。以一月圖一年。不計死傷與糧競者。斯可謂欲拙速也。

夫兵久而國利者。御覽作圖利。非。**未之有也。**

杜佑曰。兵者。凶器。久則生變。若智伯圍趙。逾年不歸。卒為襄子所擒。身死國分。故新序傳曰。好戰窮武。未有不亡者也。○李筌曰。春秋曰。兵猶火也。弗戢。將自焚。○賈林曰。兵久無功。諸侯生心。○梅堯臣曰。力屈貨殫。何利之有。○張預曰。師老財竭。於國何利。

故不盡知用

兵之害者。則不能盡知用兵之利也。杜佑曰。言謀國動軍行師。不先慮危亡之禍。則不足取利也。若秦伯見襲鄭之利。不顧崤函之敗。吳王矜伐齊之功。而忘姑蘇之禍也。○李筌曰。利害相依之所生。先知其害。然後知其利也。○杜牧曰。害之者勞人費財。利之者吞敵拓境。苟不顧己之患。則舟中之人盡為敵國。安能取利於敵人哉。○賈林曰。將驕卒惰。貪利忘變。此害最甚也。○梅堯臣曰。不再籍。不三載。利也。百姓虛。公家費。害也。苟不知害。又安知利。○王晳曰。久而能勝。未免於害。速則利斯盡也。○張預曰。先知老師殫貨之害。然後能知擒敵制勝之利。

善用兵者。役不再籍。通典及御覽籍作藉。按此與曹註合。後作籍者字之譌。糧不三載。御覽作再載。○曹公曰。籍猶賦也。言初賦民便取勝。不復歸國發兵也。始載糧後遂因食於敵。還兵入國。不復以糧迎之也。○杜佑曰。籍猶賦也。言初賦人便取勝。不復歸國發兵也。始載糧遂因食於敵。還方入國。因釁而動。兼惜人力舟車之運。不至於三也。（據通典補。）○李筌曰。籍。書也。不再籍書。恐人勞怨生也。秦發關中之卒。是以有陳吳之難也。軍出。度遠近饋之。軍入載糧迎之。謂之三載。越境則館穀於敵。無三載之義也。○杜牧曰。審敵可攻。審我可戰。然後起兵。便能勝敵而還。鄭司農周禮註曰。役謂發兵役。籍乃伍籍也。比參為伍。因內政寄軍令。以伍籍發軍起役也。○陳皡曰.籍借也.不再借民而役也.糧者.往則載焉.歸則迎之.是不三載也.不困乎兵.不竭乎國.言速而利也.○梅堯臣同陳皡註.○王晳同曹公註.○張預曰.役謂興兵動眾之役.故師卦註曰.任大役重.無功則凶.籍謂調兵之符籍.故漢制有尺籍伍符.言一舉則勝.不可再籍兵役於國也.糧始出則載之.越境則掠之.歸國則迓之.是不三載也.此言兵不可久暴也.**取用於國。因糧於敵。故軍食可足也。**曹公曰.兵甲戰具.取用國中.糧食因敵也.○杜佑曰.兵甲戰具.取用國中.糧食因敵也.取資用於我國.因糧食於敵家也.晉師館穀於楚是也.○李筌曰.具我戎器.因敵之食.雖出師千里.無匱乏也.○梅堯臣曰.軍之須用.取於國.軍之糧餉.因於敵.○何氏曰.因謂兵出境鈔聚掠野.至於克敵拔城.得其儲積也.○張預曰.器用取於國者.以物輕而易致也.糧食因於敵者.以粟重而難運也.夫千里饋糧.則士有飢色.故因糧則食可足.

國之貧於師者遠輸。遠輸則百姓貧。通典御覽作遠師遠輸.遠師遠輸者則百姓貧.○孟氏曰.兵車轉運於千里之外.財則費於道路.人有困窮者.○李筌曰.兵役數起.而賦斂重.○杜牧曰.管子曰.粟行三百里.則國無一年之積.粟行四百里.則國無二年之積.粟行五百里.則眾有飢色.此言粟重物輕也.不可推移.推移之.則農夫耕牛俱失南畝.故百姓不得不貧也.○賈林曰.遠輸則財耗於道路，弊於轉運，百姓日貧，○張預曰，以七十萬家之力，供餉十萬之師，於千里之外，則百姓不得不貧。

近於師者貴賣。貴賣則百姓財竭。御覽作百姓虛，虛則竭，編按，下句財竭則急於丘役，可知乃軍中財竭，而非百姓財竭也，簡本即無百姓二字，疑無百姓二字者為是，○曹公曰，軍行已出界，近師者貪財皆貴賣，則百姓虛竭也，○杜佑曰，言近軍師市，多非常之賣，當時貪貴以趨末利，然後財貨殫盡，國家虛也，○李筌曰，夫近軍必有貨易，百姓徇財殫產，而從之竭也，○賈林曰，師徒所聚，物皆暴貴，人貪非常之利，竭財物以賣之，初雖獲利殊多，終當力疲貨竭，又云，既有非常之斂，故賣者求價無厭，百姓竭力買之，自然家國虛盡也，○梅堯臣曰，遠者供役以轉饋，近者貪利而貴賣，皆貧國匱民之道也，○王晳曰，夫遠輸則人勞費，近市則物騰貴，是故久師則為國患也，曹公曰，軍行已出界，近於師者貪財皆貴賣，晳謂將出界也，○張預曰，近師之民，必貪利而貴貨其物，於遠來輸餉之人，則財不得不竭。

財竭則急於丘役。御覽無財字，○張預曰，財力殫竭，則丘井之役急迫，而不易供也，或曰，丘役謂如魯成公作丘甲也，國用急迫，乃使丘出甸賦，違常制也，丘十六井，甸六十四井。

力屈財殫。御覽無財殫二字。

中原內虛於家。百姓之費，十去其七。曹公曰，丘十六井也，百姓財殫盡，而兵不解，則運糧盡力於原野也，十去其七者，所破費也，○李筌曰，兵久不止，男女怨曠，困於輸輓，丘役力屈財殫.而百姓之費.十去其七.○杜牧曰.司馬法曰.六尺為步.步百為畝.畝百為夫.夫三為屋.屋三為井.四井為邑.四邑為丘.四丘為甸.丘蓋十六井也.丘有戎馬一匹.牛四頭.甸有戎馬四匹.牛十六頭.丘車一乘.甲士三人.步卒七十二人.今言兵不解.則丘役益急.百姓糧盡財竭.力盡於原野.家業十耗其七也.○陳皞曰.丘.聚也.聚斂賦役.以應軍須.如此則財竭於人.人無不困也.○王晳曰.急者.暴於常賦也.若魯成公作丘甲是也.如此則民費太半矣.要見公費差減.故云十七.曹公曰.丘.十六井.兵不解.則運糧盡力於原野.○何氏曰.國以民為本.民以食為天.居人上者.宜乎重惜.○張預曰.運糧則力屈.輸餉則財殫.原野之民.家產內虛.度其所費.十無其七也.

公家之費。破車罷馬。甲冑矢弩。戟楯蔽櫓。丘牛大車。十去其六。御覽費作用.非.罷作疲.俗字也.又矢弩作弓矢.蔽櫓作干櫓.丘作兵.誤.其六作五六.○一本作十去其七.○曹公曰.丘牛謂丘邑之牛.大車乃長轂車也.○李筌曰.丘.大也.此數器者.皆軍之所須.言遠近之費.公家之物.十損於七也.○梅堯臣曰.百姓以財糧力役奉軍之費.其資十損乎七.公家以牛馬器仗奉軍之費.其資十損乎六.是以竭賦窮兵.百姓弊矣.役急民貧.國家虛矣.○王晳曰.楯.干也.蔽.可以屏蔽.櫓.大楯也.丘牛.古所謂匹馬丘牛也.大車.牛車也.易曰.大車以載.○張預曰.兵以車馬為本.故先言車馬疲蔽也.蔽櫓.楯也.今謂之彭排.丘牛.大牛也.大車.必革車.始言破車疲馬者.謂攻戰之馳車也.次言丘牛大車者.即輜重之革車也.
公家車馬器械亦十損其六.

故智將務食於敵。食敵一鍾。當吾二十鍾。䓞秆一石。當吾二十石。曹公曰.六斛四㪷為鍾.計千里轉運.二十鍾而致一鍾於軍中也.(原本脫.今據太平御覽補.)䓞豆稭也.秆.禾藁也.石者.一百二十斤也.轉輸之法.費二十石得一石.一云.䓞音忌.豆也.七十斤為一石.當吾二十.言遠費也.○孟氏曰.十斛為鍾.計千里轉運.道路耗費.二十鍾可致一鍾於軍中矣.○李筌曰.遠師轉一鍾之粟.費二十鍾.方可達軍.將之智也.務食於敵.以省己之費也.○杜牧曰.六石四㪷為一鍾.一石一百二十斤.䓞.豆稭也.秆.禾藁也.或言䓞.秆藁也.秦攻匈奴.使天下運糧.起於黃腄瑯琊負海之郡.轉輸北河.率三十鍾而致一石.漢武建元中.通西南夷.作者數萬人.千里負擔饋糧.率十餘鍾致一石.今校孫子之言.食敵一鍾.當吾二十鍾.蓋約平地千里.轉輸之法.費二十石得一石.不約道里.蓋漏闕也.黃腄音直瑞反.又音誰.在東萊.北河.即今之朔方郡.○梅堯臣註同曹公.○王晳曰.曹公曰.䓞豆稭也.秆.藁也.石者.百二十斤也.轉輸之法.費二十乃得一.晳謂上文千里饋糧.則轉輸之法.謂千里耳.䓞.今作萁.秆.故書為芊.當作秆.○張預曰.六石四㪷為鍾.一百二十斤為石.䓞.豆稭也.秆.禾藁也.千里饋糧.則費二十鍾石而得一鍾石到軍所.若越險阻.則猶不啻.故秦征匈奴.率三十鍾而致一石.此言能將必因糧於敵也.

故殺敵者怒也。 曹公曰.威怒以致敵.○李筌曰.怒者.軍威也.○杜牧曰.萬人非能同心皆怒.在我激之以勢使然也.田單守即墨.使燕人劓降者.掘城中人墳墓之類是也.○賈林曰.人之無怒則不肯殺.○王晳曰.兵主威怒.○何氏曰.燕圍齊之即墨.齊之降者盡劓.齊人皆怒.愈堅守.田單又縱反間曰.吾懼燕人掘吾城外冢墓.戮辱先人.可為寒心.燕軍盡掘壠墓.燒死人.即墨人從城上望見.皆泣涕.其欲出戰.怒自十倍.單知士卒可用.遂破燕師.後漢班超使西域.到鄯善.會其吏士三十六人.與共飲酒酣.因激怒之曰.今俱在絕域.欲立大功以求富貴.虜使到裁數日.而王禮貌即廢.如收吾屬送匈奴.骸骨長為豺狼食矣.官屬皆曰.今在危亡之地.死生從司馬.超曰.不入虎穴.不得虎子.當今之計.獨有因夜以火攻虜使.彼不知我多少.必大震怖.可殄盡也.滅此虜.則功成事立矣.眾曰.善.初夜將吏士奔虜營.會天大風.超令十人持鼓藏虜舍後.約曰.見火然.皆當鳴鼓大呼.餘人悉持弓弩夾門而伏.超順風縱火.虜眾驚亂.眾悉燒死.蜀龐統勸劉備襲益州牧劉璋.備曰.此大事.不可倉卒.及璋使備擊張魯.乃從璋求萬兵及資寶.欲以東行.璋但許兵四千.其餘皆給半.備因激怒其眾曰.吾為益州征強敵.師徒勤瘁.不遑寧居.今積帑藏之財.而悋於賞功.望士大夫為出死力戰.其可得乎.由是相與破璋.○張預曰.激吾士卒.使上下同怒.則敵可殺.

尉繚子曰。民之所以戰者。氣也。謂氣怒則人人自戰。

取敵之利者貨也。

曹公曰。軍無財。士不來。軍無賞。士不往。○杜佑曰。人知勝敵有厚賞之利。則冒白刃。當矢石。而樂以進戰者。皆貨財酬勳賞勞之誘也。○李筌曰。利者。益軍寶貨也。○杜牧曰。使士見取敵之利者。貨財也。謂得敵之貨財。必以賞之。使人皆有欲。各自為戰。後漢荊州刺史度尚討桂州賊帥卜陽潘鴻等。入南海。破其三屯。多獲珍寶。而鴻等黨聚猶眾。士卒驕富。莫有鬥志。尚曰。卜陽潘鴻作賊十年。皆習於攻守。當須諸郡併力。可攻之。今軍恣聽射獵。兵士喜悅。大小相與從禽。尚乃密使人潛焚其營。珍積皆盡。獵者來還。莫不泣涕。尚曰。卜陽等財貨足富數世。諸卿但不併力耳。所亡少少。何足介意。眾聞咸憤踴願戰。尚令秣馬蓐食。明晨徑赴賊屯。陽鴻不設備。吏士乘銳。遂破之。此乃是也。○孟氏同杜牧註。○梅堯臣曰。殺敵則激吾人以怒。取敵則利吾人以貨。○王晳曰。謂設厚賞耳。若使眾貪利自取。則或違節制耳。○張預曰。以貨啗士。使人自為戰。則敵利可取。故曰。重賞之下。必有勇夫。皇朝太祖命將伐蜀。諭之曰。所得州邑。當與我傾竭帑庫。以饗士卒。國家所欲。惟土疆耳。於是將吏死戰。所至皆下。遂平蜀。

故車戰得車十乘已上。賞其先得者。

曹公曰。以車戰能得敵車十乘已上。賞賜之。不言車戰得車十乘已上者賞之。而言賞得者何。言欲開示賞其所得車之卒也。陳車之法。五車為隊。僕射一人。十車為官。卒長一人。車十乘。乘將吏二人。因而用之。故別言賜之。欲使將恩下及也。

或云言使自有車十乘已上與敵戰但取其有功者賞之其十乘已下雖一乘獨得餘九乘皆賞之所以率進勵士也○李筌曰重賞而勸進也○杜牧曰夫得車十乘已上者蓋衆人用命之所致也若偏賞之則力不足與其所獲之車公家仍自以財貨賞其唱謀先登者此所以勸勵士卒故上文云取敵之利者貨也言十乘者舉其綱目也○賈林曰勸未得者使自勉也○梅堯臣曰偏賞則難周故獎一而勵百也○王晳曰以財賞其所先得之卒○張預曰車一乘凡七十五人以車與敵戰吾士卒能獲敵車十乘已上者吾士卒必不下千餘人也以其人衆故不能偏賞但以厚利賞其陷陳先獲者以勸餘衆古人用兵必使車奪車騎奪騎步奪步故吳起與秦人戰令三軍曰若車不得車騎不得騎徒不得徒雖破軍皆無功

而更其旌旗。曹公曰與吾同也○李筌曰令色與吾同○賈林曰令不識也○張預曰變敵之色令與己同

車雜而乘之。曹公曰不獨任也○李筌曰夫降虜之旌旗必更其色而雜其事車乃可用也○杜牧曰士卒自獲敵車任雜然自乘之官不錄也○梅堯臣曰車許雜乘旌旗無因故○王晳曰謂得敵車可與我車雜用之也○張預曰己車與敵車參雜而用之不可獨任也

卒善而養之。張預曰所獲之卒必以恩信撫養之俾為我用

是謂勝敵而益強。曹公曰益己之強○李筌曰後漢光武破銅馬賊於南陽虜衆數萬各配部曲然人心未安光武令各歸本營乃輕行其間以勞之相謂曰蕭王推赤心置人腹中

安得不投死乎。於是漢益振。則其義也。○杜牧曰。得敵卒也因敵之資。益己之強。○梅堯臣曰。獲卒則任其所長養之以恩必為我用也。○王晳曰。得敵卒則養之與吾卒同善者謂勿侵辱之也若厚撫初附或失人心。○何氏曰。因敵以勝敵何往不強。○張預曰。勝其敵而獲其車與卒。既為我用。則是增己之強。光武推赤心人人投死之類也。

故兵貴勝不貴久。曹公曰。久則不利。兵猶火也不戢將自焚也。○孟氏曰。貴速勝疾還也。○梅堯臣曰。上所言皆貴速也速則省財用。息民力也。○何氏曰。孫子首尾言兵久之理蓋知兵不可玩武不可黷之深也。○張預曰。久則師老財竭易以生變故但貴其速勝疾歸。

故知兵之將民之司命。原本作生民之司命。按潛夫論通典御覽皆無生字今改正。**國家安危之主也。**潛夫論作而國安危之主也。○曹公曰。將賢則國安也。○李筌曰。將有殺伐之權。威欲卻敵。人命所繫國家安危在於此矣。○杜牧曰。民之性命。國之安危。皆由於將也。○梅堯臣曰。此言任將之重。○王晳曰。將賢則民保其生而國家安矣否則民被毒殺而國家危矣明君任屬。可不精乎。○何氏曰。民之性命。國之治亂。皆主於將。將之任難。古今所患也。○張預曰。民之死生國之安危繫乎將之賢否。

孫子集註卷三

賜進士及第署山東提刑按察使分巡兗沂曹濟黃河兵備道孫星衍　賜進士出身署萊州府知府候補同知吳人驥　同校

謀攻篇

曹公曰欲攻敵必先謀○李筌曰合陳為戰圍城曰攻以此篇次戰之下○杜牧曰廟堂之上計算已定戰爭之具糧食之費悉已用備可以謀攻故曰謀攻也○王晳曰謀攻敵之利害當全策以取之不銳於伐兵攻城也○張預曰計議已定然後可以智謀攻故次作戰

孫子曰凡用兵之法全國為上破國次之曹公曰興師深入長驅距其城郭絕其內外敵舉國來服為上以兵擊破敗而得之其次也○杜佑曰敵國來服為上以兵擊破為次○李筌曰不貴殺也韓信虜魏王豹擒夏說斬成安君此為破國者及用廣武君計北首燕路遣一介之使奉咫尺之書燕從風而靡則全國也○賈林曰全得其國我國亦全乃為上○王晳曰若韓信舉燕是也○何氏曰以方略氣勢令敵人以國降上策也○張預曰尉繚子曰講武料敵使敵氣失而師散雖形全而不為之用此道勝也破軍殺將乘堙發機會眾奪地此力勝也然則所謂道勝力勝者即全國破國之謂也夫弔民伐罪全勝為上為不得已而至於破則其次也 全

軍為上。破軍次之。曹公杜牧曰。司馬法曰。一萬二千五百人為軍。○何氏曰。降其城邑。不破我軍也。全旅為上。破旅次之。曹公曰。五百人為旅。全卒為上。破卒次之。曹公曰。一旅已下。（原本作一校已上。字之譌也。今改正。）至一百人也。○杜佑曰。一校下至百人也。○李筌曰。百人已上為卒。全伍為上。破伍次之。曹公曰。百人已下至五人。○李筌曰。百人已下為伍。○杜牧曰。五人為伍。○梅堯臣曰。謀之大者全得之。○王晳曰。國軍卒伍。不問小大。全之則威德為優。破之則威德為劣。（按此註北堂書鈔引之。蓋非王晳註也。）○何氏曰。自軍之伍。皆次序上下言之。此意以策略取之為妙。不惟一軍。至於一伍。不可不全。○張預曰。周制萬二千五百人為軍。五百人為旅。百人為卒。五人為伍。自軍至伍。皆以不戰而勝之為上。是故百戰百勝。非善之善者也。陳皞曰。戰必殺人故也。○賈林曰。兵威遠振。全來降伏。斯為上也。詭詐為謀。摧破敵眾。殘人傷物。然後得之。又其次之。○梅堯臣曰。惡乎殺傷殘害也。○張預曰。戰而能勝。必多殺傷。故曰非善。不戰而屈人之兵。善之善者也。曹公曰。未戰而敵自屈服。○孟氏曰。重廟勝也。○杜牧曰。以計勝敵。○陳皞曰。韓信用李左車之計。馳咫尺之書。不戰而下燕城也。○王晳曰。兵貴伐。不務戰也。○何氏曰。後漢王霸討周建蘇茂。既戰歸營。賊復聚挑戰。霸堅臥不出。方饗士。作倡樂。茂雨射營中。中霸前酒樽。霸安坐不動軍吏曰茂已破今易擊霸曰不然茂客兵遠來糧食不足故挑戰以徼一時之勝今閉營休士所謂不戰而屈人兵善之善也茂乃引退○張預曰明賞罰信號令完器械練士卒暴其所長使敵從風而靡則為大善若吳王黃池之會晉人畏其有法而服之者是也

故上兵伐謀。曹公曰敵始有謀伐之易也○孟氏曰九攻九拒是其謀也○杜佑曰敵方設謀欲舉眾師伐而抑之是其上故太公云善除患者理於未生善勝敵者勝於無形也（通典理於作慮其勝敵作保勝勝於作出於）○李筌曰伐其始謀也後漢寇恂圍高峻峻遣謀臣皇甫文謁恂詞禮不屈恂斬之報峻曰軍師無禮已斬之欲降急降不欲固守峻即日開壁而降諸將曰敢問殺其使而降其城何也恂曰皇甫文峻之心腹其取謀者留之則文得其計殺之則峻亡其膽所謂上兵伐謀諸將曰非所知也○杜牧曰晉平公欲攻齊使范昭往觀之景公觴之酒酣范昭請君之樽酌公曰寡人之樽進客范昭已飲晏子徹樽更為酌范昭佯醉不悅而起舞謂太師曰能為我奏成周之樂乎吾為舞之太師曰瞑臣不習范起出景公曰晉大國也來觀吾政今子怒大國之使者將柰何晏子曰觀范昭非陋於禮者且欲慙於國臣故不從也太師曰夫成周之樂天子之樂也惟人主舞之今范昭人臣而欲舞天子之樂臣故不為也范昭歸報晉平公曰齊未可伐臣欲辱其君晏子知之臣欲犯其禮太師識之仲尼曰不越樽俎之間而折衝千里之外晏子之謂也春秋時秦伐晉晉將趙盾禦之上軍佐臾駢曰.秦不能久.請深壘固軍以待之.秦人欲戰.秦伯謂士會曰.若何而戰.對曰.趙氏新出其屬曰臾駢.必實為此謀.將以老我師也.趙有側室曰穿.晉君之壻也.有寵而弱.不在軍事.好勇而狂.且惡臾駢之佐上軍.若使輕者肆焉.其可.秦軍掩晉上軍.趙穿追之不及.返怒曰.裹糧坐甲.固敵是求.敵至不擊.將何俟焉.軍吏曰.將有待也.穿曰.我不知謀.將獨出.乃以其屬出.趙盾曰.秦獲穿也.獲一卿矣.秦以勝歸.我何以報.乃皆出戰.交綏而退.夫晏子之對.敵也.將謀伐我.我先伐其謀.故敵人不得而伐我.士會之對.是我將謀伐敵.敵人有謀拒我.乃伐其謀.敵人不得與我戰.斯二者皆伐謀也.故敵欲謀我.伐其未形之謀.我若伐敵.敗其已成之計.固非止於一人.○梅堯臣曰.以智勝.○王晳曰.以智謀屈人最為上.○何氏曰.敵始謀攻我.我先攻之易也.揣知敵人謀之趣向.因而加兵.攻其彼心之發也.○張預曰.敵始發謀.我從而攻之.彼必喪計而屈服.若晏子之沮范昭是也.或曰.伐謀者.用謀以伐人也.言以奇策祕算取勝於不戰.兵之上也.

其次伐交。

曹公曰.交.將合也.○孟氏曰.交合強國.敵不敢謀.○杜佑曰.不令合.(原本無據通典御覽補)○李筌曰.伐其始交也.蘇秦約六國不事秦.而秦閉關十五年.不敢窺山東也.○杜牧曰.非止將合而已.合之者皆可伐也.張儀願獻秦地六百里於楚.懷王請絕齊交.隨何於黥布坐上殺楚使者.以絕項羽.曹公與韓遂交馬語.以疑馬超.高洋以蕭深明請和於梁.以疑侯景.終陷臺城.此皆伐交.權道變化.非一途也.○陳皞曰.或云.敵已與師交合.

伐而勝之。是其次也。若晉文公敵宋。攜離曹衛也。○梅堯臣曰。以威勝。○王晳曰。謂未能全屈敵謀。當且間其交。使之解散。彼交則事鉅敵堅。彼不交則事小敵脆也。○何氏曰。杜稱已上四事。乃親而離之之義也。伐交者。兵欲交合。設疑兵以懼之。使進退不得。因來屈服。旁鄰既為我援。敵不得不孤弱也。○張預曰。兵將交戰。將合則伐之。傳曰。先人有奪人之心。謂兩軍將合。則先薄之。孫叔敖之敗晉師。廚人濮之破華氏。是也。或曰。伐交者。用交以伐人也。言欲舉兵伐敵。先結鄰國為掎角之勢。則我強而敵弱。

其次伐兵。曹公曰。兵形已成也。○李筌曰。臨敵對陳。兵之下也。○賈林曰。善於攻取。舉無遺策。又其次也。故太公曰。爭勝於白刃之先者。非良將也。○梅堯臣曰。以戰勝。○王晳曰。戰者。危事。○張預曰。不能敗其始謀。破其將合。則犀利兵器以勝之。兵者。器械之總名也。太公曰。必勝之道。器械為寶。

下政攻城。今本下政作其下。詳註意。則故書作下政也。據通典御覽改正。編按。簡本作其下攻城。○曹公曰。敵國已收其外糧城守。攻之為下政也。○杜佑曰。言攻城屠邑。政之下者。（原本政作攻。字之誤。據通典改正。）所害者多。○李筌曰。夫王師出境。敵則開壁送款。舉櫬轅門。百姓怡悅。政之上也。若頓兵堅城之下。師老卒惰。攻守勢殊。客主力倍。政之為下也。○梅堯臣曰。費財役為最下。○王晳曰。士卒殺傷。城或未克。○張預曰。夫攻城屠邑。不惟老師費財。兼亦所害者多。是為政之下也。

攻城之法。為不得已。張預曰。攻城則力屈。所以必攻者。蓋不獲已耳。**修櫓轒轀。**藝文類聚引作粉榅。**具器械。三月而後成。距闉。又三月而後已。**曹公曰。修治也。櫓。大楯也。轒轀者。轒牀也。轒牀其下四輪。從中推之至城下也。具備也。器械者。機關攻守之總名。蜚（古飛字。原本作飛。今據御覽改正。從其初所用字也。）樓雲梯之屬。距闉者。踴土積（原本作稍。字之譌。今據御覽及杜佑註改正。）高而前。以附其城也。○杜佑曰。轒轀上汾下溫。修櫓。長櫓也。轒轀。四輪車。皆可推而往來。冒以攻城。器械。謂雲梯浮格。衡。飛石。連弩之屬。攻城總名。言修此攻具。經一時乃成也。（自修櫓以下原本無。據通典補。）距闉者。踊土積高而前。以附於城也。積土為山曰堙。以距敵城。觀其虛實。春秋傳曰。楚司馬子反乘堙而窺宋城也。○李筌曰。櫓。楯也。以蒙首而趨城下。轒轀者。四輪車也。其下藏兵數十人。填隍推之。直就其城。木石所不能壞也。器械。飛樓雲梯板屋木幔之類也。距闉者。土木山乘城也。東魏高歡之圍晉州。侯景之攻臺城。則其器也。役約三月。恐兵久而人疲也。○杜牧曰。櫓即今之所謂彭排。轒轀。四輪車。排大木為之。上蒙以生牛皮。下可容十人。往來運土填塹。木石所不能傷。今所謂木驢是也。距闉者。積土為之。即今之所謂壘道也。三月者。一時也。言修治器械。更其距闉。皆須經時。精好成就。恐傷人之甚也。管子曰。不能致器者困。言無以應敵也。太公曰。必勝之道。器械為寶。漢書志曰。兵之伎巧一十有三家。習手足。便器械。機關。以立攻守之勝者。夫攻城者。有撞車。剗鉤車。飛梯。蝦蟇木。解合車。狐鹿車。影車。高障車馬頭車獨行車運土豚魚車○陳皞曰杜稱櫓為彭排非也若是彭排即當用此樐字（按櫓樐音訓同盾也又城上有櫓樓所以守亦扞禦之義也釋名云櫓露也露上無屋覆也今陳氏不達字義妄生區別謬已） 曹云大楯庶或近之蓋言候器械全具須三月距闉又三月已計六月將若不待此而生忿速必須殺士卒故下云將不勝其忿而蟻附之災也○梅堯臣曰威智不足以屈人不獲已而攻城則治攻具須經時也曹公曰櫓大楯也轒轀者轒牀也其下四輪從中推至城下也器械機關攻守之總名蜚梯之屬也謂櫓為大楯非也兵之具甚眾何獨言修大楯耶今城上守禦樓曰櫓櫓是轒牀上革屋以蔽矢石者歟○張預曰修櫓大楯也傳曰晉侯登巢車以望楚軍註云巢車車上為櫓又晉師圍偪陽魯人建大車之輪蒙之以甲以為櫓左執之右拔戟以成一隊註云櫓大楯也以此觀之修櫓為大楯明矣轒轀四輪車其下可覆數十人運土以實隍者器械攻城總名也三月者約經時成也或曰孫子戒心忿而亟攻之故權言以三月成器械三月起距堙其實不必三月也城尚不能下則又積土與城齊使士卒上之或覘其虛實或毀其樓櫓欲必取也土山曰堙楚子反乘堙而窺宋城是也器械言成者取其久而成就也距堙言已者以其經時而畢工也皆不得已之謂

將不勝其忿而蟻附之。殺士三分之一而城不拔者。此攻之災。

通典其忿作心之忿殺士作則殺士卒又攻字下有城字御覽其忿作心怒○曹公

曰。將忿不待攻器成。而使士卒緣城而上。如蟻之緣牆。必殺傷士卒也。○杜佑曰。守過二時。敵人不服。將不勝心之忿。多使士卒蟻附其城。殺傷我士民三分之一也。言攻取不拔。還為己害。故韓非曰。一戰不勝。則禍暨矣。（原本禍訛作過。據通典改。）○李筌曰。將怒而不待攻城而使士卒肉薄登城。如蟻之所附牆。為木石所殺之者。三有一焉。而城不拔者。此攻城災也。○杜牧曰。此言為敵所辱。不勝忿怒也。後魏太武帝率十萬眾寇宋臧質于盱眙。太武帝始就質求酒。質封溲便與之。太武大怒。遂攻城。乃命肉薄登城。分番相待。墜而復昇。莫有退者。尸與城平。復殺其高梁王。如此三旬。死者過半。太祖聞彭城斷其歸路。見疾病甚眾。乃解退。傳曰。一女乘城。可敵十夫。以此校之。尚恐不啻。○賈林曰。但使人心外附。士卒內離。城乃自拔。○何氏曰。將心忿急。使士卒如蟻緣而登。死者過半。城且不下。斯害也已。○張預曰。攻逾二時。敵猶不服。將心忿躁。不能持久。使戰士蟻緣而登城。則其士卒為敵人所殺三分之一。而堅城終不可拔。茲攻城之害也已。或曰。將心忿速。不俟六月之久而亟攻之。則

其害如此。

故善用兵者。屈人之兵。而非戰也。杜佑曰。言伐謀伐交。不至於戰。故司馬法曰。上謀不鬥。（按此係杜佑語。見通典。原本作何氏。非。今改正。）○李筌曰。以計屈敵。非戰之屈者。晉將郭淮圍麴城。蜀將姜維來救。淮趨牛頭山。斷維糧道及歸路。維大震。

不戰而遁。麴城遂降。則不戰而屈之義也。○杜牧曰。周亞夫敵七國。引兵東北壁昌邑。以梁委吳。使輕兵絕吳餉道。吳梁相弊而食竭。吳遁去。因追擊。大破之。蜀將姜維使將句安李韶守麴城。魏將陳泰圍之。姜維來救。出自牛頭山。與泰相對。泰曰。兵法貴在不戰而屈人。今絕牛頭。維無返道。則我之擒也。諸軍各守勿戰。絕其還路。維懼。遁走。安等遂降。○梅堯臣曰。戰則傷人。○王晳曰。若李左車說成安君。請以奇兵三萬人扼韓信於井陘之策。是也。○張預曰。前所陳者。庸將之為耳。善用兵者則不然。或破其計。或敗其交。或絕其糧。或斷其路。則可不戰而服之。若田穰苴明法令。拊士卒。燕晉聞之。不戰而遁。亦是也。

拔人之城而非攻也。

孟氏曰。言以威刑服敵。不攻而取。若鄭伯肉袒以迎楚莊王之類。○李筌曰。以計取之。後漢酇侯臧宮圍妖賊於原武。連月不拔。士卒疾癘。東海王謂宮曰。今擁兵圍必死之虜。非計也。宜撤圍開其生路而示之。彼必逃散。一亭長足擒也。從之而拔原武。魏攻壺關。亦其義也。○杜牧曰。司馬文王圍諸葛誕於壽春。議者多欲急攻之。文王以誕城固眾多。攻之力屈。若有外救。表裏受敵。此至危之道也。吾當以全策縻之。可坐制也。誕二年五月反。三年二月破滅。六軍按甲。深溝高壘。而誕自困。十六國前燕將慕容恪率兵討段龕於廣固。恪圍之。諸將勸恪急攻之。恪曰。軍勢有緩而克敵。有急而取之。若彼我勢既均。外有強援。力足制之。當羈縻守之。以待其斃。乃築室反耕。嚴固圍壘。終克廣固。曾不血刃也。○梅堯臣曰。攻則傷財。○王晳曰。若唐太宗降薛仁杲是也.○張預曰.或攻其所必救.使敵棄城而來援.則設伏取之.若耿弇攻臨淄而撓西安.脅巨里而斬費邑是也.或外絕其強援.以久持之.坐俟其斃.若楚師築室反耕以服宋是也.茲皆不攻而拔城之義也.

毀人之國而非久也。曹公曰.毀滅人國.不久露師也.○杜佑曰.若誅理暴逆.毀滅敵國.不暴師眾也.○李筌曰.以術毀人國.不久而斃.隋文問僕射高熲伐陳之策.熲曰.江外田收與中國不同.伺彼農時.我正暇豫.徵兵掩襲.彼釋農守禦.俟其聚兵.我便解退.再三若此.彼農事疲矣.南方地卑.舍悉茅竹.倉庫儲積.悉依其間.密使行人因風縱火.候其營立.更為之.行其謀.陳始病也.○杜牧曰.因敵有可乘之勢.不失其機.如摧枯朽.沛公入關.晉降孫皓.隋取陳氏.皆不久之.○賈林曰.兵不可久.久則生變.但毀滅其國.不傷殘於人.若武王伐殷.殷人稱為父母.○梅堯臣曰.久則生變.○王晳同梅堯臣註.○何氏曰.善攻者不以兵攻.以計困之.令其自拔.令其自毀.非勞久守而取之也.○張預曰.以順討逆.以智伐愚.師不久暴而滅敵國.何假六月之稽乎.

必以全爭於天下。故兵不頓而利可全。此謀攻之法也。曹公曰.不與敵戰.而必完全得之.立勝於天下.不頓兵血刃也.○李筌曰.以全勝之計爭天下.是以不頓收利也.○梅堯臣曰.全爭者.兵不戰.城不攻.毀不久.皆以謀而屈敵.是曰謀攻.故不鈍兵利自完.○張預曰.不戰則士不傷.不攻則力不屈.不久則財不費.以完全立勝於天下.故無頓兵血刃之害.而有國富兵強之利.斯良將計攻之術也.

故用兵之法。十則圍之。通典十作什.非.○曹公曰.以十敵一則圍之.是將智勇等而兵利鈍均也.若主弱客強.不用十也.(按杜佑作通典.每全引曹註.義有未了.即以己意增釋之.不用十也四字據通典補.) 操所以倍兵圍下邳生擒呂布也.○杜佑曰.以十敵一則圍之.是為將智勇等而兵利鈍均也.若主弱客勁.不用十也.曹公操所以倍兵圍下邳生擒呂布.若敵堅壘固守.依附險阻.彼一我十.乃可圍也.敵雖盛.所據不便.未必十倍.然後圍之.○李筌曰.愚智勇怯等.十倍於敵.則圍之.攻守殊勢也.○杜牧曰.圍者.謂四面壘合.使敵不得逃逸.凡圍四合.必須去敵城稍遠.占地既廣.守備須嚴.若非兵多.則有闕漏.故用兵有十倍也.呂布敗.是上下相疑.侯成執陳宮委布降.所以能擒.非曹公力而能取之.若上下相疑.政令不一.設使不圍.自當潰叛.何況圍之.固須破滅.孫子所言十則圍之.是將勇智等而兵利鈍均.不言敵人自有離叛.曹公稱倍兵降布.蓋非圍之力窮也.此不可以訓也.○梅堯臣曰.彼一我十.可以圍.○何氏曰.圍者四面合兵.以圍城.而校量彼我兵勢.將才愚智勇怯等.而我十倍.勝於敵人.是以十對一.可以圍之.無令越逸也.○張預曰.吾之眾十倍於敵.則四面圍合以取之.是為將智勇等.而兵利鈍均也.若主弱客強.不必十倍.然後圍之.尉繚子曰.守法一而當十.十而當百.百而當千.千而當萬.言守者十人而當圍者百人。與此法同。**五則攻之。**通典五作伍。非。○曹公曰。以五敵一。則三術為正。二術為奇。（原本二術作一術者。譌。據杜牧張預註改正。）○杜佑曰。若敵并兵自守。不與我戰。彼一我五。乃可攻戰也。或無敵人內外之應。未必五倍然後攻。○李筌曰。五則攻之。攻守勢殊也。○杜牧曰。術猶道也。言以五敵一。則當取己三分為三道。以攻敵之一面。留己之二。候其無備之處。出奇而乘之。西魏末。梁州刺史宇文仲和據州不受代。魏將獨孤信率兵討之。仲和嬰城固守。信夜令諸將以衝梯攻其城東北。信親帥將士襲其西南。遂克之也。○陳皞曰。兵既五倍於敵。自是我有餘力。彼之勢分也。豈止分為三道以攻敵。此獨說攻城。故下文云。小敵之堅。大敵之擒也。○梅堯臣同杜佑註。○王晳曰。謂十圍而取五。則攻者皆勢力有餘。不待其虛懈也。此以下亦謂智勇利鈍均耳。○何氏曰。愚智勇怯等。量我五倍多於敵人。可以三分攻城。二分出奇以取勝。○張預曰。吾之眾五倍於敵。則當驚前掩後。聲東擊西。無五倍之眾。則不能為此計。曹公謂三術為正。二術為奇。不其然乎。若敵無外援。我有內應。則不須五倍然後攻之。

倍則分之。曹公曰。以二敵一。則一術為正。一術為奇。○杜佑曰。己二敵一。則一術為正。一術為奇。彼一我二。不足為變。故疑兵分離其軍也。故太公曰。不能分移。不可以語奇。○李筌曰。夫兵者倍於敵。則分半為奇。我眾彼寡。動而難制。苻堅至淝水。不分而敗。王僧辯至張公洲。分而勝也。○杜牧曰。此言非也。此言以二敵一。則當取己之一。或趣敵之要害。或攻敵之必救使敵一分之中復須分減相救因以一分而擊之夫戰法非論眾寡每陣皆有奇正非待人眾然後能設奇項羽於烏江二十八騎尚不聚之猶設奇正循環相救況其於他哉○陳皡曰直言我倍於敵分兵趨其所必救即我倍中更倍以擊敵之中分也杜雖得之未盡其說也○梅堯臣曰彼一我二可分其勢○王晳曰謂分者分為二軍使其腹背受敵則我得一倍之利也○何氏曰兵倍於敵則分半為奇我眾彼寡足可分兵主客力均善戰者勝也○張預曰吾之眾一倍於敵則當分為二部一以當其前一以衝其後彼應前則後擊之應後則前擊之茲所謂一術為正一術為奇也杜氏不曉兵分則為奇聚則為正而遽非曹公何誤也

敵則能戰之。

曹公曰已與敵人眾等善者猶當設伏奇以勝之○李筌曰主客力敵惟善者戰○杜牧曰此說非也凡己與敵人兵眾多少智勇利鈍一旦相敵則可以戰夫伏兵之設或在敵前或在敵後或因深林叢薄或因暮夜昏晦或因隘阨山阪擊敵不備自名伏兵非奇兵也○陳皡曰料己與敵人眾寡相等先為奇兵可勝之計則戰之故下文云不若則能避之杜說奇伏得之也○梅堯臣曰勢力均則戰○王晳曰謂能感士卒心得其死戰耳若設奇伏以取勝是謂智優不在兵敵也○何氏曰敵言等敵也唯能者可以戰勝耳○張預曰彼我相敵則以正為奇以奇為正變化紛紜使敵莫測以與之戰茲所謂設奇伏以勝之也杜氏不曉凡置陣皆有揚奇備伏而云伏兵當在山林非也

少則能逃之。

曹公曰高壁堅壘勿

與戰也。○杜佑曰。高壁堅壘。勿與戰也。彼之眾。我之寡。不可敵。則當自逃守匿其形。○李筌曰。量力不如。則堅壁不出。挫其鋒。待其氣懈而出擊之。齊將田單守即墨。燒牛尾。即殺騎刼。則其義也。○杜牧曰。兵不敵。且避其鋒。當俟隙便奮決求勝。言能者。謂能忍忿受恥。敵人求挑不出也。不似曹咎氾水之戰也。○陳暭曰。此說非也。但敵人兵倍於我。則宜避之。以驕其志。用為後圖。非謂忍忿受恥。太宗辱宋老生以虜其眾。豈是兵力不等也。○賈林曰。彼眾我寡。逃匿兵形。不令敵知。當設奇伏以待之。設詐以疑之。亦取勝之道。又一云。逃匿兵形。敵不知所備。懼其變詐。全軍亦逃。○梅堯臣曰。彼眾我寡。去而勿戰。○王晳曰。逃。伏也。謂能倚固逃伏。以自守也。傳曰。師逃于夫人之宮。或兵少而有以勝者。蓋將優卒強耳。○何氏曰。兵少固壁。觀變潛形。見可則進。○張預曰。彼眾我寡。宜逃去之。勿與戰。是亦為將智勇等而兵利鈍均也。若我治彼亂。我奮彼怠。則敵雖眾。亦可以合戰。若吳起以五百乘破秦五十萬眾。謝元以八千卒敗苻堅一百萬。豈須逃之乎。**不若則能避之。**

曹公曰。引兵避之也。○杜佑曰。引兵避之。強弱不敵。勢不相若。則引軍避之。待利而動。○杜牧曰。言不若者。勢力交援俱不如也。則須速去之。不可遷延也。如敵人守我要害。發我津梁。合圍於我。則欲去不復得也。○梅堯臣曰。勢力不如。則引而避。○王晳曰。將與兵俱不若。遇敵攻必敗也。○張預曰。兵力謀勇皆劣於敵。則當引而避之。以伺其隙。**故小敵之堅。大敵之擒也。**

曹公曰。小不能當大也。○

孟氏曰.小不能當大也.言小國不量其力.敢與大邦為讎.雖權時堅城固守.然後必見擒獲.春秋傳曰.既不能強.又不能弱.所以敗也.○李筌曰.小敵不量力而堅戰者.必為大敵所擒也.漢都尉李陵以步卒五千人衆對十萬之軍.而見歿匈奴也.○杜牧曰.言堅者.將性堅忍.不能逃.不能避.故為大者之所擒也.○梅堯臣曰.不逃不避.雖堅亦擒.○王晳註同梅堯臣.○何氏曰.如右將軍蘇建.前將軍趙信.將兵三千餘人.與大將軍衛青分行.獨逢單于兵數萬.力戰一日.漢兵且盡.前將軍信胡人.降為翕侯.匈奴誘之.遂將其餘騎可八百餘奔降單于.右將軍蘇建遂盡亡其軍.獨以身得亡.自歸.大將軍問其正閎長史安議郎周霸等.建為云何.霸曰.自大將軍出.未嘗斬一裨將.今建棄軍.可斬.以明威重.閎安曰.不然.兵法小敵之堅.大敵之擒也.今建獨以數千當單于數萬.力戰一日餘.士盡不敢有二心.自歸而斬之.是示後人無歸意也.○張預曰.小敵不度強弱而堅戰.必為大敵之所擒.息侯屈於鄭伯.李陵降於匈奴是也.孟子曰.小固不可以敵大.弱固不可以敵強.寡固不可以敵衆.

夫將者。國之輔也。輔周則國必強。

曹公曰.將周密.謀不泄也.○李筌曰.輔猶助也.將才足則兵強.○杜牧曰.才周也.○賈林曰.國之強弱.必在於將.將輔於君而才周.其國則強.不輔於君.內懷其貳.則弱.擇人授任.不可不慎.○何氏曰.周謂才智具也.

得才智周備之將.國乃安強也.**輔隙則國必弱。**曹公曰.形見於外也○李筌曰.隙.缺也.將才不備.兵必弱○杜牧曰.才不周也.○梅堯臣曰.得賢則周備.失士則隙缺○王晳曰.周謂將賢則忠才兼備.隙謂有所缺也○何氏曰.言其才不可不周.用事不可不周知也.故將在軍.必先知五事六行五權之用.與夫九變四機之說.然後可以內御士眾.外料戰形.苟昧於茲.雖一日不可居三軍之上矣○張預曰.將謀周密.則敵不能窺.故其國強.微缺.則乘釁而入.故其國弱.太公曰.得士者昌.失士者亡.

故君之所以患於軍者三。孟氏曰.已下語是○梅堯臣曰.患君之所不知○張預曰.下三事也.**不知軍之不可以進而謂之進。不知軍之不可以退而謂之退。是謂縻軍。**曹公曰.縻.御也.○杜佑曰.縻.御也.靡(縻)為反.(按通典靡為反作又繫也)君不知軍之形勢而欲從中御也.故太公曰.國不可以從外治.軍不可以從中御.(故太公曰已下據通典補)○李筌曰.縻.絆也.不知進退者.軍必敗.如絆驥足無馳驟也.楚將龍且逐韓信而敗.是不知其進.秦將苻融揮軍少卻而敗.是不知其退○杜牧曰.猶駕御縻絆.使不自由也.君.國君也.患於軍者.為軍之患害也.夫受鉞凶門.推轂閫外之事.將軍裁之.如趙充國欲為屯田.漢宣必令決戰.孫皓臨滅.賈充尚請班師.此不知進退之謂也○賈林曰.軍之進退.將可臨時制變.君命內御.患莫大焉.故太公曰.國不可以從外治軍不可以從中御.○梅堯臣曰.君不知進退之宜而專進退.是縻繫其軍.六韜所謂軍不可以從中御.○王晳曰.縻繫也.去此患則當託以不御之權.故必忠才兼備之臣為之將也.○張預曰.軍未可以進而必使之進.軍未可以退而必使之退.是謂縻絆其軍也.故曰.進退由內御.則功難成.**不知三軍**通典作軍中**之事而同**通典作而欲同下同.**三軍之政者.則軍士惑矣.**曹公曰.軍容不入國.國容不入軍.禮不可以治兵也.○杜佑曰.軍容不入國.國容不入軍.禮不可以治兵也.（據通典補.）夫治國尚禮義.（通典作禮讓.）兵貴於權詐.形勢各異.教化不同.而君不知其變.軍國一政.以用治民.則軍士疑惑.不知所措.故兵經曰.在國以信.在軍以詐也.○李筌曰.任將不以其人也.燕將慕容評出軍.所在因山泉.賣樵水.貪鄙積貨.為三軍帥.不知其政也.○杜牧曰.蓋謂禮度法令.自有軍法.從事若使同於尋常治國之道.則軍士生惑矣.至如周亞夫見天子不拜.漢文知其勇不可犯.魏尚守雲中上首級為有司所劾.馮唐所以發憤也.○陳皞曰.言不知三軍之事.違眾沮議.左傳稱晉彘季不從軍師之謀.而以偏師先進.終為楚之所敗也.○梅堯臣曰.不知治軍之務.而參其政.則眾惑亂也.曹公引司馬法曰.軍容不入國.國容不入軍.是也.○何氏曰.軍國異容.所治各殊.欲以治國之法.以治軍旅.則軍旅惑亂.○張預曰.仁義可以治國.而不可以治軍.權變可以治軍.而不可以治國.理然也.虢公不修慈愛.而為晉所滅.晉侯不守

四德而為秦所克是不以仁義治國也齊侯不射君子而敗於晉宋公不擒二毛而衂於楚是不以權變治軍也故當仁義而用權譎則國必危晉虢是也當變詐而尚禮義則兵必敗齊宋是也然則治國之道固不可以治軍也

不知三軍之權而同三軍之任。則軍士疑矣。

通典作軍覆疑矣按杜佑註直以覆敗釋之○曹公曰不得其人也○杜佑曰不得其人也君之任將當精擇焉將若不知權變不可付以勢位苟授非其人則舉措失所軍覆敗也若趙不用廣武君而用成安君○杜牧曰謂將無權智不能銓度軍士各任所長而雷同使之不盡其材則三軍生疑矣黃石公曰善任人者使智使勇使貪使愚智者樂立其功勇者好行其志貪者邀趨其利愚者不顧其死○陳暤曰將在軍權不專制任不自由三軍之士自然疑也○梅堯臣曰不知權謀之道而參其任用其眾疑貳也○王晳曰政也權也使不知者同之則動有違異必相牽制也是則軍眾疑惑矣裴度所以奏去監軍平蔡州也此皆由君上不能專任賢將則使同之故通謂之三患○何氏曰不知用兵權謀之人用之為將則軍不治而士疑○張預曰軍吏中有不知兵家權謀之人而使同居將帥之任則政令不一而軍疑矣若邲之戰中軍帥荀林父欲還裨將先縠不從為楚所敗是也近世以中官監軍其患正如此高崇文伐蜀因罷之遂能成功

三軍既惑且疑。則諸侯之難至矣。是謂亂軍引勝。

曹公曰引奪也○孟氏曰三軍

之衆疑其所任惑其所為則鄰國諸侯因其乖錯作難而至也太公曰疑志不可以應敵○李筌曰引奪也兵權道也不可謬而使處趙上卿藺相如言趙括徒能讀其父書然未知合變王今以名使括如膠柱鼓瑟此則不知三軍之權而同三軍之任者趙王不從果有長平之敗諸侯之難至也○杜牧曰言我軍疑惑自致擾亂如引敵人使勝我也○梅堯臣曰君徒知制其將不能用其人而乃同其政任俾衆疑惑故諸侯之難作是自亂其軍自去其勝○王晳曰引諸侯勝己也○何氏曰士疑惑而無畏則亂故敵國得以乘我隙釁而至矣○張預曰軍士疑惑未肯用命則諸侯之兵乘隙而至是自潰其軍自奪其勝也

故知勝有五。李筌曰謂下五事也○張預曰下五事也**知可以戰與不可以戰者勝。**孟氏曰能料知敵情審其虛實者勝也○李筌曰料人事逆順然後以太一遁甲算三門遇奇五將無關格迫脅主客之計者必勝也○杜牧曰下文所謂知彼知己是也○梅堯臣曰知可不可之宜○王晳曰可則進否則止保勝之道也○何氏曰審己與敵○張預曰可戰則進攻不可戰則退守能審攻守之宜則無不勝**識衆寡之用者勝。**通典御覽識作知○杜佑曰言兵之形有衆而不可擊寡或可以弱制強而能變之者勝也故春秋傳曰師克在和不在衆是也○李筌曰量力也○杜牧曰先知敵之衆寡然後起兵以應之如王翦伐荊曰非六十萬不可是也。○梅堯臣曰。量力而動。○王晳曰。謂我對敵兵之眾寡圍攻分戰是也。○張預曰。用兵之法。有以少而勝眾者。有以多而勝寡者。在乎度其所而不失其宜則善。如吳子所謂用眾者務易。用少者務隘是也。

上下同欲者勝。

○曹公曰。君臣同欲。○杜佑曰。言君臣和同勇而欲戰者勝。故孟子曰。天時不如地利。地利不如人和。○李筌曰。觀士卒心上下同欲。如報私仇者勝。○陳皞曰。言上下共同其利欲。則三軍無怨。敵可勝也。傳曰。以欲從人則可。以人從欲鮮濟也。○梅堯臣曰。心齊一也。○王晳曰。上下一心。若先縠剛愎以取敗。呂布違異以致亡。皆上下不同欲之所致。○何氏曰。書云。受有億兆夷人。離心離德。予有亂臣十人。同心同德。商滅而周興。○張預曰。百將一心。三軍同力。人人欲戰。則所向無前矣。

以虞待不虞者勝。

孟氏曰。虞。度也。左傳曰。不備不虞。不可以師待敵之可勝也。○杜佑曰。虞。度也。以我有法度之師。擊彼無法度之兵。故春秋傳曰。不備不虞。不可以師。是也。（故春秋傳曰以下據通典御覽補）○李筌杜牧曰。有備預也。○陳皞曰。謂先為不可勝之師。待敵之可勝也。○梅堯臣曰。慎備非常。○王晳曰。以我之虞。待敵之不虞也。○何氏曰。春秋時城濮之後。晉無楚備。以敗於邲。邲之後。楚無晉備。以敗於鄢。自鄢已來。晉不失備。而加之以禮。重之以睦。是以楚弗能加晉。又周末荊人伐陳。吳救之。軍行三十里。雨十日。夜不見星。左史倚相謂大將子期曰。雨十日。夜甲輯兵聚。吳人必至。不如備之。乃為陳。而吳人至。見荊有備而反。左史曰。其反覆六十里.其君子外.小人為食.我行三十里.擊之必克.從之.遂破吳軍.魏大將軍南征吳.到積湖.魏將滿寵帥諸軍在前.與敵隔水相對.寵令諸將曰.今夕風甚猛.賊必來燒營.宜預為之備.諸軍皆警.夜半.賊果遣十部來燒營.寵掩擊破之.又春秋衛人以燕師伐鄭.鄭祭足原繁洩駕以三軍軍其前.使曼伯與子元潛軍軍其後.燕人畏鄭三軍.而不虞制人.六月.鄭二公子以制人敗燕師於北制.君子曰.不備不虞.不可以師.又楚子重自陳伐莒.圍渠丘.渠丘城惡.眾潰奔莒.楚入渠丘.莒人囚楚公子平.楚人曰.勿殺.吾歸而俘.莒人殺之.楚人圍莒.莒城亦惡.庚申.莒潰.楚遂入鄆.莒無備故也.君子曰.恃陋而不備.罪之大者也.備豫不虞.善之大者也.莒恃其陋而不修城郭.浹辰之間.而楚克其三都.無備也夫.○張預曰.常為不可勝.以待敵.故吳起曰.出門如見敵.士季曰.有備不敗.

將能而君不御者勝。

曹公曰.司馬法曰.進退惟時.無曰寡人也.○杜佑曰.司馬法曰.進退惟時.無曰寡人.（據通典御覽補）將既精能曉練兵勢.君能專任.事不從中御.故王子曰.指授在君.決戰在將也.○李筌曰.將在外.君命有所不受者勝.真將軍也.吳伐楚.吳公子光弟夫槩王至.請擊楚子常.不許.夫槩曰.所謂見義而行.不待命也.今日我死.楚可入也.以其屬五千先擊子常.敗之.審此則將能而君不能御也.晉宣帝拒諸葛於五丈原.天子使辛毗仗節軍門曰.敢問戰者斬.亮聞笑曰.苟能制吾.豈千里請戰.假言天子不許.示武於眾.此是不能之將.○杜牧曰.尉繚子曰.夫將者.上不制乎天.下不制乎地.

中不制乎人.故兵者.凶器也.將者.死官也.○梅堯臣曰.自閫以外.將軍制之.○王晳曰.君御能將者.不能絕疑忌耳.若賢明之主.必能知人固當委任以責成効.推轂授鉞.是其義也.攻戰之事.一以專之.不從中御.所以一威.且盡其才也.況臨敵乘機.間不容髮.安可遙制之乎.○何氏曰.古者遣將於太廟.親操鉞.持其首.授其柄.曰.從是以上至天者.將軍制之.操斧持其柄.授與刃.曰.從是以下至淵者.將軍制之.故李牧之為趙將.居邊.軍市之租.皆自用饗士.賞賜決於外.不從中御也.周亞夫之軍細柳.軍中唯聞將軍之命.不聞天子之詔也.蓋用兵之法.一步百變.見可則進.知難而退.而曰有王命焉.是白大人以救火也.未及反命而煨燼久矣.曰有監軍焉.是作舍道邊也.謀無適從.而終不可成矣.故御能將而責平猾虜者.如絆韓盧而求獲狡兔者.又何異焉.○張預曰.將有智勇之能.則當任以責成功.不可從中御也.故曰.閫外之事.將軍裁之.

此五者。知勝之道也。曹公曰.此上五事也.

故曰。知彼知己。百戰不殆。原本有者字.今據通典北堂書鈔太平御覽改正.又通典引作知己知彼者誤.○孟氏曰.審知彼己強弱之勢.雖百戰實無危殆.○李筌曰.量力而拒敵.有何危殆乎.○杜牧曰.以我之政.料敵之政.以我之將.料敵之將.以我之眾.料敵之眾.以我之食.料敵之食.以我之地.料敵之地.校量已定.優劣短長皆先見之.然後兵起.故有百戰百勝也.○梅堯臣曰.彼已五者盡知之.

故無敗.○王晳曰.殆.危也.謂校盡彼我之情.知勝而後戰.則百戰不危.○張預曰.知彼知己者.攻守之謂也.知彼則可以攻.知己則可以守.攻是守之機.守是攻之策.苟能知之.雖百戰不危也.或曰.士會察楚師之不可敵.陳平料劉項之長短.是知彼知己也.

不知彼而知己。一勝一負。

杜佑曰.雖不知敵之形勢.恃己能克之者.勝負各半.○李筌曰.自以己強而不料敵.則勝負未定.秦主苻堅以百萬之眾南伐.或謂曰.彼有人焉.謝安桓沖.江表偉才.不可輕之.堅曰.我有八州之眾.士馬百萬.投鞭可斷江水.何難之有.後果敗績.則其義也.○杜牧曰.恃我之強.不知敵不可伐者.一勝一負.王猛將終.諫苻堅曰.晉氏雖在江表.而正朔所稟.謝安桓沖.江表偉人.不可伐也.及堅南伐.曰.吾士馬百萬.投鞭可濟.遂有淝水之敗也.○陳皥曰.杜說恃強之兵.無名而有罪.所以敗也.非一勝一負之義.○梅堯臣曰.自知己者.勝負半也.○王晳曰.但能計己.不知敵之強弱.則或勝或負.○張預曰.唐太宗曰.今之將臣.雖未能知彼.苟能知己.則安有不利乎.所謂知己者.守吾氣而有待焉者也.故知守而不知攻.則勝負之半.

不知彼不知己。每戰必殆。

北堂書鈔作必敗.非通典御覽俱作必殆.○杜佑曰.外不料敵.內不知己.用戰必殆.（御覽作必危也）○李筌曰.是謂狂寇.不敗何待也.○梅堯臣曰.一不知何以勝.○王晳曰.全昧於計也.○張預曰.攻守之術皆不知.以戰則敗.

孫子集註卷四

賜進士及第署山東提刑按察使分巡兗沂曹濟黃河兵備道孫星衍　賜進士出身署萊州府知府候補同知吳人驥　同校

形篇

曹公曰．軍之形也．我動彼應．兩敵相察情也．○李筌曰．形謂主客．攻守．入陳．五營．陰陽．向背之形．○杜牧曰．因形見情．無形者情密．有形者情疏．密則勝．疏則敗也．○王皙曰．形者．定形也．謂兩敵強弱有定形也．善用兵者．能變化其形．因敵以制勝．○張預曰．兩軍攻守之形也．隱於中．則人不可得而知．見於外．則敵乘隙而至．形因攻守而顯．故次謀攻．

孫子曰。昔之善戰者。先為不可勝。張預曰．所謂知己者也．以待敵之可勝。梅堯臣曰．藏形內治．伺其虛懈．○張預曰．所謂知彼者也．不可勝在己。可勝在敵。曹公曰．守備固也．自修理．以待敵之虛懈也．○杜佑曰．先咨之廟堂．慮其危難．然後高壘深溝．使兵士練習．以此守備之固．待敵之闕．則可勝之．言守備之固．制敵在外．守備之固自修理．以俟敵之虛懈．已見敵有闕漏之形．然後可勝．○李筌曰．夫善用兵者．守則深壁．多具軍食．善其教練．攻其城．則尚撞棚雲梯土山地道．陳則左川澤右丘陵．（原本作在山川丘陵．誤．據下文註改正．）背孤向虛．從疑擊間．善戰者．掎角勢連．首尾相應者．為不可勝也．夫善戰者能為不可勝．

不能使敵之必可勝.故曰.勝可知而不可為.不可勝者守也.可勝者攻也.無此數者.以為可勝也.○杜牧曰.自整軍事.長有待敵之備.閉跡藏形.使敵人不能測度.因伺敵人有可乘之便.然後出而攻之.○王晳曰.不可勝者.修道保法也.可勝者.有所隙耳.○張預曰.守之故在己.攻之故在彼.

故善戰者。能為不可勝。杜牧曰.不可勝者.上文註解所謂修整軍事.閉形藏跡是也.此事在己.故曰能為.○張預曰.藏形晦跡.居常嚴備.則己能焉.

不能使敵必可勝。原本作之可勝.按註則故書正作必也.從通典御覽改正.又按呂氏春秋云.不可勝在己.可勝在彼.聖人必在己者.不必在彼者.是其証.○杜佑曰.若敵曉練兵事.（原本作在己故練兵士.按杜佑註本釋必可勝句.後人臆改之.以牽合上句.今從通典御覽改正.）策與道合.深為己備者.亦不可強勝之.○杜牧曰.敵若無形可窺.無虛懈可乘.則我雖操可勝之具.亦安能取勝敵乎.○賈林曰.敵有智謀.深為己備.不能強令不己備.○梅堯臣曰.在己.故能為.在敵.故無必.○王晳曰.在敵不在我也.○張預曰.若敵強弱之形不顯於外.則我豈能必勝於彼.

故曰。勝可知。曹公曰.見成形也.○杜牧曰.知者.但能知己之力可以勝敵也.○陳皥曰.取勝於形.勝可知也.

而不可為。曹公曰.敵有備故也.○杜佑曰.敵有備也.已料敵見敵形者.則勝負可知.若敵密而無形.亦不可強使為敗.故范蠡曰.時不至.不可強生.事不究.不可強成.○杜牧曰.言我不能使敵人虛懈.為我可勝之資.○賈林曰.

敵若隱而無形.不可強為勝敗.○梅堯臣曰.敵有闕.則可知.敵無闕.則不可為.○何氏曰.可知之勝在我.我有備也.不可為之勝在敵.敵無形也.○張預曰.己有備則勝可知.敵有備則不可為.

不可勝者。守也。曹公曰.藏形也.○杜佑曰.藏形也.若未見其形.彼衆我寡.則自守也.○杜牧曰.言未見敵人有可勝之形.己則藏形為不勝之備.以自守也.○梅堯臣曰.且有待也.○何氏曰.未見敵人形勢虛實有可勝之理.則宜固守.○張預曰.知己未可以勝.則守其氣而待之.

可勝者。攻也。御覽一引作不可勝則守.可勝則攻非.○曹公曰.敵攻己.乃可勝.○杜佑曰.敵攻己.乃可勝也.已見其形.彼寡我衆.(原本作彼衆我寡.互誤.按杜佑作通典引用曹註.下附己意.此云敵攻己乃可勝者.引曹註也.已下云云.杜佑語也.後人以其義不相比.又下文有攻則有餘之言.故臆改為彼衆我寡.誤也.據御覽改正.) 則可攻.○李筌曰.夫善用兵者.守則高壘堅壁也.攻其城.則尚橦棚雲梯土山地道.(原本無城則尚三字.據上文註補.) 陳左川澤右丘陵背孤向虛從疑擊間.識辨五令以節衆.犄角 (原本無犄角二字.) 勢連首尾相應者為不可勝也.無此數者.以為可勝也.○杜牧曰.敵人有可勝之形.則當出而攻之.○梅堯臣曰.見其闕也.○王晳曰.守者似於勝不足.攻者似於勝有餘.○張預曰.知彼有可勝之理.則攻其心而取之.

守則不足。攻則有餘。曹公曰.吾所以守者.力不足也.所以攻者.力有餘也.○李筌曰.力不足者.可以守.力有餘者.可以攻也.○梅堯臣曰.守則知力不足.攻則知力有餘.○張預曰.吾所以守者.謂取勝之道有所不足.故且待之.吾所以攻者.謂勝敵之事已有其餘.故出擊之.言非百勝不戰.非萬全不鬥也.後人謂不足為弱.有餘為強者.非也.

善守者藏於九地之下。善攻者動於九天之上。故能自保而全勝也。

曹公曰.因山川丘陵之固者.藏於九地之下.因天時之便者.動於九天之上.○杜佑曰.善守備者.務因其山川之阻.丘陵之固.使不知所攻.言其深密藏於九地之下.善攻者.務因天時地利.為水火之變.使敵不知所備.言其雷震發動.若動於九天之上也.○李筌曰.天一遁甲經云.九天之上可以陳兵.九地之下可以伏藏.常以直符加時干.後一所臨宮為九天.後二所臨宮為九地.地者靜而利藏.天者運而利動.故魏武不明二遁.以九地為山川.九天為天時也.夫以天一太一之遁.幽微.知而用之.故全也.經云.知三避五.魁然獨處.能知三五.橫行天下.以此法出.不拘諸咎.則其義也.○杜牧曰.守者.韜聲滅跡.幽比鬼神.在於地下.不可得而見之.攻者.勢迅聲烈.疾若雷電.如來天上.不可得而備也.九者.高深數之極.○陳皡曰.春三月寅功曹為九天之上.申傳送為九地之下.夏三月午勝先為九天之上.子神后為九地之下.秋三月申傳送為九天之上.寅功曹為九地之下.冬三月子神后為九天之上.午勝先為九地之下也.○梅堯臣曰.九地.言深不可知.九天.言高不可測.蓋守備密而攻取迅也.○王晳曰.守者為未見可攻之利.當潛藏其形.沉靜幽默.不使

敵人窺測之也攻者為見可攻之利當高遠神速乘其不意懼敵人覺我而為之備也九者極言之耳○何氏曰九地九天言其深微尉繚子曰治兵者若祕於地若邃於天言其祕密邃遠之甚也後漢涼州賊王國圍陳倉左將軍皇甫嵩督前軍董卓救之卓欲速進赴陳倉嵩不聽卓曰智者不後時勇者不留決速救則城全不救則城滅全滅之勢在於此也嵩曰不然百戰百勝不如不戰而屈人之兵是以先為不可勝以待敵之可勝不可勝在我可勝在彼彼守不足我攻有餘有餘者動於九天之上不足者陷於九地之下今陳倉雖小城守固備非九地之陷也王國雖強而攻我之所不救非九天之勢也夫勢非九天攻者受害陷非九地守者不拔國今已陷受害之地而陳倉保不拔之小城我可不煩兵動眾而取全勝之功將何救焉遂不聽王國圍陳倉自冬迄春八十餘日城堅守固竟不能拔賊眾疲弊果自解去○張預曰藏於九地之下喻幽而不可知也動於九天之上喻來而不可備也尉繚子曰若祕於地若邃於天是也守則固是自保也攻則取是全勝也

見勝不過眾人之所知非善之善者也。曹公曰當見未萌○孟氏曰當見未萌言兩軍已交雖料見勝負策不能過絕於人但見近形非遠太公曰智與眾同非國師也○李筌曰知不出眾知非善也韓信破趙未餐而出井陘曰破趙會食時諸將嘸然佯應曰諾乃背水陳趙乘壁望見皆大笑言漢將不便兵也乃破趙食斬成安君此則眾所不知也○杜牧曰眾人之所見破軍殺將然後知勝。我之所見。廟堂之上。罇俎之間。已知勝負者矣。○賈林曰。守必固。攻必克。能自保全而常不失。勝見未然之勝。善知將然之敗。謂實微妙通玄。（編按。原本作元。避清諱也。今據明嘉靖刊本改正。下同。）非眾人之所見也。○梅堯臣曰。人所見而見。故非善。○王晳曰。眾常之人見所以勝。而不知制勝之形。○張預曰。眾人所知。已成已著也。我之所見。未形未萌也。

戰勝而天下曰善。御覽作曰軍善。**非善之善者也。**曹公曰。交爭勝也。（原本作爭鋒也。據御覽改正。）故太公曰。爭勝於白刃之先者。非良將也。（據御覽補。）○李筌曰。爭鋒力戰。天下易見。故非善也。○杜牧曰。天下猶上文言眾也。言天下人皆稱戰勝者。故破軍殺將者也。我之善者。陰謀潛運。攻心伐謀。勝敵之日。曾不血刃。○陳皡曰。潛運其智。專伐其謀。未戰而屈人之兵。乃是善之善者也。○梅堯臣曰。見不過眾。戰雖勝。天下稱之。猶不曰善。○王晳曰。以謀屈人。則善矣。○張預曰。戰而後能勝。眾人稱之曰善。是有智名勇功也。故云非善。若見微察隱。取勝於無形。則真善者也。

故舉秋毫不為多力。見日月不為明目。聞雷霆不為聰耳。曹公曰。易見聞也。○李筌曰。易見聞也。以為攻戰勝而天下不曰善也。夫智能之將。人所莫測。為之深謀。故孫武曰。難知如陰也。○王晳曰。眾人之所知不為智。力戰而勝人不為善。○何氏曰。此言眾人之所見所聞不足為異也。昔烏獲舉千鈞之鼎為力。離朱百步覩纖芥之物為明。師曠聽蚊行螘步為聰也。

兵之成形而見之.誰不能也.故勝於未形.乃為知兵矣.○張預曰.人皆能也.引此以喻眾人之見勝也.秋毫謂兔毛至秋而勁細.言至輕也.

古之所謂善戰者勝勝易勝者也。原本作古之所謂善戰者.勝於易勝者也.此後人所改.今據御覽訂正.編按.勝字重文.疑有衍誤.簡文作所謂善者.勝易勝者也.言簡意賅.較原本及孫星衍所改者為佳.○曹公曰.原微易勝.攻其可勝.不攻其不可勝也.○杜牧曰.敵人之謀.初有萌兆.我則潛運.以能攻之用力既少.制勝既微.故曰易勝也.○梅堯臣曰.力舉秋毫.明見日月.聰聞雷霆.不出眾人之所能也.故見於著則勝於難.見於微則勝於易.○何氏曰.言敵人之謀.初有萌兆.我則潛運.已能攻之.用力既少.制敵甚微.故曰易勝也.○張預曰.交鋒接刃而後能制敵者.是其勝難也.見微察隱而破于未形者.是其勝易也.故善戰者常攻其易勝.而不攻其難勝也.

故善戰者之勝也。無智名。無勇功。曹公曰.敵兵形未成.(原本作未形.從御覽改)勝之無赫赫之功也.○李筌曰.勝敵而天下不知.何智名之有.○杜牧曰.勝於未萌.天下不知.故無智名.曾不血刃.敵國已服.故無勇功也.○梅堯臣曰.大智不彰.大功不揚.見微勝易.何勇何智.○何氏曰.患銷未形.人誰稱智.不戰而服.人誰言勇.漢之子房.唐之裴度能之.○張預曰.陰謀潛運.取勝於無形.天下不聞料敵制勝之智.不見搴旗斬將之功.若留侯未嘗有戰鬥功是也.

故其戰勝不忒。李筌曰.百戰百勝.有何疑貳也.此筌以忒字為貳也。○陳暤曰。籌不虛運。策不徒發。○張預曰。力戰而求勝。勝雖善者亦有敗時。既見於未形。察於未成。百戰百勝。而無一差忒矣。

不忒者。其所措必勝。勝已敗者也。曹公曰。察敵有可敗。不差忒也。○李筌曰。置勝於已敗之師。何忒焉。師老卒惰。法令不一。謂已敗也。○杜牧曰。措。措置也。忒。差忒也。我能置勝不忒者。何也。蓋先見敵人已敗之形。然後攻之。故能制必勝之功。不差忒也。○賈林曰。讀措為錯。錯雜也。取敵之勝。理非一途。故雜而料之也。常於勝未形。已見敵之敗。○梅堯臣曰。睹其可敗。勝則不差。○何氏曰。善料也。○張預曰。所以能勝而不差者。蓋察知敵人有必可敗之形。然後措兵以勝之云耳。

故善戰者立於不敗之地。而不失敵之敗也。李筌曰。兵得地者昌。失地者亡。地者。要害之地。秦軍敗趙。先據北山者勝。宋師伐燕。過大峴而勝。皆得其地也。○杜牧曰。不敗之地者。為不可勝之計。使敵人必不能敗我也。不失敵人之敗者。言窺伺敵人可敗之形。不失毫髮也。○陳暤註同李筌。○杜佑註同杜牧。○梅堯臣曰。善候敵隙。我則常勝。○王晳曰。常為不可勝。待敵可勝。不失其機。○何氏曰。自恃有備。則無患。常伺敵隙。則勝之不失也。立於不敗之地。利也。言我常為勝所。○張預曰。審吾法令。明吾賞罰。便吾器用。養吾武勇。是立於不敗之地也。我有節制。則彼將自衂。是不失敵之敗也。

是故勝兵先勝而後求戰。敗兵先戰而後求勝。曹公曰。有謀與無慮也。○

李筌曰。計與不計也。是以薛公知黥布之必敗。田豐知魏武之必勝。是其義也。○杜牧曰。管子曰。天時地利。其數多少。其要然出於計數。故凡攻伐之道。計必先定於內。然後兵出乎境。不明敵人之政。不能加也。不明敵人之積。不能約也。不明敵人之將。不先軍。不明敵人之士。不見先陳。故以眾擊寡。以治擊亂。以富擊貧。以能擊不能。以教士練卒擊毆眾白徒。故能百戰百勝。此則先勝而後求戰之義也。衛公李靖曰。夫將之上務。在於明察而眾和。謀深而慮遠。審於天時。稽乎人理。若不料其能。不達權變。及臨機付敵。方始趦趄。左顧右盼。計無所出。信任過說。一彼一此。進退狐疑。部伍狼籍。何異趣蒼生而赴湯火。驅牛羊而啗狼虎者乎。此則先戰而後求勝之義也。○賈林曰。不知彼我之情。陳兵輕進。意雖求勝。而終自敗也。○梅堯臣曰。可勝而戰。戰則勝矣。未見可勝。勝可得乎。○何氏曰。凡用兵先定必勝之計。而後出軍。若不先謀而欲恃強。勝未必也。○張預曰。計謀先勝。然後興師。故以戰則克。尉繚子曰。兵不必勝。不可以言勝。攻不必拔。不可以言攻。謂危事不可輕舉也。又曰。兵貴先勝於此。則勝彼矣。弗勝於此。則弗勝彼矣。此之謂也。若趙充國常先計而後戰。亦是也。不謀而進。欲幸其成功。故以戰則敗。

善用兵者。修道而保法。故能為勝敗之政。

曹公曰。善用兵者。先自修治。為不可勝之道。保法度不失敵之敗亂也。○李筌曰。以順討逆。不伐無罪之國。軍至無虜掠。不伐樹木。污井竈。所過山川城社陵祠。必滌而除之。不習亡國之事。謂之道法也。軍嚴肅。

有死無犯．賞罰信義．將若此者．能勝敵之敗政也．○杜牧曰．道者．仁義也．法者．法制也．善用兵者．先修理仁義．保守法制．自為不可勝之政．伺敵有可敗之隙．則攻能勝之．○賈林曰．常修用兵之勝道．保賞罰之法度．如此則當為勝．不能則敗．故曰勝敗之政也．○梅堯臣曰．攻守自修．法令自保．在我而已．○王皙曰．法者．下之五事也．○張預曰．修治為戰之道．保守制敵之法．故能必勝．或曰．先修飾道義．以和其眾．後保守法令．以戢其下．使民愛而畏之．然後能為勝敗．

兵法。一曰度。賈林曰．度．土地也．○王皙曰．丈尺也．**二曰量。**賈林曰．量人力多少．倉廩虛實．○王皙曰．斗斛也．**三曰數。**賈林曰．筭數也．以數推之．則眾寡可知．虛實可見．○王皙曰．百千也．**四曰稱。**賈林曰．既知眾寡．兼知彼我之德業輕重．才能之長短．○王皙曰．權衡也．**五曰勝。**曹公曰．勝敗之政．用兵之法．當以此五事稱量．知敵之情．○張預曰．此言安營布陣之法也．李衛公曰．教士猶布碁於盤．若無畫路．碁安用之．

地生度。曹公曰．因地形勢而度之．○李筌曰．既度有情．則量敵而禦之．○杜牧曰．度者．計也．言度我國土大小．人戶多少．征賦所入．兵車所籍．山河險易．道里迂直．自度此事與敵人如何．然後起兵．夫小不能謀大．弱不能擊強．近不能襲遠．夷不能攻險．此皆生於地．故先度也．○梅堯臣曰．因地以度軍勢．○王皙曰．地．人所履也．舉兵攻戰．先計於地．由地故生度．度所以度長短．知遠近也。凡行軍臨敵。先須知遠近之計。○何氏曰。地者。遠近險易也。度。計也。未出軍。先計敵國之險易。道路迂直。兵甲孰多。勇怯孰是。計度可伐。然後興師動眾。可以成功。**度生量。**杜牧曰。量者。酌量也。言度地已熟。然後能酌量彼我之強弱也。○梅堯臣曰。因度地以量敵情。○王晳曰。謂量有大小。言既知遠近之計。則須更量其地之大小也。○何氏曰。量酌彼己之形勢。**量生數。**曹公曰。知其遠近廣狹。知其人數也。○李筌曰。量敵遠近強弱。須備知士卒軍資之數而勝也。○杜牧曰。數者。機數也。言強弱已定。然後能用機變數也。○賈林曰。量地遠近廣狹。則知敵人人數多少也。○梅堯臣曰。因量以得眾寡之數。○王晳曰。數所以紀多少。言既知敵之大小。則更計其精劣多少之數。曹公曰。知其人數。○何氏曰。數。機變也。先酌量彼我強弱利害。然後為機數。○張預曰。地有遠近廣狹之形。必先度知之。然後量其容人多少之數也。**數生稱。**曹公曰。稱量己與敵孰愈也。○李筌曰。分數既定。賢智之多少。得賢者重。失賢者輕。如韓信之論楚漢也。須知輕重別賢愚而稱之。錙銖則強。○杜牧曰。稱。校也。權機之數已行。然後可以稱校彼我之勝負也。○梅堯臣曰。因數以權輕重。○王晳曰。稱所以知重輕。喻強弱之形勢也。能盡知遠近之計。大小之度。多少之數。以與敵相形。則知重輕所在。○何氏同杜牧註。**稱生勝。**曹公曰。稱量之故知其勝負所在。○李筌曰。稱知輕重。勝敗之數可知也。○杜牧曰。稱校既熟。我勝敵敗。分明見也。○陳暭同杜佑。杜牧上五事註。○梅堯臣曰。因輕重以知勝負。○王晳曰。重勝輕也。○何氏曰。上五事未戰先計必勝之法。故孫子引古法以疏勝敗之要也。○張預曰。稱宜也。地形與人數相稱則疏密得宜。故可勝也。尉繚子曰。無過在於度數。度謂尺寸。數謂什伍。度以量地。數以量兵。地與兵相稱則勝。五者皆因地形而得。故自地而生之也。李靖五陳隨地形而變是也。

故勝兵若以鎰稱銖。梅堯臣曰。力易舉也。**敗兵若以銖稱鎰。**曹公曰。輕不能舉重也。○李筌曰。二十兩為鎰。銖之於鎰。輕重異位。勝敗之數。亦復如之。○梅堯臣曰。力難制也。○王晳曰。言銖鎰者。以明輕重之至也。○張預曰。二十兩為鎰。二十四銖為兩。此言有制之兵對無制之兵。輕重不侔也。

勝者之戰民也。若決積水於千仞之谿者。形也。曹公曰。八尺曰仞。決水千仞。其勢疾也。（御覽註。仞。七尺也。其勢疾也。原本云。其高勢疾也。衍。從御覽）○李筌曰。八尺曰仞。言其勢也。杜預伐吳。言兵如破竹。數節之後。皆迎刃自解。則其義也。○杜牧曰。夫積水在千仞之谿。不可測量。如我之守。不見形也。及決水下。湍悍奔注。如我之攻。不可禦也。○梅堯臣曰。水決千仞之谿。莫測其迅。兵動九天之上。莫見其跡。此軍之形也。○王晳曰。千仞之谿。至隩絕也。喻不可勝對可勝之形。乘機攻之。決水是也。○張預曰。水之性避高而趨下。決之赴深谿。固湍浚而莫之禦也。兵之形象水。乘敵之不備。掩敵之不意。避實而擊虛，亦莫之制也。或曰：千仞之谿，謂不測之淵，人莫能量其淺深。及決而下之，則其勢莫之能禦。如善守者匿形晦跡，藏於九地之下，敵莫能測其強弱。及乘虛而出，則其鋒莫之能當也。

孫子集註卷五

賜進士及第署山東提刑按察使分巡兗沂曹濟黃河兵備道孫星衍　賜進士出身署萊州府知府候補同知吳人驥　同校

埶篇

曹公曰。用兵任勢也。○李筌曰。陳以形成。如決建瓴之勢。故以是篇次之。○王晳曰。勢者。積勢之變也。善戰者能任勢以取勝。不勞力也。○張預曰。兵勢以成。然後任勢以取勝。故次形。

孫子曰。凡治眾如治寡。分數是也。

曹公曰。部曲為分。什伍為數。○孟氏曰。分隊伍也。數兵之大數也。分數多少。制置先定。○李筌曰。善用兵者。將鳴一金。舉一旗。而三軍盡應。號令既定。如寡焉。○杜牧曰。分者。分別也。數者。人數也。言部曲行伍。皆分別其人數多少。各任偏裨長伍。訓練昇降。皆責成之。故我所治者寡也。韓信曰。多多益辦是也。○陳皥曰。若聚兵既眾。即須多為部伍。部伍之內。各有小吏以主之。故分其人數。使之訓齊決斷。遇敵臨陳。授以方略。則我統之雖眾。治之益寡。○梅堯臣曰。部伍奇正之分數。各有所統。○王晳曰。分數。謂部曲也。偏裨各有部分。與其人數。若師旅卒兩之類。○張預曰。統眾既多。必先分偏裨之任。定行伍之數。使不相亂。然後可用。故治兵之法。一人曰獨。二人曰比。三人曰參。比參為伍。五人為列。二列為火。五火為隊。二隊為官。二官為曲。二曲為部。二部為校。二校為裨。二裨為軍.遞相統屬.各加訓練.雖治百萬之衆.如治寡也.鬥衆如鬥寡.形名是也。曹公曰.旌旗曰形.金鼓曰名.○杜牧曰.旌旗鐘鼓.敵亦有之.我安得獨為形名.鬥衆如鬥寡也.夫形者.陳形也.名者.旌旗也.戰法曰.陳間容陳.足曳白刃.故大陳之中.復有小陳.各占地分.皆有陳形.旗者.各依方色.或認以鳥獸.某將某陳.自有名號.形名已定.志専勢孤.人自為戰.敗則自敗.勝則自勝.戰百萬之兵.如戰一夫.此之是也.○陳皥曰.夫軍士既衆.分布必廣.臨陳對敵.遞不相知.故設旌旗之形.使各認之.進退遲速.又不相聞.故設金鼓以節之.所以今之曰.聞鼓則進.聞金則止.曹說是也.○梅堯臣曰.形以旌旗.名以采章.指麾應速.無有後先.○王晳曰.曹公曰.旌旗曰形.金鼓曰名.晳謂形者.旌旗金鼓之制度.名者.各有其名號也.○張預曰.軍政曰.言不相聞.故為鼓鐸.視不相見.故為旌旗.今用兵既衆.相去必遠.耳目之力.所不聞見.故今士卒望旌旗之形而前卻.聽金鼓之號而行止.則勇者不得獨進.怯者不得獨退.故曰此用衆之法也.

三軍之衆.可使必受敵而無敗者.奇正是也。曹公曰.先出合戰為正.後出為奇.○李筌曰.當敵為正.傍出為奇.將三軍無奇兵.未可與人爭利.漢吳王濞擁兵入大梁.吳將田伯祿說吳王曰.兵屯聚而西.無他奇道.難以立功.臣願得五萬人.別循江淮而上.收淮南長沙.入武關.與大王會.此亦一奇也.不從.遂為周亞夫所敗.此則有正無奇.○杜牧曰.解在下文.○賈林曰.當敵以正陳.取勝以奇兵.前後左右俱能相應.

則常勝而不敗也○梅堯臣曰動為奇靜為正靜以待之動以勝之○王晳曰必當作畢字誤也奇正還相生故畢受敵而無敗也○何氏曰兵體萬變紛紜混沌無不是正無不是奇若兵以義舉者正也臨敵合

變者奇也我之正使敵視之為奇我之奇使敵視之為正正亦為奇奇亦為正大抵用兵皆有奇正無奇正而勝者幸勝也浪戰也如韓信背水而陳以兵循山而拔趙幟以破其國則背水正也循山奇也信又盛兵臨晉而以木罌從夏陽襲安邑而虜魏王豹則臨晉正也夏陽奇也由是觀之受敵無敗者奇正之謂也尉繚子曰今以鏌鎁之利犀兕之堅三軍之眾有所奇正則天下莫當其戰矣○張預曰三軍雖眾使人人皆受敵而不敗者在乎奇正也奇正之說諸家不同尉繚子則曰正兵貴先奇兵貴後曹公則曰先出合戰為正後出為奇李衛公則曰兵以前向為正後卻為奇此皆以正為正以奇為奇曾不說相變循環之義唯唐太宗曰以奇為正使敵視以為正則吾以奇擊之以正為奇使敵視以為奇則吾以正擊之混為一法使敵莫測茲最詳矣**兵之所加如以碫。**按碫當為碬从段唐以後多遐音者以字之譌而作音也至王晳又以冶鐵之鍛當之更謬編按以下註文中凡作碫者皆當為碬**投卵者。虛實是也。**曹公曰以至實擊至虛○孟氏曰碬石也兵若訓練至整部領分明更能審料敵情委知虛實後以兵而加之實同以碬石投卵也○李筌曰碬實卵虛以實擊虛其勢易也○梅堯臣曰碬石也音遐以實擊虛猶以堅破脆也○王晢曰.鍜冶鐵也.○何氏曰.用兵識虛實之勢.則無不勝.○張預曰.下篇曰.善戰者致人而不致於人.此虛實彼我之法也.引致敵來.則彼勢常虛.不往赴彼.則我勢常實.以實擊虛.如舉石投卵.其破之必矣.夫合軍聚眾.先定分數.分數明.然後習形名.形名正.然後分奇正.奇正審.然後虛實可見矣.四事所以次序也.

凡戰者。以正合。以奇勝。曹公曰.正者當敵.奇兵從傍擊不備也.○杜佑曰.正者當敵.奇者從傍擊不備.以正道合戰.以奇變取勝也.○李筌曰.戰無其詐.難以勝敵.○梅堯臣曰.用正合戰.用奇勝敵.○何氏曰.如戰國廉頗為趙將.秦使間曰.秦獨畏趙括耳.廉頗易與.且降矣.會頗軍多亡失.數敗.堅壁不戰.又聞秦反間之言.使括代頗.至則出軍擊秦.秦軍佯敗而走.張二奇兵以劫之.趙軍逐勝.追造秦壁.壁堅拒不得入.而秦奇兵二萬五千絕趙軍後.又五千騎絕趙壁間.趙兵分為二.糧道絕.括卒敗.又隋突厥犯塞.煬帝令唐高祖與馬邑太守王仁恭率眾備邊.會虜寇馬邑.仁恭以眾寡不敵.有懼色.高祖曰.今主上遐遠.孤城絕援.若不死戰.難以圖全.於是親選精騎四千.出為遊軍.居處飲食.隨逐水草.一同於突厥.見虜候騎.但馳騁遊獵耳.若輕之.及與虜相遇.則猗角置陣.選善射者為別隊.持滿以待之.虜莫能測.不敢決戰.因縱奇兵擊走之.獲其特勒所乘駿馬.斬首千餘級.又太宗選精銳千餘騎為奇兵.皆黑衣玄甲.分為左右隊.建大旗.令騎將秦叔寶程驍金等分統之每臨寇太宗躬被玄甲先鋒率之候機而進所向摧殄常以少擊之賊徒氣懾又五代漢高祖在晉陽郭進往依之漢祖壯其材會北虜居安陽城因遣進攻拔之戎人遁去授坊州刺史虜主道斃高祖出奇兵井陘進以間道先入洺北因定河北此皆以奇勝之迹也○張預曰兩軍相臨先以正兵與之合戰徐發奇兵或擣其旁或擊其後以勝之若鄭伯禦燕師以三軍軍其前以潛軍軍其後是也**故善出奇者。**北堂書鈔作善出兵按作兵者義長也後人以其如天地如江河之言臆改為奇耳宋時諸本則皆作奇故鄭友賢云不言正闕文也**無窮如天地。**李筌曰動靜也**不竭如江河。**杜佑曰言應變出奇無窮竭○李筌曰通流不絕○張預曰言應變出奇無有窮竭**終而復始日月是也。死而復生四時是也。**杜佑曰日月運行入而復出四時更王興而復廢言奇正變化或若日月之進退四時之盛衰也○李筌曰奇變如日月四時虧盈寒暑不停○張預曰日月運行入而復出四時更王盛而復衰喻奇正相變紛紜渾沌終始無窮也**聲不過五。**李筌曰宮商角徵羽也**五聲之變不可勝聽也。**李筌曰變入八音奏樂之曲不可盡聽**色不過五。**李筌曰青黃赤白黑也**五色之變不可勝觀也。**北堂書鈔觀作視**味不過五。**李筌曰酸辛鹹甘苦也**五味之變不可勝嘗也。**曹公曰自無窮如天地已下，皆以喻奇正之無窮也。○李筌曰：五味之變，庖宰鼎飪也。○杜牧曰：自無窮如天地已下，皆喻八陣奇正也。○張預曰：引五聲五色五味之變，以喻奇正法生之無窮。**戰勢不過奇正，奇正之變，不可勝窮也。**李筌曰：邀截掩襲，萬途之勢，不可窮盡也。○梅堯臣曰：奇正之變，猶五聲五色五味之變，無盡也。○王晳曰：奇正者，用兵之鈐鍵，制勝之樞機也。臨敵運變，循環不窮，窮則敗也。○何氏曰：六韜云：奇正發於無窮之源。（原本作孟氏，按合註之例，孟氏在前，今置於此，當是何氏註傳寫誤耳，改從何氏。）○張預曰：戰陣之勢，止於奇正一事而已，及其變而用之，則萬途千轍，烏可窮盡也。**奇正相生，如循環之無端，孰能窮之。**編按：簡本作如環之毋端，善。○李筌曰：奇正相依而生，如環團圓，不可窮倪也。○梅堯臣曰：變動周於不極。○王晳曰：敵不能窮我也。○何氏曰：奇正生而轉相為變，如循歷其環，求首尾之莫窮也。○張預曰：奇亦為正，正亦為奇，變化相生，若循環之無本末，誰能窮詰。

激水之疾，至於漂石者，勢也。孟氏曰：勢峻則巨石雖重，不能止。○杜佑曰：言水性柔弱，石性剛重，至於漂轉大石，投之洿下，皆由急疾之流，激得其勢。○張預曰：水性柔弱，險徑要路，激之疾流，則其勢可以轉巨石也。**鷙鳥之疾，**御覽作鷙鳥之擊。按：當作擊，詳註意，惟李筌本作疾。呂氏春秋云：若鷙鳥之擊也，搏攫則殪。**至於毀折者，節也。**曹公曰：發起擊敵。○杜佑曰發起討敵如鷹鸇之攫搏也（鸇通典作鷙搏原本作撮）必能挫折禽獸者皆由伺候之明邀得屈折之節也王子曰鷹隼一擊百鳥無以爭其勢猛虎一奮萬獸無以爭其威○李筌曰柔勢可以轉剛況於兵者乎彈射之所以中飛鳥者善於疾而有節制○杜牧曰勢者自高注下得險疾之勢故能漂石也節者節量遠近則攫之故能毀折物也○梅堯臣曰水雖柔勢迅則漂石鷙鳥雖微節勁則折物○王晳曰鷙鳥之疾亦勢也由勢然後有搏擊之節下要云險故先取漂石以喻也○何氏曰水能動石高下之勢也鷙能搏物能節其遠近也○張預曰鷹鸇之擒鳥雀必節量遠近伺候審而後擊故能折物尉繚子曰便吾器用養吾武勇發之如鷙擊李靖曰鷙鳥如擊卑飛斂翼皆言待之而後發也

是故善戰者。其埶險。原本埶并作勢按鶡冠子云埶急節短不作勢者古無勢字也今改正篇內并同○曹公李筌曰險猶疾也○杜牧曰險者言戰爭之勢發則殺人故下文喻如彍弩○王晳曰險者所以致其疾如水得險隘而成勢

其節短。曹公李筌曰短近也○杜佑曰短近也節斷也短近言能因危取勝以遠擊近也○杜牧曰言以近節也如鷙鳥之發近則搏之力全志專則必獲也○梅堯臣曰險則迅短則勁故戰之勢當險疾而短近也○王晳曰鷙之能搏者發必中來勢遠而所搏之節至短也兵之乘機當如是耳曹公曰短者近也○孟氏同杜牧註○張預曰險疾短近也言善戰者先度地之遠近形之廣狹然後立陳使部伍行列相去不遠其進擊則

以五十步為節.不可過遠.故勢迅則難禦.節近則易勝.

勢如彍弩。節如發機。曹公曰.在度不遠.發則中也.○杜佑曰.在度內不遠.發則中.彍.張也.言形勢之彍.如弩之張.奔擊之易.如機之發也.故太公曰.擊之如發機.所以破精微也.（原本無.今據通典補.）○李筌曰.弩不疾則不遠.矢不近則不中.勢尚疾.節務速.○杜牧曰.彍.張也.如弩已張.發則殺人.故上文云.其勢險也.機者.固須以近節量之.然後必能中.故上文云.其節短.短乃近也.此言戰陳不可遠逐敵人.恐有隊伍離散.斷絕.反為敵所乘也.故牧野誓曰.六步七步.四伐五伐.是以近也.○陳皞曰.弩之發機.近則易中.戰之遇敵.疾則易捷.若趨馳不速.奮擊不近.則不能克敵而全勝.○賈林曰.戰之勢.如弩之張.兵之勢.如機之發.○梅堯臣曰.彍.音霍.彍.張也.如弩之張.勢不逡巡.如機之發.節近易中也.○王晳曰.戰勢.如弩之張者.所以有待也.待其有可乘之勢.如發其機.○何氏曰.險.疾也.短.近也.此言擊戰得形便.如張弩發機.勢宜疾速.仍利於便近.不得追擊過差也.故太公曰.擊如發機者.所以破精微也.○張預曰.如弩之張.勢不可緩.如機之發.節不可遠.言趨利尚疾.奮擊貴近也.故太公曰.擊如發機者.所以破精微也.

紛紛紜紜。鬥亂而不可亂也。渾渾沌沌。形圓而不可敗也。曹公曰.旌旗亂也.示敵若亂.以金鼓齊之.車騎（原本作卒騎者.誤.從通典改正.）轉而形圓者.出入有道.齊整也.○杜佑曰.旌旗亂也.示敵若亂.以金鼓齊之.紛紛旌旗像紜紜士卒貌言旌旗翻轉一合一離士卒進退或往或來視之若散擾之若亂然其法令素定度幟（原本譌作職從通典改）分明各有分數擾而不亂者也車騎齊轉形圓者出入有道齊整也渾渾車輪轉行沌沌步驟奔馳視其行陳縱橫圓而不方然而指趨各有所應故王子曰將欲內明而外暗內治而外混所以示敵之輕己者也渾胡本反沌陟損反（據通典御覽補）○李筌曰紛紜而鬥示如可亂旌旗有部鳴金有節是以不可亂也渾沌合雜也形圓無向背也示敵可敗而不可敗者號令齊整也○杜牧曰此言陳法也風后握奇文曰四為正四為奇餘奇為握奇音機或總稱之先出遊軍定兩端此之是也奇者零也陳數有九中心有零者大將握之不動以制四面八陳而取準則焉其人之列面面相向背背相承也周禮蒐苗獮狩車驟徒趨及表乃止進退遲疾徐疏密之節一如戰陳表乃旗也旗者蓋與民期於下也握奇文曰先出遊軍定兩端蓋遊軍執本方旗先定地界然後軍士赴之兵於旗下乃出奇正變為陳也周禮蒐苗獮狩車驟徒趨及表乃止此則八陳遺制握奇之文止此而已其餘之詞乃後之作者增加之以重難其事耳夫五兵之利無如弧矢之利以威天下五兵同致天獨有弧矢星聖人獨言弧矢能威天下不言他兵何也蓋戰法利於弧矢者非得陳不見其利故黃帝勝於蚩尤以中夏車徒制夷虜騎士此乃弧矢之利也在於近代可以驗之者晉武時羌陷涼州司馬督馬隆請募勇士三千平之募腰引弩三十六鈞弓四鈞立標簡試軍西渡溫水虜

樹機能．以眾萬計．過隆．隆依八陣法．且戰且前．弓矢所及．人皆應弦而倒．誅殺萬計．涼州遂平．隋時突厥入寇．楊素擊之．先是諸將與虜戰．每慮胡騎奔突．皆戎車徒步相參．舁鹿角為方陣．騎在其內．素至．悉除舊法．令諸軍各為步騎．突厥聞之．以手加額．仰天曰．天賜我也．大率精騎十餘萬而至．素一戰大破之．此乃以徒制騎．士若非有陣法．知開闔首尾之道．安能制勝也．曲禮曰．行前朱雀而後玄武．左青龍而右白虎．招搖在上．急繕其怒．鄭司農云．以四獸為軍陳．象天也．孔疏曰．此言軍行象天文而作陳法．但不知作之何如耳．何徹云．畫此四獸於旌旗上．以標先後左右之陳也．急繕其怒．言其卒之勁利威怒．如天之怒也．招搖．北斗杓第七星也．舉此則六星可知也．陳象天文．即北斗也．復曰．進退有度．鄭司農註曰．度謂伐與步數也．孔疏曰．如牧野誓云．六步七步．四伐五伐是也．復曰．左右有局．鄭司農註曰．局是部分．孔疏曰．言軍之左右各有部分．進則就敵．退則就列．不相差濫也．下文復曰．父之讎弗與共戴天．兄弟之讎不返兵．交遊之讎不同國．四郊多壘．此卿大夫之辱也．此言讎辱至於戰爭．期在必勝．故不可不知陳法也．其文故相次而言．乃聖賢之深旨矣．軍志曰．陳間容陳．足曳白刃．隊間容隊．可與敵對．前禦其前．後當其後．左防其左．右防其右．行必魚貫．立必鴈行．長以參短．短以參長．回軍轉陳．以前為後．以後為前．進無奔迸．退無違走．四頭八尾．觸處為首．敵衝其中．兩頭俱救．此亦與曲禮之說同．數起於五而終於八．今夔州州前．諸葛武侯以石縱橫八行．布為方陣．奇正之出．皆生於此奇亦為正之正正亦為奇之奇彼此相用循環無窮也諸葛出斜谷以兵少但能正用六數今盩厔司竹園乃有舊壘司馬懿以十萬步騎不敢決戰蓋知其能也○梅堯臣曰分數已定形名已立離合散聚似亂而不能亂形無首尾應無前後陽旋陰轉欲敗而不能敗○王晳曰曹公曰旌旗亂也示敵若亂以金鼓齊之矣晳謂紛紜鬥亂之貌也不可亂者節制嚴明耳又曹公曰車騎轉而形圓者出入有道齊整也晳謂渾沌形圓不測之貌也不可敗者無所隙缺又不測故也○何氏曰此言鬥勢也善將兵者進退紛紛似亂然士馬素習旌旗有節非亂也渾沌形勢乍離乍合人以為敗而號令素明離合有勢非可敗也形圓無行列也○張預曰此八陳法也此黃帝始立丘井之法因以制兵故井分四道八家處之井字之形開方九焉五為陳法四為閑地所謂數起於五也虛其中大將居之環其四面諸部連繞所謂終於八也及乎變化制敵則紛紜散鬥雖亂而法不亂渾沌交錯形雖圓而勢不敗所謂分而成八復而為一也後世武侯之方陳李靖之六花唐太宗之破陳樂舞皆其遺制也

亂生於治。怯生於勇。弱生於彊。曹公曰皆毀形匿情也○李筌曰恃治之整不撫其下而多怨其亂必生秦并天下銷兵焚書以列國為郡縣而秦自稱始皇都關中以為至萬代有之至胡亥矜驕陳勝吳廣乘弊而起所謂亂生於治也以勇陵人為敵所敗。秦王苻堅鼓行伐晉。勇也。及其敗。聞風聲鶴唳。以為晉軍。是其怯也。所謂怯生於勇也。吳王夫差兵無敵於天下。陵晉於黃池。陵越於會稽。是其彊也。為越所敗。城門不守。兵圍王宮。殺夫差而并其國。所謂弱生於彊也。○杜牧曰。言欲偽為亂形以誘敵人。先須至治。然後能為偽亂也。欲偽為怯形以伺敵人。先須至勇。然後能為偽怯也。欲偽為弱形以驕敵人。先須至彊。然後能為偽弱也。○賈林曰。恃治則亂生。恃勇彊則怯弱生。○梅堯臣曰。治則能偽為亂。勇則能偽為怯。彊則能偽為弱。○王晳同梅堯臣註。○何氏曰。言戰時為奇正形勢以破敵也。我兵素治矣。我士素勇矣。我勢素彊矣。若不匿治勇彊之勢。何以致敵。須張似亂似怯似弱之形。以誘敵人。彼惑我誘之之狀。破之必矣。○張預曰。能示敵以紛亂。必己之治也。能示敵以懦怯。必己之勇也。能示敵以羸弱。必己之強也。皆匿形以誤敵人。

治亂。數也。曹公曰。以部分名數為之。故不可亂也。○李筌曰。應數也。百六之災。陰陽之數。不由人興。時所會也。○杜牧曰。言行伍各有分畫。部曲皆有名數。故能為治然後能為偽亂也。夫為偽亂者。出入不時。樵採縱橫。刁斗不嚴。是也。○賈林曰。治亂之分。各有度數。○梅堯臣曰。以治為亂。存之乎分數。○王晳曰。治亂者。數之變。數謂法制。○張預曰。實治而偽示以亂。明其部曲行伍之數也。

勇怯。勢也。李筌曰。夫兵得其勢則怯者勇。失其勢則勇者怯。兵法無定。惟因勢而成也。○杜牧曰。言以勇為怯者也。見有利之勢而不動。敵人以我為實怯也。○陳皞曰。勇者。奮速也。怯者。淹緩也．敵人見我欲進不進．即以我為怯也．必有輕易之心．我因其懈惰．假勢以攻之．龍且輕韓信．鄭人誘我師．是也○孟氏註同陳皥○梅堯臣曰．以勇為怯．示之以不取○王晳曰．勇怯者．勢之變○張預曰．實勇而偽示以怯．因其勢也．魏將龐涓攻韓．齊將田忌救之．孫臏謂忌曰．彼三晉之兵．素悍勇而輕齊．齊號為怯．善戰者．因其勢而利導之．使齊軍入魏地．曰減其竈．涓聞之大喜曰．吾素知齊怯．乃倍日并行逐之．遂敗於馬陵．

彊弱．形也。 曹公曰．形勢所宜○杜牧曰．以彊為弱．須示其形．匈奴冒頓示婁敬以羸老是也○陳皥曰．楚王毀中軍以張隨人．用為後圖．此類也○梅堯臣曰．以彊為弱．形之以羸懦○王晳曰．彊弱者．形之變○何氏曰．形勢暫變．以誘敵戰．非怯非弱也．示亂不亂．隊伍本整也○張預曰．實彊而偽示以弱．見其形也．漢高祖欲擊匈奴．遣使覘之．匈奴匿其壯士肥馬．見其弱兵羸畜．使者十輩．皆言可擊．惟婁敬曰．兩國相攻．宜矜誇所長．今徒見老弱．必有奇兵．不可擊也．帝不從．果有白登之圍．

故善動敵者．形之。敵必從之。 曹公曰．見羸形也○李筌曰．善誘敵者．軍或彊能進退其敵也．晉人伐齊．斥山澤之險．雖所不至．必旆而疏陳之．輿曳柴從之．齊人登山而望晉師．見旌旗揚塵．謂其眾而夜遁．則晉弱齊為彊也．齊伐魏．將田忌用孫臏謀．減竈而趨大梁．魏將龐涓逐之．曰．齊虜（原本作齊魯．今改正）何其怯也．入吾境亡者半矣．及馬陵．為齊人所敗．殺龐涓．虜魏太子而旋．形以弱而敵從之也。○杜牧曰。非止於羸弱也。言我強敵弱。則示以羸形。動之使來。我弱敵強。則示之以強形。動之使去。敵之動作。皆須從我。孫臏曰。齊國號怯。三晉輕之。令入魏境為十萬竈。明日為五萬竈。魏龐涓逐之。曰。齊虜何怯。入吾境。士亡者大半。因急追之。至馬陵。道狹。臏乃斫木書之曰。龐涓死此樹下。伏弩於側。令曰。見火始發。涓至。鑽燧讀之。萬弩齊發。龐涓死。此乃示以羸形。能動龐涓。遂來從我而殺之也。隋煬帝於鴈門為突厥始畢可汗所圍。太宗應募救援。隸將軍雲定興營。將行。謂定興曰。必多齎旗鼓。以設疑兵。且始畢可汗敢圍天子。必以我倉卒無援。我張吾軍容。令數十里。晝則旌旗相續。夜則鉦鼓相應。虜必以為救兵雲集。覩城而遁。不然。彼眾我寡。不能久矣。定興從之。師次崞縣。始畢遁去。此乃我弱敵強。示之以強。動之令去。故敵之來去。一皆從我之形也。○梅堯臣曰。形亂弱而必從。○王晳曰。誘敵使必從。○何氏曰。移形變勢。誘動敵人。敵昧於戰。必落我計中而來。力足制之。○張預曰。形之以羸弱。敵必來從。晉楚相攻。苗賁皇謂晉侯曰。若欒范易行以誘之。中行二郤必克二穆。果敗楚師。又楚伐隨。羸師以張之。季良曰。楚之羸。誘我也。皆此二義也。

予之。敵必取之。

曹公曰。以利誘敵。敵遠離其壘。而以便勢擊其空虛孤特也。○杜牧曰。曹公與袁紹相持官渡。曹公循河而西。紹於是渡河追公。公營南阪下。馬解鞍。時白馬輜重在道。諸將以為敵騎多。不如還營。荀攸曰。此所以餌敵也。安可去之。紹將文醜與劉備將五六千騎。前後繼至。或分趨輜重。公曰。可矣。乃皆上馬。時騎不滿六百人。遂大破之。斬文醜。○梅堯臣曰。示畏怯而必取。○王晳曰。餌敵使必取予與同。○張預曰。誘之以小利。敵必來取。吳以囚徒誘越。楚以樵者誘絞。是也。

以利動之。以卒待之。

曹公曰。以利動敵也。○李筌曰。後漢大司馬鄧禹之攻赤眉也。赤眉佯北棄輜重而遁。車皆載土。覆之以豆。禹軍乏食。競趨之。不為行列。赤眉伏兵奄至擊之。禹大敗。則其義也。○杜牧曰。以利動敵。敵既從我。則嚴兵以待之。上文所解是也。○梅堯臣曰。以上數事。動誘敵而從我。則以精卒待之。○王晳曰。或使之從。或使之取。必先嚴兵以待之也。○何氏曰。敵貪我利。則失行列。利既能動。則以所待之卒擊之。無不勝也。如曹公西征馬超。與超夾關為軍。公急持之。而潛遣徐晃朱靈等夜渡蒲坂津。據河西為營。公自潼關北渡。未濟。超赴船急戰。公放牛馬以餌賊。賊亂取牛馬。公得渡。循河為甬道而南。賊退拒渭口。公乃多設疑兵。潛以舟載兵入渭為浮橋。夜分兵結營於渭南。賊夜攻營。伏兵分擊破之。十六國南涼（編按原本作南梁然五胡十六國有南涼無南梁故改正）禿髮傉檀守姑臧。後秦姚興遣將姚弼等至於城下。傉檀驅牛羊於野。弼眾採掠。傉檀分兵擊大破之。後魏末。大將廣陽王元深伐北狄。使于謹單騎入賊中。示以恩信。於是西部鐵勒酋長乜列河等三萬餘戶並款附。相率南遷。廣陽欲與謹至折敷嶺迎接之。謹曰。破六汗拔陵兵眾不少。聞乜列河等歸附。必來邀擊。彼若先據險要。則難與爭鋒。今以乜列河等餌之。當競來抄掠。然後設伏而待。必指掌破之。廣陽然其計。拔陵果來邀擊。破也列河於嶺上。部眾皆沒。謹伏兵發。賊遂大敗。悉收得也列河之眾。○張預曰。形之既從。予之又取。是能以利動之而來也。則以勁卒待之。李靖以卒為本。以本待之者。謂正兵節制之師。

故善戰者。求之於埶。不責於人。杜佑曰。言勝負之道。自圖於中。不求之下。責怒師眾。強使力進也。若秦穆悔過不替孟明也。

故能擇人而任埶。一作故能擇人而任之。諸家作任勢者多矣。○曹公曰。求之於勢者。專任權也。不責於人者。權變明也。○杜佑曰。權變之明。能簡置於人。任己之形勢也。○李筌曰。得勢而戰。人怯者能勇。故能擇其所能任之。夫勇者可戰。謹慎者可守。智者可說。無棄物也。○杜牧曰。言善戰者。先料兵勢。然後量人之材。隨短長以任之。不責成於不材者也。曹公征張魯於漢中。張遼李典樂進將七千餘人守合淝。教與護軍薛悌。署函邊曰。賊至乃發。俄而吳孫權十萬人眾圍合淝。乃共發教。曰。若孫權至者。張李將軍出戰。樂將軍守。護軍勿得與戰。諸將皆疑。遼曰。公征在外。比救至。彼破我必矣。是以教及其未合逆擊之。折其威勢。以安眾心。然後可守。成敗之機。在此一舉。典與遼同出。果大破孫權。吳人奪氣。還修守備。眾心乃安。權攻城十日不拔乃退。孫盛論曰。夫兵詭道也。至於合淝之守。懸弱無援。專任勇者。則好戰生患。專任怯者。則懼心難保。且彼眾我寡。眾者必懷貪惰。我以致命之師。擊貪惰之師。其勢必勝。勝而後守。則必固矣。是以魏武雜選武力.參以異同.為之密教節宣其用.事至而應.若合符契也.○陳皞曰.善戰者專求於勢.見利速進.不為敵先.專任機權.不責成於人.苟不獲已而用人.即須擇而任之.○賈林曰.讀為擇人而任勢.言示以必勝之勢.使人從之.豈更外責於人.求其勝敗.擇勇怯之人任進退之勢.○梅堯臣曰.用人以勢則易.責人以力則難.能者當在擇人而任勢.○何氏曰.得勢自勝.不專責人以力也.○王晳曰.謂將能擇人任勢以戰則自然勝矣.人者謂偏裨與.○張預曰.任人之法.使貪使愚使智使勇.各任自然之勢.不責人之所不能.故隨材大小擇而任之.尉繚子曰.因其所長而用之.言三軍之中.有長於步者.有長於騎者.因能而用.則人盡其材.又晉侯類能而使之是也.

任埶者。通典無任字.**其戰人也。如轉木石。木石之性。安則靜。危則動。方則止。圓則行。**曹公曰.任自然勢也.○杜佑曰.言投之安地則安.投之危地則危.不知有所回避也.任勢自然也.方圓之形.猶兵勝負之形.○李筌曰.任勢御眾.當如此也.○梅堯臣曰.木石.重物也.易以勢動.難以力移.三軍至眾也.可以勢戰.不可以力使.自然之道也.○何氏同梅堯臣註.○張預曰.木石之性.置之安地則靜.置之危地則動.方正則止.圓斜則行.自然之勢也.三軍之眾.甚陷則不懼.無所往則固.不得已則鬥.亦自然之道.

故善戰人之埶。通典無善字.**如轉圓石於千仞之山者。埶也。**杜佑曰.言形勢之相因.(原本無.據通典補.)○李筌曰．蒯通以為坂上走丸．言其易也．○杜牧曰．轉石於千仞之山．不可止遏者．在山不在石也．戰人有百勝之勇．強弱一貫者．在勢不在人也．杜公元凱曰．昔樂毅藉濟西一戰．能并強齊．今兵威已成．如破竹．數節之後．迎刃自解．無復著手．此勢也．勢不可失．乃東下建業．終滅吳．此篇大抵言兵貴任勢．以險迅疾速為本．故能用力少而得功多也．○梅堯臣曰．圓石在山．屹然其勢．一人推之．千人莫制也．○王晳曰．石不能自轉．因山之勢而不可遏也．戰不能妄勝．因兵之勢而不可支也．○張預曰．石轉於山．而不可止遏者．由勢使之也．兵在於險而不可制禦者．亦勢使之也．李靖曰．兵有三勢．將輕敵．士樂戰．志勵青雲．氣等飄風．謂之氣勢．關山狹路．羊腸狗門．一夫守之．千人不過．謂之地勢．因敵怠慢．勞役飢渴．前營未舍．後軍半濟．謂之因勢．故用兵任勢．峻坂走丸．用力至微．而成功甚博也．

孫子集註卷六

賜進士及第署山東提刑按察使分巡兗沂曹濟黃河兵備道孫星衍　賜進士出身署萊州府知府候補同知吳人驥　同校

虛實篇

曹公曰.能虛實彼己也.○李筌曰.善用兵者.以虛為實.善破敵者.以實為虛.故次其篇.○杜牧曰.夫兵者.避實擊虛.先須識彼我之虛實也.○王晳曰.凡自守以實.攻敵以虛也.○張預曰.形篇言攻守.勢篇說奇正.善用兵者先知攻守兩齊之法.然後知奇正.先知奇正相變之術.然後知虛實.蓋奇正自攻守而用.虛實由奇正而見.故次勢.

孫子曰.凡先處御覽作據.下同.戰地而待敵者佚.曹公李筌並曰.力有餘也.○賈林曰.先處形勝之地.以待敵者.則有備豫.士馬閑逸.○杜佑同賈林註.○王晳同曹公註.○張預曰.形勢之地.我先據之.以待敵人之來.則士馬閑逸.而力有餘.

後處戰地而趨戰者勞.孟氏曰.若敵已處便勢之地.己方赴利.士馬勞倦.則不利矣.○李筌曰.力不足也.太一遁甲云.彼來攻我.則我為主.彼為客.主易客難也.是以太一遁甲言其定計之義.故知勞佚事不同.先後勢異.○杜牧曰.後周遣將帥突厥之眾逼齊.齊將段韶禦之.時大雪之後.周人以步卒為前鋒.從西而下.去城二里.諸將欲逆擊之.韶曰.步人氣力勢自有限.今積雪既厚.逆戰非便.不如陳以

待之．彼勞我佚．破之必矣．既而交戰．大破之．前鋒盡殪．自餘遁矣．○賈林曰．敵處便利．我則不往．引兵別據．示不敵其軍．敵謂我無謀．必來攻襲．如此則反令敵倦而我不勞．○梅堯臣曰．先至待敵則力完．後至趨戰則力屈．○何氏曰．戰國秦師伐韓．圍閼與．趙遣將趙奢救之．軍士許歷曰．秦人不意趙師至此．其來氣盛．將軍必厚集其陳以待之．不然必敗．又曰．先據北山者勝．後至者敗．趙奢即發萬人趨之．秦兵後至．爭山不得上．趙奢縱兵擊之．大破秦軍．遂解閼與之圍．後漢初．諸將征隗囂．為囂所敗．光武令悉軍栒邑．未及至．隗囂乘勝使其將王元行巡將二萬餘人下隴．因分遣巡取漢邑．漢將馮異即馳馬欲先據之．諸將皆曰．虜兵盛而新乘勝．不可與爭．宜止軍此地．徐思方略．異曰．虜兵方盛臨境．狃忕小利．遂欲深入．若得栒邑．三輔動搖．是吾憂也．夫攻者不足．守者有餘．今先據城以佚待勞．非所以爭鋒也．遂潛往閉城．偃旗鼓．行巡不知．馳赴之．異乘其不意．卒擊鼓建旗而出．巡軍驚亂奔走．追而大破之．東魏將齊神武伐西魏．軍過蒲津．涉洛至許原．西魏將周文帝軍至沙苑．齊神武聞周文至．引軍來會．詰朝．候騎告齊神武軍且至．周文步將李弼曰．彼眾我寡．不可平地置陳．此東十里有渭曲．可先據以待之．遂軍至渭曲．背水東西為陳．合戰大破之．○張預曰．便利之地．彼已據之．我方趨彼以戰．則士馬勞倦而力不足．或謂所戰之地．我宜先到立陳以待彼．則已佚矣．彼先結陳．我後至．則我勞矣．若宋人已成列．楚師未既濟之類．

故善戰者。致人而不致於人。

杜佑曰.言兩軍相遠.彊弱俱敵.彼可使歷險而來.我不可歷險而往.必能引致敵人.己不往從也.○李筌曰.故能致人之勞.不致人之佚也.○杜牧曰.致令敵來就我.我當蓄力待之.不就敵人.恐我勞也.後漢張步將費邑分遣其弟敢守巨里.耿弇進兵先脅巨里.使多伐樹木.揚言以填坑塹.數日有降者.言邑聞弇欲攻巨里.謀來救之.弇乃嚴令軍中趨修攻具.宣勒諸部.後三日當悉力攻巨里城.陰緩生口.令得亡歸.歸者以弇期告邑.邑至日.果自將精兵三萬餘人來攻之.弇喜謂諸將曰.吾修攻具者.欲誘致邑耳.今來適其所求也.即分三千人守巨里.自引精兵上岡阪.乘高大破之.遂臨陳斬費邑.○梅堯臣曰.能令敵來則敵勞.我不往就則我佚.○王晳曰.致人者.以佚乘其勞.致於人者.以勞乘其佚.○何氏曰.今敵自來.○張預曰.致敵來戰.則彼勢常虛.不往赴戰.則我勢常實.此乃虛實彼我之術也.耿弇先逼巨里.以誘致費邑近之.

能使敵人自至者。利之也。曹公曰.誘之以利也.○李筌曰.以利誘之.敵則自遠而至也.趙將李牧誘匈奴.則其義也.○杜牧曰.李牧大縱畜牧人眾滿野.匈奴小入.佯北不勝.以數千人委之.單于大喜.率眾來入.牧大破之.殺匈奴十萬騎.單于奔走.歲餘不敢犯邊也.○梅堯臣曰.何能自來.示之以利.○何氏曰.以利誘之而來.我佚敵勞.○張預曰.所以能致敵人之來者.誘之以利耳.李牧佯北以致匈奴.楊素毀車以誘突厥.是也.

能使敵人不得至者。害之也。曹公曰.出其所必趨.攻其所必救.○杜佑曰.出其所必趨。（原本作至其所必走。字之誤也。按杜註每先引曹註。下附己意。故上之所釋下或不同也。今據曹註及下文改正。）攻其所必救。能守其險害之要路。敵不得自至。故王子曰。一貓當穴。萬鼠不敢出。一虎當溪。萬鹿不得過。言守之上也。○李筌曰。害其所急。彼必釋我而自固也。魏人寇趙邯鄲。乞師於齊。齊將田忌欲救趙。孫臏曰。夫解紛者不控捲。救鬥者不搏撠。批亢擣虛。形格勢禁。則自解爾。今二國相持。輕銳竭於外。疲老殆於內。我襲其虛。彼必解圍而奔命。所謂一舉存趙而弊魏也。後魏果釋趙而奔大梁。遭齊人於馬陵。魏師敗績。○杜牧曰。曹公攻河北。師次頓丘。黑山賊于毒等攻武陽。曹公乃引兵西入山。攻毒本屯。毒聞之。棄武陽還。曹公要擊於內。大破之也。○陳皞曰。子胥疲楚師。孫臏走魏將之謂也。○梅堯臣曰。敵不得來。當制之以害。○王晳曰。以害形之。敵患之而不至。○張預曰。所以能令敵人必不得至者。害其所顧愛耳。孫臏走大梁而解邯鄲之圍是也。**故敵佚能勞之。**曹公曰。以事煩之。（御覽作以利煩之者非。）○李筌曰。攻其不意。使敵疲於奔命。○杜牧曰。高熲言平陳之策於隋祖曰。江北地寒。田收差晚。江南土熱。水田早熟。量彼收穫之際。微徵士馬。（編按原作徵兵上馬。詞頗不類。據隋書高熲傳改。）聲言掩襲。彼必屯兵禦守。足得廢其農時。彼既聚兵。我便解甲。於是陳人始病。○梅堯臣曰。撓之使不得休息。○王晳曰。巧致之也。○何氏曰。春秋時。吳王闔閭問於伍員曰。伐楚何如。對曰。楚執政眾。莫適任患。若為三師以肄焉。一師至。彼必皆出。彼出則歸彼歸則出彼必道斃亟肄以疲之多方以誤之既罷而後以三軍繼之必大克之闔閭從之楚於是乎始病吳遂入郢○張預曰為多方以誤之之術使其不得休息或曰彼若先處戰地以待我則是彼佚也我不可起而與之戰我既不往彼必自來即是變佚為勞也**飽能飢之。**原本作饑之者後人臆改也今據通典御覽正之○曹公曰絕糧道以饑之○李筌曰焚其積聚芟其禾苗絕其糧道但能饑之我為主敵為客則可以絕糧道而饑之如我為客敵為主則如之何答曰饑敵之術非止絕糧道但能饑之則是隋高熲平陳之策曰江南土薄舍多茅屋有蓄積皆非地窖密遣人因風縱火待敵修立更復燒之不出數年自可財力俱盡遂行其策由是陳人益困三國時諸葛誕文欽據壽春及招吳請援司馬景王討之謂諸將曰彼當突圍決一朝之命或謂大軍不能久省食減口冀有他變料賊之情不出此二者當多方以亂之因命合圍遣羸疾寄穀淮北稟軍士豆人三升誕欽聞之果喜景王愈羸形以示之誕等益寬恣食俄而城中糧盡攻而拔之隋末宇文化及率兵致李密於黎陽密知化及糧少因偽和之以弊其眾化及大喜恣其兵食冀密饋之其後食盡其將王智略張童仁等率所部兵歸於密前後相繼化及以此遂敗○陳皥曰饑敵之術在臨事應機○梅堯臣曰要其糧使不得饋○王晳曰謂敵人足食我能使之饑耳曹公曰絕其糧道晳謂火積亦是也○何氏曰如吳楚反周亞夫曰楚兵剽輕難與爭鋒願以梁委之絕其食道乃可制也亞夫會兵滎陽吳攻梁。梁急請救。亞夫引兵東北走昌邑。深壁而守。使輕騎弓高侯等絕吳楚兵後食道。兵乏糧饑。欲退。數挑戰。終不出。乃引兵去。精兵追擊。大破之。王莽末。天下亂。光武兄伯升起兵討莽。莽將甄阜梁丘賜所敗。復收會兵眾。還保於棘陽。阜賜乘勝。留輜重於藍鄉。引精兵十餘萬人南渡橫臨泚水。阻兩山間為營。絕後橋。示無還心。伯升於是大饗軍士。設盟約。休卒三日。為六部。潛師夜起。襲取藍鄉。盡獲其輜重。明晨自南攻甄阜。下江兵自東南攻梁丘賜。乏食。陳潰。遂斬阜賜。唐輔公祏遣其偽將馮惠亮陳當世領水軍屯於博望山。陳正通徐紹宗率步騎軍於青州山。（編按陳正通下。原本有河間王孝恭五字。下文言孝恭使盧祖尚與戰。而陳正通敗走。可知兩人分屬不同陣營。必不可並稱率步騎兵於青州山攻之。舊唐書宗室傳可證。此五字當為衍文。故刪之。）河間王孝恭至。堅壁不與鬥。使奇兵斷其糧道。賊漸餒。夜薄我營。孝恭安臥不動。明日。縱羸兵以攻賊壘。使盧祖尚率精騎列陳以待之。俄而攻壘者敗走。出追奔數里。遇祖尚軍與戰。大敗之。正通棄營而走。○張預曰。我先舉兵。則我為客。彼為主。為客則食不足。為主則飽有餘。若奪其蓄積。因糧於彼。館穀於敵。則我反飽。彼反饑矣。則是變客為主也。不必焚其積聚。廢其農時。然後能饑敵矣。或彼客。則絕其糧道。廣武君欲請奇兵以遮絕韓信軍後是也。

安能動之。

曹公曰。攻其所必愛。出其所必趨。則使敵不得不相救也。○李筌曰。出其所必趨。擊其所不意。攻其所必愛。使不得不救也。○杜牧曰。司馬宣王攻公孫文懿於遼東阻遼水以拒魏軍宣王曰賊堅營高壘以老我師攻之正入其計古人云敵雖高壘不得不與我戰者攻其所必救我今直指襄平則人懷內懼懼而求戰破之必矣遂整陳而過賊見兵出其後果來邀之乃縱擊大破之竟平遼東○陳皥曰左傳楚伐宋宋告急於晉晉先軫曰我執曹君而分曹衛之田以賜宋人楚愛曹衛必不許也喜賂怒頑能無戰乎遂破楚師○孟氏註同曹公○梅堯臣曰趨其所顧使不得止○王晳同李筌註○何氏曰攻其所愛豈能安視而不動哉○張預曰彼方安守以為自固之術不欲速戰則當攻其所必救使不得已而須出臾駢堅壁秦伯挑其裨將遂皆出戰是也**出其所必趨。**原本作不趨按上文諸家註則作不趨者誤也從御覽改**趨其所不意。**曹公曰使敵不得不相往而救之也○何氏曰今敵人須應我**行千里而不勞者行於無人之地也。**曹公曰出空擊虛避其所守擊其不意○李筌曰出敵無備從孤擊虛何人之有○杜牧曰梁元帝時西蜀稱帝率兵東下將攻元帝西魏大將周文帝曰平蜀制梁在茲一舉諸將多有異同文帝謂將軍尉遲迥曰伐蜀之事一以委公然計將安出迥曰蜀與中國隔絕百餘年矣恃其山川險阻不虞我師之至宜以精甲銳騎星夜奔襲之平路則倍道兼行險途則緩兵漸進出其不意攻其腹心必向風不守竟以平蜀言不勞者空虛之地無敵人之虞行止在我故不勞也○陳皥曰夫言空虛者非止為敵人不備也但備之不嚴守之不固將弱兵亂糧少勢孤.我整軍臨之.彼必望風自潰.是我不勞苦.如行無人之地.○梅堯臣曰.出所不意.○何氏曰.曹公北征烏桓.謀臣郭嘉曰.兵貴神速.今千里襲人.輜重多.難以趨利.且彼聞之.得以為備.不如留輜重.輕兵兼道以出.掩其不意.公乃密出盧龍塞.直指單于庭.虜卒聞公至.惶怖合戰大破之.斬蹋頓及名王已下.又唐吐谷渾寇邊.以李靖為西海道行軍大總管.輕途二千里.行空虛之地.平吐谷渾而還.故太宗曰.且李靖三千輕騎.深入虜庭.克復定襄.古今未有也.○張預曰.掩其空虛.攻其無備.雖千里之征.人不疲勞.若鄧艾伐蜀.由陰平之徑.行無人之地七百餘里.是也.

攻而必取者。攻其所不守也。

李筌曰.無虞易取.○杜牧曰.警其東.擊其西.誘其前.襲其後.後漢張步都劇.使弟藍守西安.又令別將守臨淄.去臨淄四十里.耿弇引軍營其間.弇視西安城小而堅.藍兵又精.臨淄名雖大.其實易攻.弇令軍吏治攻具.後五日攻西安.縱生口令歸.藍聞之.晨夜守城.至期夜半.弇勒諸將蓐食.及明至臨淄城下.護軍荀梁等爭之.以為宜速攻西安.弇曰.西安聞吾欲攻.日夜為備.臨淄出其不意.至必驚擾.吾攻之一日必拔.拔臨淄.即西安勢孤.所謂擊一得兩.盡如其策.後漢末.朱儁擊黃巾賊帥韓忠於宛.儁作長圍.起土山.以臨其城內.因鳴鼓攻其西南.賊悉眾赴之.儁自將精兵五千.掩其東北.乘城而入.忠乃退保小城.惶懼乞降.○陳皡曰.國家征上黨.王宰知劉稹恃天井之險.不為固守之計.宰悉力攻奪而後守.稹失其險.終陷其巢穴也.○梅堯臣曰.言擊其南.實攻其北.

○王晳曰．攻其虛也．謂將不能．兵不精．壘不堅．備不嚴．救不及．食不足．心不一爾．○張預曰．善攻者動於九天之上．使敵人莫之能備．則吾之所攻者．乃敵之所不守也．耿弇之克臨淄．朱雋之討黃巾．但其一端耳．

守而必固者。守其所不攻也。

杜牧曰．不攻尚守．何況其所攻乎．漢太尉周亞夫擊七國於昌邑也．賊奔壁東南陬．亞夫使備其西北．俄而賊精卒攻西北．不得入．因遁去．追破之．○陳皞曰．無慮敵不攻．慮我不守．無所不攻．無所不守．乃用兵之計備也．○梅堯臣曰．賊擊我西．亦備乎東．○王晳曰．守以實也．謂將能．兵精．壘堅．備嚴．救及．食足．心一爾．○張預曰．善守者藏於九地之下．使敵人莫之能測．莫之能測．則吾之所守者．乃敵之所不攻也．周亞夫擊東南而備西北．亦是其一端也．

故善攻者。敵不知其所守。善守者。敵不知其所攻。

曹公曰．情不泄也．○李筌曰．善攻者．器械多也．東魏高歡攻鄴是也．善守．謹備也．周韋孝寬守晉州是也．○杜牧曰．攻取備禦之情不泄也．○賈林曰．教令行．人心附．備守堅固．微隱無形．敵人猶豫．智無所措也．○梅堯臣曰．善攻者機密不泄．善守者周備不隙．○王晳曰．善攻者待敵有可乘之隙．速而攻之．則使其不能守也．善守者常為不可勝．則使其不能攻也．云不知者．攻守之計不知所出耳．○何氏曰．言攻守之謀．令不可測．○張預曰．夫守則不足．攻則有餘．所謂不足者．非力弱也．蓋示敵以不足．則敵必來攻．此是敵不知其所攻也．所謂有餘者．非力彊也．蓋示敵以有餘．則敵必自守。此是敵不知其所守也。情不外泄。精乎攻守者也。**微乎微乎。至於無形。神乎神乎。至於無聲。**通典作微乎微微。至於無形。神乎神神。至於無聲。御覽作微乎微乎。故能隱於常形。神乎神乎。故能為敵**故能為敵之司命。**司命。又通典本作故能為變化司命。○杜佑曰。言其微妙所不可見者。言變化之形倏忽若神。故能料敵死生。如天之司命也。○李筌曰。言二遁用兵之奇正。攻守微妙。不可形於言說也。微妙神乎。敵之死生懸形於我。故曰司命。○杜牧曰。微者靜也。神者動也。靜者守。動者攻。敵之死生悉懸於我。故如天之司命。○梅堯臣曰。無形則微妙不可得而窺。無聲則神速不可得而知。○王晳曰。微密則難窺。神速則難應。故能制敵之命。○何氏曰。武論虛實之法。至於神微而後見成功之極也。吾之實。使敵視之為虛。吾之虛。使敵視之為實。敵之實。吾能使之為虛。敵之虛。吾能知其非實。蓋敵不識吾虛實。而吾能審敵之虛實也。吾欲攻敵也。知彼所守者為實。而所不守者為虛。吾將避其堅而攻其脆。批其亢而擣其虛。敵欲攻我也。知彼所攻者為不急。而所不攻者為要。吾將示敵之虛而鬥吾之實。彼示形在東。而吾設備於西。是故吾之攻也。彼不知其所當守。吾之守也。敵不料其所當攻。攻守之變。出於虛實之法。或藏九地之下。以喻吾之守。或動九天之上。以比吾之攻。滅跡而不可見。韜聲而不可聞。若從地出天下。倏出間入。星耀鬼行。入於無間之域。旋乎九泉之淵。微之微者。神之神者。至於天下之明目不能窺其形之微。天下之聽耳．不能聽其聲之神．有形者至於無形．有聲者至於無聲．非無形也．敵人不能窺也．非無聲也．敵人不能聽也．虛實之變極也．善守兵者．通於虛實之變．遂可以入於神微之奧．不善者安然尋微窮神．而泥其用兵之跡．不能泯其形聲．而至於聞見者．是不知神微之妙．固在虛實之變也．三軍之衆．百萬之師．安得無形與聲哉．但敵人不能窺聽耳．○張預曰．攻守之術．微妙神密．至於無形之可覩．無聲之可聞．故敵人生死之命．皆主於我也．

進而不可禦者。衝其虛也。退而不可追者。速而不可及也。御覽速作遠．按此與李筌本同．○曹公曰．卒往進攻其虛懈．退又疾也．○杜佑曰．衝突其空虛也．○李筌曰．進者．襲空虛懈怠．退必輜重在先行．遠而大軍始退．已者．以不可追．後趙王石勒兵在葛陂．苦雨．欲班師於鄴．懼晉人躡其後．用張賓計．令輜重先行．遠而不可及也．此筌以速字為遠者也．○杜牧曰．既攻其虛．敵必敗．敗喪之後．安能追我．我故得以疾退也．○陳皞曰．杜說非也．曹公之圍張繡也．城未拔．力未屈而去之．繡兵出襲其後．賈詡止之．繡不聽．果被曹公所敗．繡謂詡曰．公既能知其敗．必能知其勝．詡曰．復以敗卒襲之．繡從之．曹公果敗．豈是敗喪之後．不能追之哉．蓋言乘虛之進．敵不知所禦．遂利而退．敵不知所追也．○梅堯臣曰．進乘其虛．則莫我禦．退因其弊．則莫我追．○何氏曰．兵進則衝虛．兵退則利速．我能制敵。而敵不能制我也。○張預曰。對壘相持之際。見彼之虛隙。則急進而擣之。敵豈能禦我也。獲利而退。則速還壁以自守。敵豈能追我也。兵之情主速。風來電往。敵不能制。

故我欲戰。敵雖高壘深溝。不得不與我戰者。攻其所必救也。

曹公李筌曰。絕其糧道。守其歸路。攻其君主也。○杜牧曰。我為主。敵為客。則絕其糧食。守其歸路。若我為客。敵為主。則攻其君主。司馬宣王攻遼東。直指襄平。是也。○梅堯臣曰。攻其要害。○王晳曰。曹公曰。絕糧道。守歸路。攻君主也。晳謂敵若堅守。但能攻其所必救。則與我戰也。若耿弇欲攻巨里。以致費邑。亦是也。○何氏曰。如魏將司馬宣王攻公孫文懿。汎舟潛濟遼水。作長圍。忽棄賊而向襄平。諸將言不攻賊而作長圍。非所以示眾也。宣王曰。賊堅營高壘。欲以老吾兵也。古人言曰。敵雖高壘。不得不與我戰者。攻其所必救也。賊大眾在此。則窟穴虛矣。我直指襄平。必人懷內懼。懼而求戰。破之必矣。遂整陳而過。賊見兵出其後。果邀之。宣王謂諸將曰。所以不攻其營。正欲致此。不可失也。乃縱兵逆擊。大破之。三戰皆捷。唐馬燧討田悅。時軍糧少。悅深壁不戰。燧令諸軍持十日糧。進次倉口。與悅夾洹水而軍。李抱真李芃問曰。糧少而深入。何也。燧曰。糧少利速戰。兵法善於致人。不致於人。今田悅與淄青兗三軍為首尾。計欲不戰以老我師。若分兵擊其左右。兵少未可必破。悅且求救。是前後受敵也。兵法所謂攻其必救。彼固當戰也。燧為諸軍合而破之。燧乃造三橋道。逾洹水。日挑戰。悅不敢出。恆州兵以軍少懼為燧所并引軍合於悅悅與燧明日復挑戰乃伏兵萬人欲邀燧燧乃引諸軍半夜皆食先雞鳴明時擊鼓吹角潛師傍洹水徑赴魏州令曰聞賊至則止為陳又令百騎吹鼓角皆留於後仍抱薪持火待軍畢發止鼓角匿其傍伺悅軍畢渡焚其橋軍行十數里乃率淄青兗州步騎四萬餘人踰橋掩其後乘風縱火鼓譟而進燧乃坐甲令無動命前除草斬荊棘廣百步以為陳募勇力得五千餘人分為前列以俟賊至比悅軍至則火止氣乏力衰乃縱兵擊之悅軍大敗悅走橋橋以焚矣悅軍亂赴水斬首二萬淄青軍殆盡○張預曰我為客彼為主我兵強而食少彼勢弱而糧多則利在必戰敵人雖有金城湯池之固不得守其險而必來與我戰者在攻其所顧愛之地使救相援也若楚人圍宋晉將救之狐偃曰楚始得曹而新婚於衞若伐曹衞楚必救之則宋免矣從之而解又晉宣帝討公孫文懿忽棄城而走襄平討其巢穴賊果出邀之遂逆擊三戰皆捷亦其義也

我不欲戰畫地而守之。曹公曰軍不欲煩也○孟氏曰以物畫地而守喻其義也蓋我能戾敵人之心不敢至也○李筌曰拒境自守也若入敵境則用天一遁甲真人閉六戊之法以刀畫地為營也

敵不得與我戰者乖其所之也。曹公曰乖戾也戾其道示以利害使敵疑之我未修壘塹敵人不以形勢之長就能加之於我者不敢攻我也（自我未修壘以下據御覽補）○李筌曰乖異也設奇異而疑之是以敵不可得與我戰漢上谷太守李廣縱馬卸鞍疑也

○杜牧曰.言敵來攻我.我不與戰.設權變以疑之.使敵人疑惑不決.與初來之心乖戾.不敢與我戰也.曹公爭漢中地.蜀先主拒之.時將趙雲守別屯.將數十騎輕出.卒遇大軍.雲且鬥且卻.公軍追至圍.雲入營.使大開門.偃旗息鼓.曹公軍疑有伏.引去.諸葛武侯屯於陽平.使魏延諸將并兵東下.武侯惟留萬人守城.侯白司馬宣王曰.亮在城中.兵少力弱.將士失色.亮時意氣自若.勑軍中悉臥旗息鼓.不得輒出.開四門.掃地卻洒.宣王疑有伏.於是引去.趨北山.亮謂驂佐曰.司馬懿謂吾有設伏.循山走矣.宣王後知.頗以為恨.曹公與呂布相持.公軍出收麥.布領眾卒至.公營止有千人.出陳.半隱於堤下.呂布遲疑不敢進.曰.曹公多詐.勿入伏中.遂引兵去.○陳皥曰.左傳楚令尹子元伐鄭.入自純門.至於逵市.懸門不發.子元曰.鄭有人焉.乃還.○賈林曰.置疑兵於敵.惡之所屯營於形勝之地.雖未修壘塹.敵人不敢來攻於我也.○梅堯臣曰.畫地.喻易也.乖其道而示以利.使其疑而不敢進也.○王晳曰.畫地言易且明.制之必有道也.○張預曰.我為主.彼為客.我糧多而卒寡.彼食少而兵眾.則利在不戰.雖不為營壘之固.敵必不敢來與我戰者.示以疑形.乖其所往也.若楚人伐鄭.鄭懸門不發.效楚言而出.楚師不敢進而遁.又司馬懿欲攻諸葛亮.亮偃旗臥鼓.開門卻洒.懿疑有伏兵.遂引而去.亦其義也.

故形人而我無形。則我專而敵分。原本作忿.今從通典改正.○杜佑曰.我專一而敵分散.○梅堯臣曰.他人有形我形不見故敵分兵以備我○張預曰吾之正使敵視以為奇吾之奇使敵視以為正形人者也以奇為正以正為奇變化紛紜使敵莫測無形者也敵形既見我乃合眾以臨之我形不彰彼必分勢以防備

我專為一敵分為十是以十共其一也。原本作以敵攻其一也誤今據通典御覽改正○杜佑曰我料見敵形審其虛實故所備者少專為一屯以我之專擊彼之散是為十共擊一也○梅堯臣曰離一為十我常以十分擊一分

則我眾而敵寡。杜佑曰我專為一故眾敵分為十故寡○張預曰見敵虛實不勞多備故專為一屯彼則不然不見我形故分為十處是以我之十分擊敵之一分也故我不得不眾敵不得不寡

能以眾擊寡者。通典御覽擊作敵

則吾之所與戰者約矣。杜佑曰言約少而易勝○杜牧曰約猶少也我深塹高壘滅跡韜聲出入無形攻取莫測或以輕兵健馬衝其空虛或以彊弩長弓奪其要害觸左履右突後驚前晝日誤之以旌旗暮夜惑之以大鼓故敵人畏懼分兵防虞譬如登山瞰城垂簾視外敵人分張之勢我則盡知我之攻守之方敵則不測故我能專一敵則分離專一者力全分離者力寡以全擊寡故能必勝也○梅堯臣曰以專擊分則我所敵少也○王晳曰多為之形使敵備己其實攻者則無備也故我專敵分矣專則眾分則寡十攻一者大約言耳○何氏同杜牧註○張預曰夫勢聚則彊兵散則弱以眾彊之勢擊寡弱之兵則用力少而成功多矣

吾所與戰之地不可知。杜佑曰.言舉動微密.情不可見.使彼知所出而不知吾所舉.知所舉而不知吾所集.○張預曰.無形勢故也.**不可知則敵所備者多。**梅堯臣曰.敵不知則處處為備.**敵所備者多.則吾所與戰者寡矣。**曹公曰.形藏敵疑.則分離其眾備我也.言少而易擊也.○王晳曰.與敵必戰之地.不可使敵知之.知則并力得拒於我.曹公曰.形藏敵疑.○張預曰.不能測吾車果何出.騎果何來.徒果何從.故分離其眾.所在輒為備.遂致眾散而弱.勢分而衰.是以吾所與接戰之處.以大眾臨孤軍也.**故備前則後寡。備後則前寡。備左則右寡。備右則左寡。無所不備則無所不寡。**杜佑曰.言敵之所備者多.則士卒無不分散而少.○梅堯臣曰.所備皆寡也.**寡者備人者也。眾者使人備己者也。**曹公曰.上所謂形藏敵疑.則分離其眾以備我也.○孟氏曰.備人則我散.備我則彼分.○杜佑曰.敵散分而少者.皆先備人也.敵所以備己多者.出我專而眾故也.○李筌曰.陳兵之地.不可令敵人知之.彼疑則謂眾.離而備我也.○杜牧曰.所戰之地.不可令敵人知之.我形不可測.左右前後.遠近險易.敵人不知.亦不知我何處來攻.何地會戰.故分兵徼衛.處處防備.形藏者眾.分多者寡.故眾者必勝也.寡者必敗也.○梅堯臣曰.使敵愈備則愈寡也.○王晳曰.左右前後俱備則俱寡.○何氏同諸註.○張預曰.左右前後無處不為備。則無處不兵寡也。所以寡者。為兵分而廣備於人也。所以眾者。為專而使人備己也。

故知戰之地。知戰之日。則可千里而會戰。曹公曰。以度量知空虛會戰之日。○孟氏曰。以度量知空虛。先知戰地之形。又審必戰之日。則可千里期會。先往以待之。若敵先己至。可不往以勞之。○杜佑曰。夫善戰者。必知戰之日。知戰之地。度道設期。分軍雜卒。遠者先進。近者後發。千里之會。同時而合。若會都市。其會地之日。無令敵知。知之則所備處少。不知則所備處多。備寡則專。備多則分。分則力散。專則力全。○李筌曰。知戰之地。則舟車步騎之所便也。魏武以北土未安。捨鞍馬。仗舟楫。與吳越爭強。是以有黃蓋之敗。吳王濞驅吳楚之眾。奔馳於梁鄭之間。此不知戰地日者。故太一遁甲曰。計法三門五將。主客成敗。則可知也。於是千里會戰而勝。○杜牧曰。宋武帝使朱齡石伐譙縱於蜀。宋武曰。往年劉敬宣出內水向黃武。無功而退。賊謂我今應從外水來。而料我當出其不意。猶從內水來也。如此。必以重兵守涪城。以備內道。若向黃武。正墮其計。今以大眾自外水取成都。疑兵向內水。此則制敵之奇也。而慮此聲先馳。賊知虛實。別有函書全封付齡石。函邊書曰。至白帝乃開。諸軍未知應分所由。至白帝發書。曰。眾軍悉從外水取成都。臧熹朱林於中水取廣漢。使羸弱乘高艦十餘。由內水向黃武。譙縱果以重兵備內水。齡石滅之。○陳皥曰。杜註止言知戰之地。未敘知戰之日。我若伐敵。至期不得與我戰。敵來侵我。

我必預備以應之項羽謂曹咎曰我十五日必定梁地復與將軍會苟不知必戰之日安能為約○梅堯臣曰若能度必戰之地必戰之日雖千里之遠可剋期而與戰○王晳曰必先知地利敵情然後以兵法之度量計其遠近知其空虛審敵趣應之所及戰期也如是則雖千里可會戰而破敵矣故曹公曰以度量知空虛會戰之日是也○張預曰凡舉兵伐敵所戰之地必先知之師至之日能使人人如期而來以與我戰知戰地日則所備者專所守者固雖千里之遠可以赴戰若蹇叔知晉人禦師必於殽是知戰地也陳湯料烏孫圍兵五日必解是知戰日也又若孫臏要龐涓於馬陵度日暮必至是也

不知戰地。不知戰日。則左不能救右。右不能救左。前不能救後。後不能救前。而況遠者數十里。近者數里乎。

杜佑曰敵已先據形勢之地已方趣利欲戰則左右前後疑惑進退不能相救況數十里之間也○杜牧曰管子曰計未定而出兵則戰而自毀也○梅堯臣曰不能救者寡也左右前後尚不能救況遠乎○張預曰不知敵人何地會兵何日接戰則所備者不專所守者不固忽遇勍敵則倉遽而與之戰左右前後猶不相援又況首尾相去之遼乎

以吾度之。越人之兵雖多。亦奚益於勝敗哉。

曹公曰越人相聚紛然無知也或曰吳越讎國也○李筌曰越過也不知戰地及戰日兵雖過人安知勝敗乎○陳皞曰孫子為吳王闔閭論兵吳

與越讎.故言越.謂過人之兵.非義也.○賈林曰.不知戰地.不知戰日.士衆雖多.不能制勝敗之政.亦何益也.○梅堯臣曰.吳越敵國也.言越人雖多.亦為我分之而寡也.○王晳曰.此武相時料敵也.言越兵雖多.苟不善相救.亦無益於勝敗之數.○張預曰.吾字作吳字之誤也.吳越鄰國.數相侵伐.故下文云.吳人與越人相惡也.言越國之兵雖曰衆多.但不知戰地戰日.當分其勢而弱也.

故曰勝可為也。御覽作勝可知而不可為也.按此因形篇語致誤.○孟氏曰.若敵不知戰地期日.我之必勝可常有也.○杜牧曰.為勝在我.故言可為之.○梅堯臣同杜牧註.○王晳何氏同孟氏註.○張預曰.為勝在我故也.形篇云.勝可知而不可為.今言勝可為者何也.蓋形篇論攻守之勢.言敵若有備.則不可必為也.今則主以越兵而言.度越人必不能知所戰之地日.故云可為也.

敵雖衆。可使無鬭。孟氏曰.敵雖多兵.我能多設變詐.分其形勢.使不得併力也.○杜牧曰.以下四事度量之.敵兵雖衆.使其不能與我鬭勝也.○賈林曰.敵雖衆多.不知己之兵情.常使急自備.不暇謀鬭.○梅堯臣曰.苟能寡.何有鬭.○王晳曰.多益不救.奚所恃而鬭.○張預曰.分散其勢.不得齊力同進.則焉能與我爭.

故策之而知得失之計。孟氏曰.策度敵情.觀其施為.則計數可知.○杜佑曰.策度敵情.觀其所施.計數可知.○李筌曰.用兵者.取勝之法.可制太一遁甲五將之計.以定關格掩迫之數.得失可知也.○賈林曰.樽俎帷幄之間.以策籌之.我得彼失之計.皆先知也.

○梅堯臣曰.彼得失之計.我以算策而知.○王晳曰.策其敵情.以見得失之數.○張預曰.籌策敵情.知其計之得失.若薛公料黥布之三計是也.

作之通典御覽并作候之.按此與李筌本同.又鄭友賢遺說亦作候之.**而知動靜之理。**○杜佑曰.喜怒動作.察其舉止.則情理可得.故知動靜權變.為其勝負也.○李筌曰.候望雲氣風鳥人情則動靜可知也.王莽時.王尋征昆陽.有雲氣如壞山.當營而墜.去地數尺沒.光武知其必敗.梁王僧辯營上有如堤之氣.侯景知其必勝.風鳥貪豺之類也.此筌以作字為候字者也.○杜牧曰.作.激作也.言激作敵人.使其應我.然後觀其動靜理亂之形也.魏武侯曰.兩軍相當.不知其將.如何.吳起曰.令賤勇者將銳而擊.交合而北.北而勿罰.觀敵進退.一坐一起.其政以理.奔北不追.見利不取.此將有謀.若其悉眾追北.旗旛雜亂.行止縱橫.貪利務得.若此之類.將令不行.擊而勿疑.○陳皥曰.作為也.為之利害.使敵赴之.則知進退之理也.○賈林曰.善覘候者.必知其動靜之理.○梅堯臣曰.彼動靜之理.因我所發而見.○王晳曰.候其理當動以否.○張預曰.發作久之.觀其喜怒.則動靜之理可得而知也.若晉文公拘宛春以怒楚.將子玉.子玉遂乘晉軍.是其躁動也.諸葛亮遺巾幗婦人之飾.以怒司馬宣王.宣王終不出戰.此是其安靜也.

形之而知死生之地。○孟氏曰.形相敵情.觀其所據.則地形勢生死可得而知.○李筌曰.夫破陳設奇.或偃旗鼓.形之以弱.或虛列竈火旗幟.形之以彊.投之以死.致之以生.是以死生因地而成也。韓信下井陘。劉裕過大峴。則其義也。○杜牧曰。死生之地。蓋戰地也。投之死地必生。置之生地必死。言我多方誤撓敵人。以觀其應我之形。然後隨而制之。則死生之地可知也。○陳皥曰。敵人既有動靜。則我得見其形。有謀者所處之地必生。無謀者所投之地必死也。○賈林曰。見所理兵勢。則可知其死所。○梅堯臣曰。彼生死之地。我因形見而識○何氏同杜牧註。○張預曰。形之以弱。則彼必進。形之以彊。則彼必退。因其進退之際。則知彼據之地死與生也。上文云善動敵者。形之敵必從之是也。死地謂傾覆之地。生地謂便利之地。

角之而知有餘不足之處。

通典作不足有餘。○曹公曰。角。量也。○杜佑曰。角。量也。角量彼我軍馬則長短可知也。（原本無據通典御覽補）○李筌曰。角。量也。量其力精勇則虛實可知也。○杜牧曰。角。量也。言以我之有餘。角量敵人之有餘。以我之不足。角量敵人之不足。管子曰。善攻者料眾以攻眾。料食以攻食。食不存不攻。備不存不攻。司馬宣王伐遼東。司馬陳珪曰。昔攻上庸。八部並進。晝夜不息。故能一旬之半。拔堅城。斬孟達。今者遠來而更安穩。愚竊惑焉。王曰。孟達眾少而食支一年。吾將四倍於達。而糧不淹一月。以一月圖一年。安可不速。以四擊一。正命半解。猶當為之。是以不計死傷。與糧競也。今賊眾我寡。賊飢我飽。雨水乃爾。功力不設。賊糧垂盡。當示無能以安之。既而雨止。晝夜攻之。竟平遼東。○梅堯臣曰。彼有餘不足之處。我以角量而審。○王晳曰。角謂相角也。角彼我之力。則知有餘不足之處。然後可以謀攻守之利也。此而上亦所以量敵知戰。○張預曰。有餘彊也。不足弱也。角量敵形。知彼彊弱之所。唐太宗曰。凡臨陳常以吾彊對敵弱。常以吾弱對敵彊。苟非角量。安得知之。

故形兵之極。至於無形。無形則深間不能窺。知者不能謀。李筌曰。形敵之妙。入於無形。間不可窺。智不可謀。是謂形也。○杜牧曰。此言用兵之道。至於臻極。不過於無形。無形則雖有間者深來窺我。不能知我之虛實。彊弱不泄於外。雖有智能之士。亦不能謀我也。○梅堯臣曰。兵本有形。虛實有路。是以無形。此極致也。雖使間者以情偽。智者以謀料。可得乎。○王晳曰。制兵形於無形。是謂極致。孰能窺而謀之哉。○何氏曰。行列在外。機變在內。因形制變。人難窺測。可謂知微。○張預曰。始以虛實形敵。敵不能測。故其極致卒歸於無形。既有形可覩。無迹可求。則間者不能窺其隙。智者無以運其計。

因形而錯勝於眾。御覽錯勝作作勝。非。

眾不能知。曹公曰。因敵形而立勝。（御覽敵形作地形。按下文云兵因敵而制勝。作地者非）○李筌曰。錯。置也。設形險之勢。因士卒之勇而取勝焉。軍事尚密。非眾人之所知也。○杜牧曰。窺形可置勝敗。非智者不能。固非眾人所得知也。○梅堯臣曰。眾知我能置勝矣。不知因敵之形。○何氏曰。因敵制勝。眾不能知。○張預曰。因敵變動之形以制勝。非眾人所能知。

人皆知我所以勝

之形。而莫知吾所以制勝之形。曹公曰.不以一形之勝萬形.或曰不備知也.制勝者.人皆知吾所以勝.莫知吾因敵形制勝也.○李筌曰.戰勝.人知之.制勝之法.幽密.人莫知.○杜牧曰.言已勝之後.但知我制敵人.使有敗形.本自於我.然後我能勝也.上文云.近而示之遠.遠而示之近.利而誘之.亂而取之.實而備之.彊而避之.怒而撓之.卑而驕之.佚而勞之.親而離之.斯皆制勝之道.人莫知之也.○陳皥曰.人但知我勝敵之善.不能知我因敵之敗形.○梅堯臣曰.知得勝之跡.而不知作勝之象.○王皙曰.若韓信背水拔幟是也.人但知水上軍殊死戰不可敗.及趙軍驚亂遁走.不知吾能制使之然者.以何道也.○張預曰.立勝之迹.人皆知之.但莫測吾因敵形而制此勝也.

故其戰勝不復.而應形於無窮。曹公曰.不重復動而應之也.○杜佑曰.死官也.(按此句疑有脫誤)○李筌曰.不復前謀以取勝.隨宜制變也.○杜牧曰.敵每有形.我則始能隨而應之以取勝.○賈林曰.應敵形而制勝.乃無窮.○梅堯臣曰.不執故態.應形有機.○王皙曰.夫制勝之理惟一.而所勝之形無窮也.○何氏曰.已勝之後.不再用也.敵來斯應.不循前法.故不窮.○張預曰.已勝之後.不復更用前謀.但隨敵之形而應之.出奇無窮也.

夫兵形象水。孟氏曰.兵之形勢如水流.遲速之勢無常也.

水之行。原本行作形.誤.今從劉晝子及通典御覽改正.

避

高而趨下。梅堯臣曰性也。**兵之形避實而擊虛。**梅堯臣曰利也○張預曰水趨下則順兵擊虛則利。**水因地**通典御覽上有故字**而制流。**通典兩引皆作制形御覽一作制形一作制行鄭友賢作制流編按作制行者善○杜牧曰因地之下○梅堯臣曰順高下也○張預曰方圓斜直因地而成形。**兵因敵而制勝。**杜佑曰言水因地之傾側而制其流兵因敵之虧闕而取其勝者也○李筌曰不因敵之勢何以制之哉夫輕兵不能持久守之必敗重兵挑之使出怒兵辱之彊兵緩之將驕宜卑之將貪宜利之將疑宜反間之故因敵而制勝○杜牧曰因敵之虛也○賈林曰見敵盛衰之形我得因而立勝○梅堯臣曰隨虛實也○王晳曰謂隄防疏導之也○何氏曰因敵彊弱而成功○張預曰虛實彊弱隨敵而取勝。**故兵無常勢。**梅堯臣曰應敵為勢○張預曰敵有變動故無常勢。**水無常形。**孟氏曰兵有變化地有方圓○梅堯臣曰因地為形○張預曰地有高下故無常形。**能因敵變化而取勝者謂之神。**通典因作隨○曹公曰勢盛必衰形露必敗故能因敵變化取勝若神○李筌曰能知此道謂之神兵也○杜牧曰兵之勢因敵乃見勢不在我故無常勢如水之形因地乃有形不在水故無常形水因地之下則可漂石兵因敵之應則可變化如神也○梅堯臣曰隨而變化微不可測○王晳曰兵有常理而無常勢水有常性而無常形兵有常理者擊虛是也無常勢者因敵以應之也.水有常性者.就下是也.無常形者.因地以制之也.夫兵勢有變.則雖敗卒尚復可使擊勝兵.況精銳乎.○何氏曰.行權應變在智略.智略不可測.則神妙者也.○張預曰.兵勢已定.能因敵變動應而勝之.其妙如神.

故五行無常勝。杜佑曰.五行更王.○王晳曰.迭相克也.

四時無常位。杜佑曰.四時迭用.○王晳曰.迭相代也.

日有短長.月有死生。曹公曰.兵無常勢.盈縮隨敵.○杜佑曰.兵無常勢.盈縮隨敵.日月盛衰.猶兵之形勢.或弱或強也.(據通典補)○李筌曰.五行者.休囚王相.遞相勝也.四時者.寒暑往來.無常定也.日月者.周天三百六十五度四分度之一.百刻者.春秋二分.則日夜均.夏至之日.晝六十刻.夜四十刻.冬至之日.晝四十刻.夜六十刻.長短不均也.月初為朔.八日為上弦.十五日為望.二十四日為下弦.三十日為晦.則死生義也.孫子以為五行四時日月盈縮無常.況於兵之形變.安常定也.○梅堯臣曰.皆所以象兵之隨敵也.○王晳曰.皆喻兵之變化非一道也.○張預曰.言五行之休王.四時之代謝.日月之盈昃.皆如兵勢之無定也.

孫子集註卷七

賜進士及第署山東提刑按察使分巡兗沂曹濟黃河兵備道孫星衍　賜進士出身署萊州府知府候補同知吳人驥　同校

軍爭篇

曹公曰。兩軍爭勝。○李筌曰。爭者。趨利也。虛實定。乃可與人爭利。○王晳曰。爭者爭利。得利則勝。宜先審輕重計迂直。不可使敵乘我勞也。○張預曰。以軍爭為名者。謂兩軍相對而爭利也。先知彼我之虛實。然後能與人爭勝。故次虛實。

孫子曰。凡用兵之法。將受命於君。李筌曰。受君命也。遵廟勝之算。恭行天罰。○張預曰。受君命伐叛逆。**合軍聚眾。**曹公曰。聚國人。結行伍。選部曲。起營為軍陣。○梅堯臣曰。聚國之眾。合以為軍。○王晳曰。大國三軍。總三萬七千五百人。若悉舉其賦。則總七萬五千人。此所謂合軍聚眾。○張預曰。合國人以為軍。聚兵眾以為陳。**交和而舍。**曹公曰。軍門為和門。左右門為旗門。（御覽旗作期。）以車為營曰轅門。以人為營曰人門。兩軍相對為交和。○李筌曰。交。間。和。雜也。合軍之後。彊弱勇怯長短向背間雜而仵之。力相兼。後合諸營壘。與敵爭之。○杜牧曰。周禮以旌為左右和門。鄭司農曰。軍門曰和。今謂之壘門。立兩旌旗表之。以敘和出入明次第也。交者。言與敵人對壘而舍。和門相交對也。○賈林曰。舍。止也。士眾交雜和合而止於軍中。趨利而動。○梅堯臣曰。軍門為和門。兩軍交對而舍也。○何氏曰。和門相望。將合戰爭利。兵家難事也。○張預曰。軍門為和門。言與敵對壘而舍。其門相交對也。或曰。與上下相交和睦。然後可以出兵為營舍。故吳子曰。不和於國。不可以出軍。不和於軍。不可以出陳。**莫難於軍爭。**曹公曰。從始受命至於交和。軍爭為難也。（編按：本無為字。通典杜佑引曹注有為字。以有之為善。）○杜佑曰。從始受命至於交和。軍爭難也。軍門謂之和門。兩軍對爭交門而止。先據便勢之地。最其難者。相去促近。動則生變化。（據通典補。）○杜牧曰。於爭利害難也。○梅堯臣曰。自受命至此為最難。○張預曰。與人相對而爭利。天下之至難也。**軍爭之難者。以迂為直。以患為利。**曹公曰。示以遠。邇其道里。先敵至也。○杜佑曰。敵途本迂。患在道遠。則先處形勢之地。故曰以患為利。○杜牧曰。言欲爭奪。先以迂遠為近。以患為利。誑紿敵人。使其慢易。然後急趨也。○陳皡曰。言合軍聚眾。交和而舍。皆有舊制。惟軍爭最難也。苟不知以迂為直。以患為利者。即不能與敵爭也。○賈林曰。全軍而行。爭於便利之地。而先據之。若不得其地。則輸敵之勝。最其難也。○梅堯臣曰。能變迂為近。轉患為利。難也。○王晳曰。曹公曰。示以遠。速其道里。先敵至。晳謂示以遠者。使其不虞而行。或奇兵從間道出也。○何氏曰。謂所征之國。路由山險迂曲而遠。將欲爭利。則當分兵出奇。隨逐鄉導。由直路乘其不備急擊之。雖有陷險之患。得利亦速也。如鍾會伐蜀。而鄧艾出奇。先至蜀。蜀無備而降。故下云。不得鄉導。不能得地利。是也。○張預曰。變迂曲

為近直轉患害為便利此軍爭之難也

故迂其途而誘之以利。後人發。先人至。此知迂直之計者也。

通典知上有先字非○曹公曰迂其途者示之遠也後人發先人至者明於度數先知遠近之計也○杜佑曰己外張形勢迴從遠道敵至於應爭從其近皆得敵情誑之以利（據通典補）○李筌曰故迂其途示不速進後人發先人至也用兵若此以患為利者○杜牧曰上解曰以迂為直是示敵人以迂遠敵意已怠復誘敵以利使敵心不專然後倍道兼行出其不意故能後發先至而得所爭之要害也秦伐韓軍於閼與趙王令趙奢往救之去邯鄲三十里而令軍中曰有以軍事諫者死秦軍武安西秦軍鼓譟勒兵武安屋瓦皆震軍中候有一人言急救武安奢立斬之堅壁留二十八日不行復益增壘秦間來奢善食而遣之間以報秦秦將大喜曰夫去國三十里而軍不行乃增壘閼與非趙地也奢既遣秦間乃卷甲而趨二日一夜至令善射者去閼與五十里而軍秦人聞之悉甲而至有一卒曰先據北山者勝奢使萬人據之秦人來爭不得奢因縱擊大破之閼與遂得解○賈林曰敵途本近我能迂之者或以羸兵或以小利於他道誘之使不得以軍爭赴也○梅堯臣曰遠其途誘以利款之也後其發先其至爭之也能知此者變迂轉害之謀也○何氏曰迂途者當行之途也以分兵出奇則當行之途示以迂變設勢以誘敵令得小利縻之則出奇之兵雖後發亦先至也言爭利須料迂直之勢出奇故下云分合為變其疾

如風是也。○張預曰。形勢之地。爭得則勝。凡欲近爭便地。先引兵遠去。復以小利啗敵。使彼不意我進。又貪我利。故我得以後發而先至。此所謂以迂為直。以患為利也。趙奢據北山而敗秦軍。郭淮屯北原而走諸葛。是也。能後發先至者。明於度數。知以迂為直之謀者也。

故軍爭為利。軍爭為危。通典作眾爭為危。鄭友賢同。按註云。本作眾爭為危。是故書正作軍也。○曹公曰。善者則以利。不善者則以危。○杜佑曰。善者則以利。不善者則以危也。言兩軍交爭。有所奪取。得之則利。失之則危也。(據通典補)○李筌曰。夫軍者將善則利。不善則危。○杜牧曰。善者。計度審也。○賈林曰。我軍先至。得其便利之地。則為利。彼敵先據其地。我三軍之眾。馳往爭之。則敵佚我勞。危之道也。○梅堯臣曰。軍爭之事。有利也。有危也。○又一本作軍爭為利。眾爭為危。○何氏曰。此又言出軍行師。驅三軍之眾。與敵人相角逐。以爭一日之勝。得之則為利。失之則為危。不可輕舉。○張預曰。智者爭之則為利。庸人爭之則為危。明者知迂直。愚者昧之故也。

舉軍而爭利則不及。原本舉作故。誤。今據通典改正。按鄭友賢亦云。眾爭為危者。下所謂舉軍而爭利也。○曹公曰。遲不及也。○杜佑曰。遲不及也。舉軍悉行。爭赴其利。則道路悉不相逮。○李筌曰。輜重行遲。○賈林曰。行軍用師。必趨其利。遠近之勢。直以舉軍往爭其利。難以速至。可以潛設奇計。迂敵途程。敵不識我謀。則我先而敵後也。○梅堯臣曰。舉軍中所有而行。則遲緩。○王晳曰。以輜重故。○張預曰。竭軍而前則行緩而不能及利。**委軍而爭利則輜重捐。**曹公曰置輜重則恐捐棄也○杜佑曰委置庫藏輕師而行若敵乘虛而來抄絕其後則已輜重皆悉棄捐○李筌曰委棄輜重則軍資闕也○杜牧曰舉一軍之物行則重滯遲緩不及於利委棄輜重輕兵前追則恐輜重因此棄捐也○賈林曰恐敵知而絕我後糧也○梅堯臣曰委軍中所有而行則輜重棄○王晳同曹公註○何氏同杜佑註○張預曰委置重滯輕兵獨進則恐輜重為敵所掠故棄捐也

是故卷甲而趨。通典趨下有利字者衍**日夜不處。**曹公曰不得休息罷也**倍道兼行百里而爭利則擒三將軍。**杜佑曰若不慮上二事欲從速疾卷甲束仗潛軍夜行若敵知其情邀而擊之則三軍之將為敵所擒也若秦伯襲鄭三帥皆獲是也**勁者先。罷**原本作疲非也杜佑云罷音疲是其初所用字**者後。其法十一而至。**通典作十而一至○曹公曰百里而爭利非也三將軍皆以為擒○杜佑曰百里爭利非也三將軍皆為擒也罷弱不復相待卒十有一人至軍也罷音疲（原本復作伏卒作率今改正）○李筌曰一日行一百二十里則為倍道兼行行若如此則勁健者先到疲者後至軍健者少疲者多且十人可一人先到餘悉在後以此遇敵何三將軍不擒哉魏武逐劉備一日一夜行三百里諸葛亮以為彊弩之末不能穿魯縞言無力也是以有赤壁之敗龐涓追孫臏死於馬陵亦其義也○杜牧曰此說未

盡也。凡軍一日行三十里為一舍。倍道兼行者再舍。晝夜不息乃得百里。若如此爭利。眾疲倦則三將軍皆須為敵所擒。其法什一而至者。不得已必須爭利。凡十人中。擇一人最勁者先往。其餘者則令繼後而往。萬人中先擇千人。平旦先至。其餘繼至。有巳午時至者。有未申時至者。各得不竭其力。相續而至。與先往者足得聲響相接。凡爭利必是爭奪要害。雖千人守之。亦足以拒抗敵人。以待繼至者。太宗以三千五百騎先據武牢。竇建德十八萬眾而不能前。此可知也。○陳皞曰。杜說別是用兵一途。非什一而至之義也。蓋言百里爭利。勁者先疲者後。十中得一而至。九皆疲困。一則勁者也。○賈林曰。路遠人疲。奔馳力盡。如此則我勞敵佚。被擊何疑。百里爭利。慎勿為也。○梅堯臣曰。軍日行三十里而舍。今乃晝夜不休。行百里。故三將軍為其擒也。何則。涉途既遠。勁者少。罷者多。十中得一至耳。三將軍者。三軍之帥也。○王皙曰。罷羸也。此言爭利之道。宜近不宜遠耳。夫衝風之衰。不能起毛羽。彊弩之末。不能穿魯縞。苟日夜兼行百里趨利。縱使一分勁者能至。固已困乏矣。即敵人以佚擊我之勞。自當不戰而敗。故司馬宣王曰。吾倍道兼行。此曉兵者之所忌也。或曰。趙奢亦卷甲而趨。二日一夜。卒勝秦者何也。曰。奢久并氣積力。增壘遣間。示怯以驕之。使秦不意其至。兵又堅奮。又去閼與五十里而軍。比秦聞之。又發兵至。非二三日不能也。能來。是彼有五十里趨敵之勞。而我固已二三日休息。士卒不勝其佚。且又投之險難。先據高陽。奇正相因。曷為不勝哉。○何氏曰。言三將出奇求利。委軍眾輜重。卷甲務速。若晝夜百里不息。則勁者能十至其一。我勞敵佚。敵眾我寡。擊之未必勝也。敗則三將俱擒。以此見武之深戒也。○張預曰。卷甲猶悉甲也。悉甲而進。謂輕重俱行也。凡軍日行三十里則止。過六十里已上為倍道。晝夜不息為兼行。言百里之遠與人爭利。輕兵在前。輜重在後。人罷馬倦。渴者不得飲。饑者不得食。忽遇敵。則以勞對佚。以饑敵飽。又復首尾不相及。故三軍之帥必皆為敵所擒。若晉人獲秦三帥是也。輕兵之中。十人得一人勁捷者先至。下九人悉疲困而在後。況重兵乎。何以知輕重俱行。下文云。五十里而爭利。則半至。若止是輕兵。則一日行五十里不為遠也。焉有半至之理。是必重兵偕行也。

五十里而爭利。則蹶上將軍。其法半至。通典半至上有以字。○曹公曰。蹶。猶挫也。○杜佑曰。蹶。猶挫也。前軍之將。已為敵所蹶敗。○李筌曰。百里則十人一人至。五十里十人五人至。挫軍之威。不至擒也。言道近不至疲。○杜牧曰。半至者。凡十人中擇五人勁者先往也。○賈林曰。上猶先也。○梅堯臣曰。十中得五。猶遠不能勝。○王晳曰。罷勞之患減於太半。止挫敗而已。○張預曰。路不甚遠。十中五至。猶挫軍威。況百里乎。蹶上將。謂前軍先行也。或問曰。唐太宗征宋金剛。一日一夜行二百餘里。亦能克勝者何也。答曰。此形同而勢異也。且金剛既敗。眾心已沮。迫而滅之。則河東立平。若其緩之。賊必生計。此太宗所以不計疲頓而力逐也。孫子所陳爭利之法。蓋與此異矣。

三十里而爭利。則三分之二至。通典此下有云。

以是知軍爭之難。○曹公曰。道近至者多。故無死敗也。○杜佑曰。道近則至者多。故不言死敗。勝負未可知也。古者用師。日行三十里。步騎相須。今徒而趨利。三分之二至。○李筌曰。近不疲也。故無死亡。○杜牧曰。三十里內。凡十人中可以六七人先往也。不言其法者。舉上文可知也。○梅堯臣曰。道近至多。庶或有勝。○王皙曰。計彼我之勢。宜須爭者。或亦當然。雖三分二至。蓋其精銳者之力未至勞乏。不可決以為敗。故不云其法也。○張預曰。路近不疲。至者太半。不失行列之政。不絕人馬之力。庶幾可以爭勝。上三事。皆謂舉軍而爭利也。

是故軍無輜重則亡。無糧食則亡。無委積則亡。曹公曰。無此三者。亡之道也。○杜佑曰。無此三者。亡之道也。委積。芻草之屬。（據通典御覽補。）○李筌曰。無輜重者。闕所供也。袁紹有十萬之眾。魏武用荀攸計。焚燒紹輜重。而敗紹於官渡。無糧食者。雖有金城。不重於食也。夫子曰。足食足兵。民信之矣。故漢赤眉百萬眾。無食。而君臣面縛。宜陽是以善用兵者。先耕而後戰。無委積者。財乏闕也。漢高祖無關中。光武無河內。魏武無兗州。軍北身遁。豈能復振哉。○杜牧曰。輜重者。器械及軍士衣裝。委積者。財貨也。○陳皡曰。此說委軍爭利之難也。○梅堯臣曰。三者不可無。是不可委軍而爭利也。○王皙曰。委積謂薪鹽蔬材之屬。軍恃此三者以濟。不可輕離也。○張預曰。無輜重。則器用不供。無糧食。則軍餉不足。無委積。則財貨不充。皆亡覆之道。此三者。謂委軍而爭利也。

故不知諸侯之謀者。不能豫交。曹公曰.不知敵情謀者.不能結交也.○李筌曰.預備也.知敵之情.必備其交也.○杜牧曰.非也.豫.先也.交.交兵也.言諸侯之謀.先須知之.然後可交兵合戰.若不知其謀.固不可與交兵也.○陳皥曰.曹說以為不先知敵人之作謀.即不能預結外援.二說並通.○梅堯臣曰.不知敵國之謀.則不能預交鄰國以為援助也.○張預曰.先知諸侯之實情.然後可以結交.不知其謀.則恐翻覆為患.其鄰國為援.亦軍爭之事.故下文云.先至而得天下之眾者.為衢地是也.不知山林險阻沮澤之形者。不能行軍。曹公曰.高而崇者為山.眾樹所聚者為林.坑塹者為險.一高一下者為阻.水草漸洳者為沮.眾水所歸而不流者為澤.不先知軍之所據及山川之形者.則不能行師也.(通典作堆者為險.水草坑塹者為沮.餘同.按此通典誤也.御覽塹作坎.與張預註同.)○梅堯臣曰.山林險阻之形.沮澤濘淖之所.必先審知.○張預曰.高而崇者為山.眾木聚者為林.坑坎者為險.一高一下者為阻.水草漸洳者為沮.眾水所歸而不流者為澤.凡此地形.悉能知之.然後可與人爭利而行軍.不用鄉導者。不能得地利。通典無能字者.脫.御覽導作道.○杜佑曰.不任彼鄉人而導軍者.則不能得道路之便利也.○李筌曰.入敵境.恐山川隘狹.地土泥濘.井泉不利.使人導之.以得地利.易曰.即鹿無虞.則其義也.○杜牧曰.管子曰.凡兵主者.必先審知地圖.轘轅之險.濫車之水.名山通谷經川陵陸丘阜之所在苴草林木蒲葦之所茂道里之遠近城郭之大小名邑廢邑園殖之地必盡知之地形出入之相錯者盡藏之然後不失地利衛公李靖曰凡是賊徒好相掩襲須擇勇敢之夫選明察之士兼使鄉導潛歷山林密其聲晦其跡或刻為獸足而卻履於中途或上冠微禽而幽伏於蘙薄然後傾耳以遠聽竦目而深視專智以奪事機注心而視氣色覘水痕則知敵濟之早晚觀樹動則可辨來寇之驅馳故烽火莫若謹而審旌旗莫若齊而一賞罰必重而不欺刑戮必嚴而不捨敵之動靜而我有備也敵之機謀而我先知也○陳皥曰凡此地利非用鄉人為導引則不能知地利也○梅堯臣曰凡丘陵原衍之向背城邑道路之迂直非人引導不能得也○何氏曰鄉導略曰從禽者若無山虞之官度其形勢之可否則徒入於林中終不能獲鹿矣出征者若無彼鄉之人導其道路之迂直則雖至於境外終不能獲寇矣夫以奉辭致討趨未歷之地聲教未通音驛所絕深入其阻不亦艱哉我孤軍以往彼密嚴而待客主之勢已相遠矣況其專任詭譎多方以誤我苟不計而直進冒危而長驅躋險則有壅決之害醉行則有暴來之鬥夜止則有虛驚之憂倉卒無備落其彀中是乃擁熊虎之師自投於死地又安能摩逆壘蕩狻穴乎故敵國之山川陵陸丘阜之可以設險者林木蒲葦茂草之可以隱藏者道里之遠近城郭之大小邑落之寬狹田壤之肥瘠溝渠之深淺蓄積之豐約卒乘之眾寡器械之堅脆必能盡知之則虜在目中不足擒也昔張騫嘗使大夏留匈奴中久導軍知利善水草處

其軍得以無饑渴．茲亦能獲其便利也．凡用鄉導．或軍行虜獲其人．須防賊謀陰持姦計為其誘誤．必在鑒其色．察其情．參驗數人之言．始終如一．乃可為準．厚其頒賞．使之懷恩．豐其家室．使之係心．即為吾人．當無翻覆．然不如素畜堪用者．但能諳練行途．不必土人．亦可任也．仍選腹心智勇之士．挾而偕往．則巨細必審．指蹤無失矣．○張預曰．山川之夷險．道路之迂直．必用鄉人引而導之．乃可知其所利而爭勝．吳伐魯．鄫人導之以克武城．是也．

故兵以詐立。杜牧曰．詐敵人．使不知我本情．然後能立勝也．○梅堯臣曰．非詭道不能立事．○王皙曰．謂以迂為直．以患為利也．○何氏曰．張形勢以誤敵也．○張預曰．以變詐為本．使敵不知吾奇正所在．則我可為立．

以利動。杜牧曰．利者．見利始動也．○梅堯臣曰．非利不可動．○王皙曰．誘之也．○何氏曰．量敵可擊則擊．○張預曰．見利乃動．不妄發也．傳曰．三軍以利動．

以分合為變者也。曹公曰．兵一分一合．以敵為變也．○孟氏曰．兵法詭詐．以利動敵．心或合或離．為變化之術．○李筌曰．以詭詐乘其利動．或合或分．以為變化之形．○杜牧曰．分合者．或分或合．以惑敵人．觀其應我之形．然後能變化以取勝也．○陳暤曰．乍合乍分．隨而更變之也．○梅堯臣王皙同曹公註．○張預曰．或分散其形．或合聚其勢．皆因敵動靜而為變化也．或曰．變謂奇正相變．使敵莫測．故衛公兵法云．兵散則以合為奇．兵合則以散為奇.三令五申.三散三合.復歸於正焉.**故其疾如風。**曹公曰.擊空虛也.○杜佑曰.進退應機.(據通典御覽補)○李筌曰.進退也.其來無跡.其退至疾也.○梅堯臣曰.來無形跡.○王晳曰.速乘虛也.○何氏同梅堯臣註.○張預曰.其來疾暴.所向皆靡.**其徐如林。**曹公曰.不見利也.○孟氏曰.言緩行須有行列如林.以防其掩襲.○杜佑曰.不見利不前.如風吹林.小動而其大不移.○李筌曰.整陳而行.○杜牧曰.徐.緩也.言緩行之時.須有行列如林木也.恐為敵人之掩襲也.○梅堯臣曰.如林之森然不亂也.○王晳曰.齊肅也.○張預曰.徐.舒也.舒緩而行.若林木之森森然.謂未見利也.尉繚子曰.重者如山如林.輕者如炮如燔也.**侵掠如火。**曹公曰.疾也.○杜佑曰.猛烈也.(據通典補)○李筌曰.如火燎原無遺草.○杜牧曰.猛烈不可嚮也.○賈林曰.侵掠敵國.若火燎原.不可往復.○張預曰.詩云.如火烈烈.莫我敢遏.言勢如猛火之熾.誰敢禦我.**不動如山。**曹公曰.守也.○杜佑曰.守也.不信敵之誑惑.安固如山.(據通典御覽補)○李筌曰.駐軍也.○杜牧曰.閉壁屹然.不可搖動也.○賈林曰.未見便利.敵誘誑我.我因不動.如山之安.○梅堯臣曰.峻不可犯.○王晳曰.堅守也.○何氏曰.止如山之鎮靜.○張預曰.所以持重也.荀子議兵篇云.圓居而方正.則若盤石然.觸之者角摧.言不動之時.若山石之不可移.犯之者其角立毀.**難知如陰。**杜佑曰.莫測如天之陰雲.不見列宿之象.(據通典御覽補)○李筌曰.其勢不測.如陰不能覩萬象。○杜牧曰。如玄雲蔽天。不見三辰。○梅堯臣曰。幽隱莫測。○王皙曰。形藏也。○何氏曰。暗祕而不可料。○張預曰。如陰雲蔽天。莫覩辰象。

動如雷霆。

原本作雷震。按鶡冠子曰。動如雷霆。本此。從通典御覽改正。○杜佑曰。疾速不及應也。故太公曰。疾雷不及掩耳。疾電不及瞑目也。（據通典御覽補）○李筌曰。盛怒也。○杜牧曰。如空中擊下。不知所避也。○賈林曰。其動也疾不及應。太公曰。疾雷不及掩耳。○梅堯臣曰。迅不及避。○王皙曰。不虞而至。○何氏曰。藏謀以奮如此。○張預曰。如迅雷忽擊。不知所避。故太公曰。疾雷不及掩耳。迅電不及瞬目。

掠鄉分眾。

通典御覽作指嚮。按諸家俱作掠鄉。註云。一本作指向。又王皙云。鄉音向。則所見本異耳。○曹公曰。因敵而制勝也。○杜佑曰。因敵而制勝也。旌旗之所指向。則分離其眾。（據通典御覽補）○李筌曰。抄掠必分兵為數道。懼不虞也。○杜牧曰。敵之鄉邑聚落。無有守兵。六畜財穀。易於剽掠。則須分番次第。使眾人皆得往也。不可獨有所往。如此則大小強弱皆欲與敵爭利也。○陳皞曰。夫鄉邑村落。固非一處。察其無備。分兵掠之。○掠鄉一作指向。○賈林曰。三軍不可言遣。故以旌旗指向。隊伍不可語傳。故以麾幟分眾。故因敵陳形可為勢。此尤順訓練分明。師徒服習也。○梅堯臣曰。以饗士卒。○王皙曰。指所鄉以分其眾。鄉音向。○何氏曰。得掠物則與眾分。○張預曰。用兵之道。大率務因糧於敵。然而鄉邑之民所積不多。必分兵隨處掠之。乃可足用。

廓地分利。

曹公曰。分敵利也。○李筌曰。得敵地。

必分守利害。○杜牧曰。廓開也。開土拓境則分割與有功者。韓信言於漢王曰。項王使人有功當封爵者。刻印刓。忍不能與。今大王誠能反其道。以天下城邑封功臣。天下不足取也。三略曰。獲地裂之。○陳皡曰。言獲其土地則屯兵種蒔。以分敵之利也。○賈林曰。廓度也。度敵所據地利。分其利也。○梅堯臣曰。與有功也。○王皙曰。廓視地形。以據便利。勿使敵專也。○張預曰。開廓平易之地。必分兵守利。不使敵人得之。或云。得地則分賞有功者。今觀上下之文。恐非謂此也。

懸權而動。曹公曰。量敵而動也。○李筌曰。權。量秤也。敵輕重與吾有銖鎰之別則動。夫先動為客。後動為主。客難而主易。太一遁甲定計之算。明動易也。○杜牧曰。如衡懸權。秤量已定。然後動也。○何氏同杜牧註。○張預曰。如懸權於衡。量知輕重。然後動也。尉繚子曰。權敵審將而後舉。言權量敵之輕重。審察將之賢愚。然後舉也。

先知迂直之計者勝。此軍爭之法也。李筌曰。迂直道路。勞佚餧寒。生於道路。○杜牧曰。言軍爭者。先須計遠近迂直。然後可以為勝。其計量之審。如懸權於衡。不失錙銖。然後可以動而取勝。此乃軍爭勝之法也。○梅堯臣曰。稱量利害而動。在預知遠近之方則勝。○王皙曰。量敵審輕重而動。又知迂直必勝之道也。○張預曰。凡與人爭利。必先量道路之迂直。審察而後動。則無勞頓寒餧之患。而且進退遲速。不失其機。故勝也。

軍政曰。梅堯臣曰．軍之舊典．○王晳曰．古軍書．言不相聞。故為鼓鐸。原本作金鼓．通典本作鼓鐸．北堂書鈔太平御覽皆三引作鼓鐸．鄭友賢同．按周官大司馬云．鼓鐸．鐲鐃之用．其作金鼓者．後人依下文改之也．今訂正．編按．依孫星衍校文所引通典所引經文與杜佑註文不相應也．然其註文與孫子原本正合．而孫星衍捨其同而執其異．遂改孫子原文又改通典註文．實不必煩改．各從其原文則可矣．○杜佑曰．鐸．金鉦也．（原本云．金鉦．鐸也．按鉦鐸皆軍用．形制相近．故杜取以況也．後人既改鼓鐸為金鼓．故并其註改之．今訂正．）聽其音聲．以為耳候．○梅堯臣曰．以威耳也．耳威於聲．不可不清．○王晳曰．鼓鼙鉦鐸之屬．坐作進退．疾徐疏數．皆有其節．視不相見。故為旌旗。杜佑曰．瞻其指麾．以為目候．○梅堯臣曰．以威目也．目威於色．不得不明．○王晳曰．表部曲行列齊整也．夫金鼓旌旗者。所以一民原本作人．避諱改也．當從北堂書鈔太平御覽作民．下同．之耳目也。杜佑曰．齊一耳目之視聽．使知進退之度．（據通典御覽補．）○李筌曰．鼓進鐸退．旌賞而旗罰．耳聽金鼓．目視旌旗．故不亂也．勇怯不能進退者．由旗鼓正也．○張預曰．夫用兵既眾．占地必廣．首尾相遼．耳目不接．故設金鼓之聲．使之相聞．立旌旗之形．使之相見．視聽均齊．則雖百萬之眾．進退如一矣．故曰．鬥眾如鬥寡．形名是也．民既專一。則勇者不得獨進。怯者不得獨退。此用眾

之法也。杜佑曰。齊之以法教。使強弱不得相踰。（據通典御覽補）○杜牧曰。旌以出令。旗以應號。蓋旗者。即今之信旗也。軍法曰。當進不進。當退不退者。斬之。吳起與秦人戰。戰未合。有一夫不勝其勇。前獲雙首而返。吳起斬之。軍吏進諫曰。此材士也。不可斬。吳起曰。信材士非令也。乃斬之。○梅堯臣曰。一人之耳目者。謂使人之視聽齊一而不亂也。鼓之則進。金之則止。麾右則右。麾左則左。不可以勇怯而獨先也。○王晳曰。使三軍之眾。勇怯進退齊一者。鼓鐸旌旗之為也。○張預曰。士卒專心一意。惟在於金鼓旌旗之號令。當進則進。當退則退。一有違者必戮。故曰。令不進而進。與令不退而退。厥罪惟均。尉繚子曰。鼓鳴旗麾。先登者。未嘗非多力國士也。將者之過也。言不可賞先登獲雋者。恐進退不一耳。**故夜戰多火鼓。晝戰多旌旗。所以變民之耳目也。**原本民作人。從御覽改通典變作便。非。○李筌曰。火鼓夜之所視聽。旌旗晝之所指揮。○杜牧曰。令軍士耳目皆隨旌旗火鼓而變也。或曰。夜戰多火鼓。其旨如何。夜黑之後。必無原野列陣與敵刻期而戰也。軍襲敵營。鳴鼓然火。適足以警敵人之耳。明敵人之目。於我返害。其義安在。答曰。富哉問乎。此乃孫武之微旨也。凡夜戰者。蓋敵人來襲我壘。不得已而與之戰。其法在於立營之法與陳小同。故志曰。止則為營。行則為陳。蓋大陳之中。必包小陳。大營之內。必包小營。蓋前後左右之軍。各自有營環遶。大將之營居於中央。諸營環之。隅落鉤聯。曲折相對。象天之壁壘星。其營相去上不過百步。下不過五十步。道徑通達。足以出隊列部。壁壘相望。足以弓弩相救。每於十字路口。必立小堡。上致柴薪。穴為暗道。胡梯上之。令人看守。夜黑之後。聲鼓四起。即以燔燎。是以賊夜襲我。雖入營門。四顧屹然。復有小營各自堅守。東西南北。未知所攻。大將營或諸小營中。先知有賊至者。放令盡入。然後擊鼓。諸營齊應。眾保燎火。明如晝日。諸營兵士。於是閉門登壘。下瞰敵人。勁弩彊弓。四向俱發。敵人雖有韓白之將。鬼神之兵。亦無能計也。唯恐夜不襲我。來則必敗。若敵人或能潛入一營。即諸營舉火出兵。四面繞之。號令營中。不得輒動。須臾之際。善惡自分。賊若出走。皆在羅網矣。故司馬宣王入諸葛亮營壘。見其曲折。曰。此天下之奇才也。今之立營。通洞豁達。雜以居之。若有賊夜來斫營。萬人一時驚擾。雖多致斥候。嚴為備守。晦黑之後。彼我不分。雖有眾力。亦不能用。○陳皞曰。杜言夜黑之後。必無原野列陳與敵人刻期而戰。非也。天寶末。李光弼以五百騎趨河陽。多列火炬。首尾不息。史思明數萬之眾。不敢逼之。豈止待賊斫營而已。○賈林曰。火鼓旌旗。可以聽望。故晝夜異用之。○梅堯臣曰。多者。欲以變惑敵人耳目。○王皙曰。多者。所以震駭視聽。使慹我之威武聲氣也。傳曰。多鼓鈞聲。以夜軍之。○張預曰。凡與敵戰。夜則火鼓不息。晝則旌旗相續。所以變亂敵人之耳目。使不知其所以備我之計。越伐吳。夾水而陳。越為左右句卒。使夜或左或右。鼓譟而進。吳師分以禦之。遂為越所敗。是惑以火鼓也。晉伐齊。使司馬斥山澤之險。雖所不至。必旆而疏陳之。齊侯畏而脫歸。是惑以旌旗也。

故三軍可奪氣。曹公曰.左氏言.一鼓作氣.再而衰.三而竭.○李筌曰.奪氣奪其銳勇.齊伐魯.戰於長勺.齊人一鼓.公將戰.曹劌曰.未可.齊人三鼓.劌曰.可矣.乃戰.齊師敗績.公問其故.劌曰.夫戰勇氣也.一鼓作氣.再而衰.三而竭.彼竭我盈.故克之.奪三軍之氣也.○杜牧曰.司馬法.戰以力久.以氣勝.齊伐魯.莊公將戰於長勺.公將鼓之.曹劌曰.未可.齊人三鼓.劌曰.可矣.齊師敗績.公問其故.對曰.夫戰勇氣也.一鼓作氣.再而衰.三而竭.彼竭我盈.故克之.晉將毋丘儉.文欽反.諸軍屯樂嘉.司馬景王銜枚徑造之.欽子鴦年十八.勇冠三軍.曰.及其未定.請登城鼓譟.擊之可破.既而三譟之.欽不能應.鴦退.相與引而東.景王謂諸將曰.欽去矣.發銳軍以追之.諸將曰.欽舊將.鴦小而銳.引軍內入.未有失利.必不走也.王曰.一鼓作氣.再而衰.三而竭.鴦鼓而欽不應.其勢已屈.不走何待.欽果引去.○王晳曰.震懾衰惰.則軍氣奪矣.○何氏曰.淮南子曰.將充勇而輕敵.卒果敢而樂戰.三軍之眾.百萬之師.志厲青雲.氣如飄風.聲如雷霆.誠積踰而威加敵人.此謂氣勢.吳子曰.三軍之眾.百萬之師.張設輕重.在於一人.是謂氣機.故奪氣者.有所待.有所乘.則可矣.○張預曰.氣者戰之所恃也.夫含生稟血.鼓作戰爭.雖死不省者.氣使然也.故用兵之法.若激其士卒.令上下同怒.則其鋒不可當.故敵人新來而氣銳.則且以不戰挫之.伺其衰倦而後擊.故彼之銳氣可以奪也.尉繚子謂氣實則鬥.氣奪則走者.此之謂也.曹劌言一鼓作氣者.謂初來之氣盛也.再而衰.三而竭者.謂陳久而人倦也.又李靖曰.守

者不止完其壁堅其陳而已必也守吾氣而有待焉所謂守其氣者常養吾之氣使銳盛而不衰然後彼之氣可得而奪也

將軍可奪心。李筌曰怒之令憤撓之令亂間之令疏卑之令驕則彼之心可奪也○杜牧曰心者將軍心軍中所倚賴以為軍者也後漢寇恂征隗囂囂將高峻守高平第一軍峻遣將軍皇甫文出謁恂辭禮不屈恂怒斬之遣其副峻惶恐即日開城門降諸將曰敢問殺其使而降其城何也恂曰皇甫文峻之腹心其所取計者今來辭氣不屈必無降心全之則文得其計殺之則峻亡其膽是以降耳後燕慕容垂遣子寶率眾伐後魏始寶之來垂已有疾自到五原道武帝斷其來路父子問絕道武乃詭其行人之辭令臨河告之曰父已死何不遽還寶兄弟聞之憂懼以為信然因夜遁去道武襲之大破於參合陂○梅堯臣曰以鼓旗之變惑奪其氣軍既奪氣將亦奪心○王皙曰紛亂諠譁則將心奪矣○何氏曰先須己心能固然後可以奪敵將之心故傳曰先人有奪人之心司馬法曰本心固新氣勝者是也○張預曰心者將之所主也夫治亂勇怯皆主於心故善制敵者撓之而使亂激之而使惑迫之而使懼故彼之心謀可以奪也傳曰先人有奪人之心謂奪其本心之計也又李靖曰攻者不止攻其城擊其陳而已必有攻其心之術焉所謂攻其心者常養吾之心使安閑而不亂然後彼之心可得而奪也

是故朝氣銳。孟氏曰司馬法曰新氣勝舊氣新氣即朝氣也○陳皞曰初來之氣氣方勝銳勿與之爭也○王皙曰士眾凡初舉氣銳

也。**晝氣惰。**王晳曰。漸久少怠。**暮氣歸。**孟氏曰。朝氣。初氣也。晝氣。再作之氣也。暮氣。衰竭之氣也。○梅堯臣曰。朝言其始也。晝言其中也。暮言其終也。謂兵始而銳。久則惰而思歸。故可擊。○王晳曰。怠久意歸。無復戰理。**故善用兵者。避其銳氣。擊其惰歸。此治氣者也。**通典治作理。此避諱改也。下同。○杜佑曰。避其精銳之氣。擊其懈惰欲歸。此理氣者。故曹劌曰。夫戰勇氣也。一鼓作氣。再而衰。三而竭。彼竭我盈。故克之。（原本云曹劌之說是也。無曹劌曰已下文。按此乃合註者改之也。從通典御覽補。）○李筌曰。氣者。軍之氣。勇。○杜牧曰。陽氣生於子。成於寅。衰於午。伏於申。凡晨朝陽氣初盛。其來必銳。故須避之。候其衰伏。擊之必勝。武德中。太宗與竇建德戰於汜水東。建德列陣。彌亙數里。太宗將數騎。登高觀之。謂諸將曰。賊度險而囂。是軍無政令。逼城而陣。有輕我心。按兵不出。待敵氣衰。陣久卒饑。必將自退。退而擊之。何往不克。建德列陣。自卯至午。兵士饑倦。悉列坐石。又爭飲水。太宗曰。可擊矣。遂戰。生擒建德。○陳皡曰。有辰巳列陳。至午未未勝者。午未列陳。至申酉未勝者。不必事須晨旦而為陽氣。申午而為衰氣也。太宗之攻建德也。登高而望之。謂諸將曰。賊盡銳來攻我。當少避之。退則可以騎留之。以明不須晨旦也。凡彼有銳。則如此避之。不然則否。○梅堯臣曰。氣盛勿擊。衰懈易敗。○何氏曰。夫人情莫不樂安而惡危。好生而懼死。無故驅之就臥尸之地。樂趨於兵戰之場。其心之所畜。非有忿怒欲鬥之氣。一旦乘而激之。冒難而不顧．犯危而不畏．則未嘗不悔而怯矣．今夫天下懦夫．心有所激．則率爾爭鬥．不啻諸劌．至於操刃而求鬥者．氣之所乘也．氣衰則息偃然而悔矣．故三軍之視強寇如視處女者．乘其忿怒而有所激也．是以即墨之圍五千人擊卻燕師者．乘燕劓降掘冢之怒也．秦之鬥士倍我者．因三施無報之怒．所以我怠而秦奮也．二者治氣有道．而所用乘其機也．○張預曰．朝喻始．晝喻中．暮喻末．非以早晚為辭也．凡人之氣．初來新至則勇銳．陳久人倦則衰．故善用兵者．當其銳盛．則堅守以避之．待其惰歸．則出兵以擊之．此所謂善治己之氣．以奪人之氣者也．前趙將游子遠之敗伊餘羌．唐武德中太宗之破竇建德．皆用此術．

以治待亂。以靜待譁。此治心者也。

李筌曰．伺敵之變．因而乘之．○杜牧曰．司馬法曰．本心固．言料敵制勝．本心已定．但當調治之．使安靜堅固．不為事撓．不為利惑．候敵之亂．伺敵之譁．則出兵攻之矣．○陳皞曰．政令不一．賞罰不明．謂之亂．旌旗錯雜．行伍輕囂．謂之譁．審敵如是．則出攻之．○賈林曰．以我之整治．待敵之撓亂．以我之清淨．待敵之諠譁．此治心者也．故太公曰．事莫大於必克．用莫大於玄默也．○梅堯臣曰．鎮靜待敵．眾心則寧．○王皙同陳皞註．○何氏曰．夫將以一身之寡．一心之微．連百萬之眾．對虎狼之敵．利害之相雜．勝負之紛揉．權智萬變．而措置之胸臆之中．非其中廓然．方寸不亂．豈能應變而不窮．處事而不迷．卒然遇大難而不驚．案然接萬物而不惑．吾之治足以待亂．吾之靜足以待譁．前有百萬之敵．而吾視之．則如遇小寇亞夫之禦寇也堅臥而不起欒箴之臨敵也好以整又好以暇夫審此二人者蘊以何術哉蓋其心治之有定養之有餘也○張預曰治以待亂靜以待譁安以待躁忍以待忿嚴以待懈此所謂善治己之心以奪人之心者也

以近待遠。以佚待勞。原本佚作逸按本書勞佚字皆作佚御覽亦作佚

以飽待飢。此治力者也。杜佑曰以我之近待彼之遠以我之閒佚待彼之疲勞以我之充飽待彼之飢虛此理人力者也○李筌曰客主之勢○杜牧曰上文云致人而不致於人是也○梅堯臣曰無困竭人力以自弊○王晳曰以餘制不足善治力也○張預曰近以待遠佚以待勞飽以待飢誘以待來重以待輕此所謂善治己之力以困人之力者也

無要正正之旗。要原本作邀按兵書要訣曰孫子稱無要正正之旗謂行軍前後正治故不可要而擊之也左氏曰衷戎師前後擊之盡殪其義可互証又按王晳註云本可要擊亦作要從北堂書鈔太平御覽改正

勿擊堂堂之陳。此治變者也。曹公曰正正齊也堂堂大也○杜佑曰正正者整齊也堂堂者盛大之貌也正正者孤特象也言敵前有孤特之兵後有堂堂之陳必有倚伏詐誘之謀審察以待勿輕邀截也此理變詐（據通典御覽補）○李筌曰正正者齊整也堂堂者部分也○杜牧曰堂堂者無懼也兵者隨敵而變敵有如此則勿擊之是能治變也後漢曹公圍鄴袁尚來救公曰尚若從大路來當避之若循西山來此成擒耳尚果循西山來逆擊

大破之也。○梅堯臣曰。正正而來。堂堂而陳。示無懼也。必有奇變。○王晳曰。本可要擊。以視整齊盛大。故變。○何氏曰。所謂強則避之。○張預曰。正正謂形名齊整也。堂堂謂行陳廣大也。敵人如此。豈可輕戰。軍政曰。見可而進。知難而退。又曰。強而避之。言須識變通。此所謂善治變化之道以應敵人者也。

故用兵之法。高陵勿向。背丘勿逆。御覽背作倍。○孟氏曰。敵背丘陵為陳。無有後患。則當引軍平地。勿迎擊之。○杜佑曰。敵若據山陵。依附險阻。（原本改為依據丘陵險阻。按此註釋高陵勿向句也。下背丘勿逆句又有註。合註者刪之。今據通典御覽補正。）陳兵待敵。勿輕攻趨也。既地（原本作馳。從御覽改。）勢不便。有殞石之衝也。敵背丘陵為陳。無有後患。則當引置平地。勿迎而擊也。（據通典御覽補。）○李筌曰。地勢也。○杜牧曰。向者仰也。背者倚也。逆者迎也。言敵在高處。不可仰攻。敵倚丘山。下來求戰。不可逆之。此言自下趨高者力乏。自高趨下者勢順也。故不可向迎。○梅堯臣曰。高陵勿向者。敵處其高。不可仰擊。背丘勿逆者。敵自高而來。不可逆戰。勢不便也。○王晳曰。如此不便。則當嚴陳以待變也。○何氏曰。秦伐韓。趙王令趙奢救之。秦人聞之。悉甲而至。軍士許歷請以軍事諫。曰。秦人不意趙師至此。其來氣盛。將軍必厚集其陳以待之。不然必敗。今先據北山上者勝。後至者敗。奢從之。即發萬人趨之。秦兵後至。爭山不得上。奢縱兵擊之大破秦軍後周遣將伐高齊圍洛陽齊將段韶禦之登邙坂聊欲觀周軍形勢至太和谷便值周軍即遣馳告諸營與諸將結陳以待之周軍以步人在前上山逆戰韶以彼步我騎且卻且引待其力弊乃遣下馬擊之短兵始交周人大潰並即奔遁○張預曰敵處高為陳不可仰攻人馬之馳逐弧矢之施發皆不便也故諸葛亮曰山陵之戰不仰其高敵從高而來不可迎之勢不順也引至平地然後合戰

佯北勿從。杜佑曰北奔走也敵方戰氣勢未衰便奔走而陳卻（原本作兵今從通典改）者必有奇伏勿深入從之故太公曰夫出甲陳兵縱卒亂行者欲以為變也（通典作從卒亂所以多為變）○李筌杜牧曰恐有伏兵也○賈林曰敵未衰忽然奔北必有奇伏要擊我兵謹勒將士勿令逐追○梅堯臣同杜牧註○王晳曰勢不至北必有詐也則勿逐○何氏曰如戰國秦師伐趙趙奢之子括代廉頗將拒秦於長平秦陰使白起為上將軍趙出兵擊秦秦軍佯敗而走張二奇兵以劫之趙軍逐勝追造秦壁壁堅不得入而秦奇兵二萬五千人絕趙軍後又一軍五千騎絕趙壁間趙軍分而為二糧道絕而秦出輕兵擊之趙戰不利因築壁堅守以待救至秦聞趙食道絕王自之河內發卒遮絕趙救及糧食趙卒不得食四十六日陰相殺食括中箭而死蜀劉表遣劉備北侵至鄴曹公遣夏侯惇李典拒之一朝備燒屯去惇遣諸將追擊之典曰賊無故退疑必有伏南道窄狹草木深不可追也不聽惇等果入賊伏裏典往救備見救至乃退西魏末遣將史寧與突厥同伐吐谷渾。遂至樹敦。即吐谷渾之舊都。多儲珍藏。而其主先已奔賀真城。留其征南王及數千人固守。寧攻之偽退。吐谷渾人果開門逐之。因回兵奪門。門未及闔。寧兵遂得入。生擒其征南王。俘獲男女財寶。盡歸諸突厥。北齊高澄立。侯景叛歸梁。而圍彭城。澄遣慕容紹宗討之。將戰。紹宗以梁人剽悍。恐其眾之撓也。召將帥而語之曰。我當佯退。誘梁人使前。汝可擊其背。申明誡之。景又命梁人曰。逐北勿過二里。會戰。紹宗走。梁人不用景言。乘敗深入。魏人以紹宗之言為信。爭掩擊。遂大敗之。唐安祿山反。郭子儀圍衛州。偽鄭王慶緒率兵來援。分為三軍。子儀陳以待之。預選射者三千人伏於壁內。誡之曰。俟吾小卻。賊必爭進。則登城鼓譟。弓弩齊發以逼之。既戰。子儀偽退。而賊果乘之。乃開壘門。遽聞鼓譟。矢注如雨。賊徒震駭。整眾追之。遂虜慶緒。○張預曰。敵人奔北。必審真偽。若旗鼓齊應。號令如一。紛紛紜紜。雖退走。非敗也。必有奇也。不可從之。若旗靡轍亂。人囂馬駭。此真敗卻也。

銳卒勿攻。李筌曰。避強氣也。○杜牧曰。避實也。楚子伐隨。隨臣季良曰。楚人尚左。君必左。無與王遇。且攻其右。右無良焉。必敗。偏敗。眾乃攜矣。隨少師曰。不當王。非敵也。不從。隨師敗績。○陳皞曰。此說是避敵所長。非銳卒勿攻之旨也。蓋言士卒輕銳。且勿攻之。待其懈惰。然後擊之。所謂千里遠鬥。其鋒莫當。蓋近之爾。○梅堯臣曰。伺其氣挫。○何氏曰。如蜀先主率大眾東伐吳。吳將陸遜拒之。蜀主從建平連圍至夷陵界。立數十屯。以金帛爵賞誘動諸夷。先遣將吳班以數千人於平地立營。欲以挑戰。諸將皆欲擊之。遜曰。備舉軍東至。銳氣始盛。且乘高守險。難可卒攻。攻之縱下。猶難盡克。若有不利。損我必大。今但有獎勵將士。廣施方略。以觀其變。備知其計不行。乃引伏兵八千人從谷中出。遜曰。所以不聽諸軍擊班者。揣之必有巧故也。諸將並曰。攻備當在初。今乃令入五六百里。相銜持經七八月。其諸要害。賊已固守。擊之必無利矣。遜曰。備是猾虜。其軍始集。思慮精專。未可干也。今住已久。不得我便。兵疲意沮。計不復生。掎角此寇。正在今日。乃先攻一營。不利。遜曰。吾已曉破之之術。乃令各持一把茅。以火攻拔之。備因夜遁。魏末。吳將諸葛恪圍新城。司馬景王使毌丘儉文欽等拒之。儉欽請戰。景王曰。恪卷甲深入。投兵死地。其鋒未易當。且新城小而固。攻之未可拔。遂令諸將高壘以弊之。相持數日。恪攻城力屈。死傷太半。景王乃令欽督銳卒。趣合榆。斷其歸路。恪懼而遁。前趙劉曜遣將討羌大酋權渠。率眾保險阻。曜將劉子遠頻敗之。權渠欲降。其子伊餘大言於眾中曰。往年劉曜自來。猶無若我何。晨壓子遠壘門。左右勸出戰。子遠曰。吾聞伊餘有專諸之勇。慶忌之捷。其父新敗。怒氣甚盛。且西戎勁悍。其鋒不可擬也。不如緩之。使氣竭而擊之。乃堅壁不戰。伊餘有驕色。子遠候其無備。夜分誓眾。秣馬蓐食。先晨具甲。掃壘而出。遲明設覆而戰。生擒伊餘於陣。唐武德中。太宗率師往河東討劉武周。江夏王道宗從軍。太宗登玉壁城覩賊。顧謂道宗曰。賊恃其眾。來邀我戰。汝謂如何。對曰。群賊鋒不可當。易以計屈。難與力爭。今眾深壁高壘。以挫其鋒。烏合之徒。莫能持久。糧運致竭。自當離散。可不戰而擒．太宗曰．汝意見暗與我合．後賊食盡夜遁．一戰敗之．又太宗征薛仁杲於折墌城．賊十有餘萬．兵鋒甚銳．數來挑戰．諸將請戰．太宗曰．我卒新經挫衂．銳氣猶少．賊驟勝．必輕進好鬥．我且閉壁以折之．待其氣衰而後擊．可一戰而破．此萬全計也．因令軍中曰．敢言戰者斬．相持久之．賊糧盡．軍中頗攜貳．其將相繼來降．太宗知仁杲心腹內離．謂諸將曰．可以戰矣．令總管梁實營於淺水原以誘之．賊大將宗羅睺自恃驕悍．求戰不得．氣憤者久之．及是盡銳攻梁實．冀逞其志．梁實固險不出．以挫其鋒．羅睺攻之愈急．太宗度賊已疲．復謂諸將曰．彼氣將衰．吾當取之必矣．申令諸將遲明合戰．令將軍龐玉陳於淺水原南．出賊之右．先餌之．羅睺併軍共戰．玉軍幾敗．太宗親御大軍．奄自原北．出其不意．羅睺回師相拒．我師表裏齊奮．呼聲動天．羅睺氣奪．於是大潰．又李靖從河間王孝恭討蕭銑．兵至夷陵．銑將文士宏率精卒數萬屯清江．孝恭欲擊之．靖曰．士宏銑之健將．士卒驍勇．今新出荊門．盡兵出戰．此是救敗之師．恐不可當也．宜且泊南岸．勿與爭鋒．待其氣衰．然後奮擊．破之必矣．孝恭不從．留靖守營．與賊戰．孝恭果敗．奔於南岸．○張預曰．敵若乘銳而來．其鋒不可當．宜少避之．以伺疲挫．晉楚相持．楚晨壓晉軍而陳．軍吏患之．欒書曰．楚師輕窕．固壘以待之．三日必退．退而擊之．必獲勝焉．又唐太宗征薛仁杲．賊兵鋒甚銳．數來挑戰．諸將咸請戰．太宗曰．當且閉壘以折之．待其氣衰．可一戰而破也．果然．

餌兵勿食。通典作勿貪．按李筌杜牧本皆作食．御覽亦作食．又陳皞云．食字疑或為貪.則正本故作食也.○杜佑曰.以小利來餌己士卒.勿取也.(據通典補)○李筌曰.秦人毒涇上流.○杜牧曰.敵忽棄飲食而去.先須嘗試.不可便食.慮毒也.後魏文帝時.庫莫奚侵擾.詔濟陰王新成率眾討之.王乃多為毒酒.賊既漸逼.使棄營而去.賊至喜.競飲酒.酣毒作.王簡輕騎縱擊.俘獲萬計.○陳皞曰.此之獲勝.蓋亦偶然.固非為將之道.垂後世法也.孫子豈以他人不能致毒於人腹中哉.此言喻魚若見餌.不可食也.敵若懸利.不可貪也.曹公與袁紹將文醜等戰.諸將以為敵騎多.不如還營.荀攸曰.此所以餌敵也.安可去之.即知餌兵非止謂寘毒也.食字疑或為貪字也.○梅堯臣曰.魚貪餌而亡.兵貪餌而敗.敵以兵來釣我.我不可從.○王晳曰.餌我以利.必有奇伏.○何氏曰.如春秋時.楚伐絞.軍其南門.莫敖屈瑕曰.絞小而輕.輕則寡謀.請無扞采樵者以誘之.從之.絞人獲三十人.明日.絞人爭出.驅楚役徒於山中.楚人坐其北門.而覆諸山下.大敗之.為城下之盟而還.又如赤眉佯敗.棄輜重走.車載土.以豆覆其上.鄧宏取之.為赤眉所敗.曹公未得濟而放牛馬.馬超取之.而公得渡.又如曹公棄輜重.文醜劉備分取之.而為公所破.又如後魏廣陽王元深.以乜列河誘拔陵.竟來抄掠.拔陵為于謹伏兵所破.此皆餌之之術也.○張預曰.三略曰.香餌之下.必有懸魚.言魚貪餌.則為釣者所得.兵貪利.則為敵人所敗.夫餌兵非止謂寘毒於飲食.但以利留敵.皆為餌也.若曹公以畜產餌馬超.以輜重餌袁紹.李矩以牛馬餌石勒之類.皆是也.

歸師勿遏。孟氏曰.人懷歸心.必

能死戰.則不可止而擊也.○杜佑曰.若窮寇退還.依險而行.人人懷歸.故能死戰.徐觀其變而勿遏截之.(原本註云人人有室家鄉國之往.不可遏截之.徐觀其變而制之.按此似後人所改.從通典御覽訂正.)○李筌曰.士卒思歸.志不可遏也.○杜牧曰.曹公自征張繡於穰.劉表遣兵救繡.以絕軍後.公將引還.繡兵來追.公軍不得進.表與繡復合兵守險.公軍前後受敵.公乃夜鑿險為地道.悉過輜重.設奇兵.會明.賊謂公為遁也.悉軍來追.乃縱(自奇兵以下十五字原本脫.今補正.)奇兵步騎夾(原本作來.譌.)攻.大破之.公謂荀文若曰.虜遏吾歸師.而與吾死地.吾是以知勝矣.○梅堯臣曰.敵必死戰.○王晳曰.人自為戰也.勿遏塞之.若猶有他慮.則可要而擊.曹公攻鄴.袁尚來救.諸將以為歸師不如避之.公曰.尚從大道來.則避之.若循西山來者.此成擒耳.蓋大道來則歸意全.循山來則顧負險.且有懼心也.○何氏曰.如魏初曹公圍張繡於穰.劉表遣兵救繡.以絕軍後.公將引還.繡兵來追.公軍不得進.連營稍前.到安眾.繡與表合兵守險.公軍前後受敵.公乃夜鑿險為地道.悉過輜重.設奇兵.會明.賊謂公為遁也.悉軍來追.乃縱奇兵步騎夾攻.大破之.公謂荀彧曰.虜遏吾歸師.與吾死地.是以知勝.齊建武二年.魏圍鍾離.張欣泰為軍主.隨崔慧景救援.及魏軍退.而邵陽洲上餘兵萬人.求輸馬五百匹假道.慧景欲斷路攻之.欣泰說慧景曰.歸師勿遏.古人畏之.兵在死地.不可輕也.慧景乃聽過也.前秦苻堅征晉.至壽春.兵敗.還長安.慕容泓起兵于華澤.堅將苻叡竇衝姚萇討之.苻叡

勇果輕敵。不恤士眾。泓聞其至也。懼。率眾將奔關東。叡馳兵邀之。姚萇諫曰。鮮卑有思歸之心。宜驅令出關。不可遏也。叡弗從。戰于華澤。叡敗績被殺。後涼呂宏攻段業於張掖。不勝。將東走。業議欲擊之。其將沮渠蒙遜諫曰。歸師勿遏。窮寇勿追。此兵家之戒。不如縱之。以為後圖。業曰。一日縱敵。悔將無及。遂率眾追之。為宏所敗。○張預曰。兵之在外。人人思歸。當路邀之。必致死戰。韓信曰。從思東歸之士。何所不克。曹公既破劉表。謂荀彧曰。虜遏吾歸師。吾是以知勝。又呂宏攻段業不勝。將東走。業欲擊之。或諫曰。歸師勿遏。兵家之戒。不如縱之。以為後圖。業不從。率眾追之。為宏所敗。古人似此者多。不可悉陳。

圍師必闕。

曹公曰。司馬法曰。圍其三面。闕其一面。所以示生路也。○杜佑曰。若圍敵平陸之地。必空一面。以示其虛。故使戰守不固。而有去留之心。若敵臨危據險。彊救在表。當堅固守之。未必闕也。此用兵之法。○李筌曰。夫圍敵必空其一面。示不固也。若四面圍之。敵必堅守不拔也。項羽坑外黃。魏武圍壺關。即其義也。○杜牧曰。示以生路。令無必死之心。因而擊之。後漢妖巫維汜弟子單臣傅鎮等。相聚入原武城。劫掠吏人。自稱將軍。光武遣臧宮將北軍數千人圍之。賊食多。數攻不下。士卒死傷。帝召公卿諸侯王問方略。明帝時為東海王。對曰。妖巫相劫。勢無久立。其中必有悔者。但外圍急。不得走耳。小挺緩令得逃亡。則一亭長足以擒矣。帝即勅令開圍緩守。賊眾分散。遂斬臣鎮等。大唐天寶末。李光弼領朔方軍與史思明戰于土門。賊眾退散。四面圍合。光弼令開東南角以縱之。

賊見開圍。棄甲急走。因追擊之。盡殲其衆。是開一面也。○梅堯臣同曹公註。○何氏曰。如後漢初。張步據齊地。漢將耿弇總兵討之。步使其大將費邑軍歷下。又分守祝阿鍾城。弇先擊祝阿。自晨攻城。未日中而拔。故開圍一角。令其衆得奔歸鍾城。鍾城人聞祝阿已潰。大恐懼。遂空壁亡去。又朱儁與徐璆共討黃巾餘賊韓忠。據宛乞降。不許。因急攻之。連城不克。儁登山覘之。顧謂張超曰。吾知之矣。賊今外圍周固。內營急逼。乞降不受。欲出不得。所以死戰也。萬人一心。猶不可當。況十萬乎。其害甚矣。今不如徹圍。并兵入城。忠見圍解。則勢必自出。出則意散。易破之道也。既而解圍。忠果出戰。儁因破之。又魏太祖圍壺關。下令曰。城拔皆坑之。連月不下。曹仁曰。圍城必示之活門。所以開其生路也。今公告之必死。將人自為守。且城固而糧多。攻之則士卒傷。守之則日久。今頓兵堅城之下。攻必死之虜。非良計也。太祖從之。開城遂降。又後魏末。齊神武起義兵於河北。爾朱兆天光度律仲遠等四將同會鄴南。士馬精彊。號二十萬。圍神武於南陵山。是時神武馬二千。步卒不滿三萬人。兆等設圍不合。神武連繫牛驢自塞歸道。於是將士死戰。四面奮擊。大破兆等。○張預曰。圍其三面。開其一角。示以生路。使不堅戰。後漢朱儁討賊師韓忠於宛。急攻不克。因謂軍吏曰。賊今外圍周固。所以死戰。若我解圍。勢必自出。出則意散。易破之道也。果如其言。又曹公圍壺關。謂之曰。城破皆坑之。連攻不下。曹仁謂公曰。夫圍城必示之活門。所以開其生路也。今公許之必死。今人自守。非計也。公從之。遂拔其城。是也。

窮

寇勿迫。杜牧曰。春秋時。吳伐楚。楚師敗走。及清發。闔閭復將擊之。夫槩王曰。困獸猶鬥。況人乎。若知不免而致死。必敗我。若使半濟而後可擊也。從之。又敗之。漢宣帝時。趙充國討先零羌。羌覩大軍。棄輜重。欲渡湟水。道阨狹。充國徐行驅之。或曰。逐利行遲。充國曰。窮寇也。不可迫。緩之則走不顧。急之則還致死。諸將曰。善。虜果赴水。溺死者數萬。於是大破之也。○陳皥曰。鳥窮則搏。獸窮則噬。○梅堯臣曰。困獸猶鬥。物理然也。○何氏曰。前燕呂護據野王。陰通晉。事覺。燕將慕容恪等率眾討之。將軍傅顏言之恪曰。護窮寇假合。王師既臨。則上下喪氣。殿下前以廣固天險。守易攻難。故為長久之策。今賊形不與往同。宜急攻之。以省千金之費。恪曰。護老賊。經變多矣。觀其為備之道。則未易卒圖也。今圍之於窮城。樵採路絕。內無蓄積。外無彊援。不過於十旬。弊之必矣。何必殘士卒之命。而趨一時之利哉。此謂兵不血刃而坐以制勝也。遂列長圍守之。凡經六月。而野王潰。護南奔于晉。悉降其眾。五代晉將符彥卿杜重威經略北鄙。遇虜於陽城。戎人十萬圍晉師於中野。乏水。軍人鑿井取泥。衣絞而吮之。人馬渴死甚眾。彥卿曰。與其束手就擒。曷若以身殉國。我今窮蹙。乃率勁騎出擊之。會大風揚塵。乘勢決戰。戎人大潰。此彥卿為虜十萬所圍。乃窮蹙之寇。遂致死力以求生。戎人不悟之致敗也。○張預曰。敵若焚舟破釜。決一戰。則不可逼迫。來蓋獸窮則搏也。晉師敗齊于鞌。齊侯請盟。晉人不許。齊侯曰。請收合餘燼。背城借一。晉人懼而與之盟。吳夫槩王謂曰。困獸猶鬥。漢趙充國言。緩之則走不顧。

急之則還致死，蓋亦近之。**此用兵之法也。**鄭氏遺說法字下有妙字，并述其義，按妙字衍，通典御覽此皆無妙字。

孫子集註卷八

賜進士及第署山東提刑按察使分巡兗沂曹濟黃河兵備道孫星衍　賜進士出身署萊州府知府候補同知吳人驥　同校

九變篇

曹公曰.變其正.得其所用九也.○王晳曰.晳謂九者.數之極.用兵之法.當極其變耳.逸詩云.九變復貫.不知曹公謂何為九.或曰九地之變也.○張預曰.變者不拘常法.臨事適變.從宜而行之之謂也.凡與人爭利.必知九地之變.故次軍爭.

孫子曰。凡用兵之法。將受命於君。合軍聚眾。張預曰.已解上文.

圮地無舍。曹公曰.無所依也.水毀曰圮.○孟氏曰.太下則為敵所因.○杜佑曰.擇地頓兵.當趨利而避害也.○李筌曰.地下曰圮.行必水淹也.○陳皥曰.圮低下也.孔明謂之地獄.獄者.中下四面高也.○梅堯臣曰.山林險阻沮澤之地.不可舍止.無所依也.○何氏曰.下篇言圮地則吾將進其塗.謂必固之地.宜速去之也.○張預曰.山林險阻沮澤.凡難行之道.為圮地.以其無所依.故不可舍止.

衢地合交。原本作交合.今從北堂書鈔改正.○曹公曰.結諸侯也.○李筌曰.四通曰衢.結諸侯之交地也.○賈林曰.結諸侯以為援.○梅堯臣曰.夫四通之地.與旁國相通.當結其交也.

○何氏曰．下篇云．衢地吾將固其結．言交結諸侯使牢固也．○張預曰．四通之地．旁有鄰國．先往結之．以為交援．

絕地無留。曹公曰．無久止也．○李筌曰．地無泉井畜牧采樵之處．為絕地．不可留也．○賈林曰．谿谷坎險．前無通路．曰絕．當速去無留．○梅堯臣曰．始去國始出境．猶不居輕地．是不可久留也．○張預曰．去國越境而師者．絕地也．危絕之地．過於重地．故不可淹留久止也．

圍地則謀。曹公曰．發奇謀也．○李筌曰．因地能通．○賈林曰．居四險之中．曰圍地．敵可往來．我難出入．居此地者．可預設奇謀．使敵不為我患．乃可濟也．○梅堯臣曰．往返險迂．當出奇謀．○何氏曰．下篇亦云．圍地則謀．言在艱險之地．與敵相持．須用奇險詭譎之謀．不至於害也．○張預曰．居前隘後固之地．當發奇謀．若漢高為匈奴所圍．用陳平奇計得出．茲近之．

死地則戰。曹公曰．殊死戰也．○李筌曰．置兵於必死之地．人自為私鬬．韓信破趙．此是也．○梅堯臣曰．前後有礙．決在死戰．此而上舉九地之大約也．○王晳註．上之五地．並同曹公．○何氏曰．下篇亦云．死地則戰者．此地速為死戰則生．若緩而不戰．氣衰糧絕．不死何待也．○張預曰．走無所往．當殊死戰．淮陰背水陳是也．從圮地無舍至此．為九變．止陳五事者．舉其大略也．九地篇中說九地之變．唯言六事．亦陳其大略也．凡地有勢有變．九地篇上所陳者．是其勢也．下則敘者．是其變也．何以知九變為九地之變．下文云．將不通九變．雖知地形．不能得地利．又九地篇云．九地之變．屈伸之利．不可不察．以此觀之．義可見也．下既說九地．此復言九變者．孫子欲敘五利．故先陳九變．蓋九變五利相須而用．故兼言之．

塗有所不由。曹公曰．隘難之地．所不當從．不得已從之．故為變．○杜佑曰．阨難之地．所不當從也．不得已從之．故為變也．道雖近而中不利．則不從也．（道雖近已下原本無者．脫也．據通典補．）○李筌曰．道有險狹．懼其邀伏．不可由也．○杜牧曰．後漢光武遣將軍馬援耿舒討武陵五谿蠻．軍次下雋．今辰州也．有兩道可入．從壺頭則路近而水險．從充道．則路夷而運遠．帝初以為疑．及軍至．耿舒欲從充道．援以為棄日費糧．不知進壺頭．搤其咽喉．則賊自破．以事上之．帝從援策．乃進營壺頭．賊乘高守隘．水疾．船不得上．會暑濕．士卒多疫死．援亦中病卒．耿舒與兄好畤侯書曰．舒前上言．當先擊充．糧雖難運．而兵馬得用．軍人數萬．爭欲先奮．今壺頭竟不得進．大眾怫鬱行死．誠可痛惜．○賈林曰．由從也．途且不利．雖近不從．○梅堯臣曰．避其險阨也．○王晳曰．途雖可從．而有所不從．慮奇伏也．若趙涉說周亞夫避殽黽阨陝之間．慮置伏兵．請走藍田．出武關．抵洛陽．間不過差一二日．是也．○張預曰．險阨之地．車不得方軌．騎不得成列．故不可由也．不得已而行之．必為權變．韓信知陳餘不用李左車計．乃敢入井陘口．是也．

軍有所不擊。曹公曰．軍雖可擊．以地險難久留之．失前利．若得之．則利薄．困窮之兵．必死戰也．○杜佑曰．軍雖可擊．以地險難．久留之．失前利．若得之．利薄也．窮困之卒．隘陷之軍．不可攻．為死戰也．當固守之以待隙也。○杜牧曰。蓋以銳卒勿攻。歸師勿遏。窮寇勿迫。死地不可攻。或我彊敵弱。敵前軍先至。亦不可擊。恐驚之退走也。言有如此之軍。皆不可擊。斯統言為將須知有此不可擊之軍。即須不擊。益為知變也。故列於九變篇中。○陳皞曰。見小利不能傾敵。則勿擊之。恐重勞人也。○賈林曰。軍可威懷。勢將降伏。則不擊。寇窮據險。擊則死戰。可自固守。待其心惰取之。○梅堯臣曰。往無利也。○王晳曰。曹公曰。軍雖可擊。以地險難久留之。失前利。若得之。則利薄。晳謂餌兵銳卒。正正之旗。堂堂之陳。亦是也。○張預曰。縱之而無所損。克之而無所利。則不須擊也。又若我弱彼彊。我曲彼直。亦不可擊。如晉楚相持。士會曰。楚人德刑政事典禮不易。不可敵也。不為是征。義相近也。

城有所不攻。

曹公曰。城小而固。糧饒。不可攻也。操所以置華費而深入徐州。得十四縣也。○杜牧曰。操捨華費不攻。故能兵力完全。深入徐州。得十四縣也。蓋言敵於要害之地。深峻城隍。多積糧食。欲留我師。若攻拔之。未足為利。不拔則挫我兵勢。故不可攻也。宋順帝時。荊州守沈攸之反。素蓄士馬。資用豐積。戰士十萬。甲馬二千。軍至郢城。功曹臧寅以為攻守異勢。非旬日所拔。若不時舉。挫銳損威。今順流長驅。計日可捷。既傾根本。則郢城豈能自固。故兵法曰。城有所不攻。是也。攸之不從。郢郡守柳世隆拒攸之。攸之盡銳攻之。不克。眾潰走。入林自縊。後周武帝欲出兵於河陽以伐齊。吏部宇文弢進曰。今用兵須擇地。河陽要衝。精兵所聚。盡力攻之。恐難得志。如臣所見。彼汾之曲。戍小山平。攻之易拔。用武之地。莫過於此。帝不納。師竟無功。復大舉伐齊。卒用弢計。以滅齊國。家自元和三年至于今三十年間。凡四攻寇。魏薄攻寇之南宮縣。上黨攻寇之臨城縣。太原攻寇之河星鎮。是寇三城。池浚壁堅。芻粟米石。金炭麻膏。凡城守之資。常為不可勝之計。以備官軍擊虜。攻既不拔。兵頓力疲。寇以勁兵來救。故百戰百敗。故三十年間。困天下之功力。攻數萬之寇。四圍其境。通計十歲。竟無尺寸之功者。蓋常墮寇計中。不能知變也。○賈林曰。臣忠義重稟命。堅守者。亦不可攻也。○梅堯臣曰。有所害也。○王晳曰。城非控要。雖可攻。然懼於鈍兵挫銳。或非堅實而得士死力。又剋雖有期。而救兵至。吾雖得之。利不勝其所害也。○張預曰。拔之而不能守。委之而不為患。則不須攻也。又若深溝高壘。卒不能下。亦不可攻。如士匄請伐偪陽。荀罃曰。城小而固。勝之不武。弗勝為笑。是也。

地有所不爭。

曹公曰。小利之地。方爭得而失之。則不爭也。○杜牧曰。言得之難守。失之無害。伍子胥諫夫差曰。今我伐齊。獲其地。猶石田也。東晉陶侃鎮武昌。議者以武昌北岸有邾城。宜分兵鎮之。侃每不答。而言者不已。侃乃渡水獵。引諸將佐語之曰。我所以設險而禦寇。正以長江耳。邾城隔在江北。內有所倚。外接群夷。夷中利深。晉人貪利。夷不堪命。必引寇虜。乃致禍之由。非禦寇也。且今縱有兵守之。亦無益於江南。若羯虜有可乘之會。此又非所資也。後庾亮戍之。果大敗也。○梅堯臣曰。得之無益者。○王晳曰。謂地雖要害。敵已據之。或得之無所用。若難守者。○張預曰。得之不便於戰。失之無害於己。則不須爭也。又若遼遠之地。雖得之終非己有亦不可爭如吳子伐齊伍員諫曰得地於齊猶獲石田也不如早從事於越不聽為越所滅是也 **君命有所不受。**通典上有將在軍三字按蜀諸葛武侯曰將在軍君命有所不受此當是意增成文杜佑沿襲其語所以致誤也○曹公曰苟便於事不拘於君命也(通典拘作狗)故曰不從中御(據通典補)○孟氏曰無敵於前無君於後閫外之事將軍制之○李筌曰苟便於事不拘君命穰苴斬莊賈魏絳戮楊干是也○杜牧曰尉繚子曰兵者凶器也爭者逆德也將者死官也無天於上無地於下無敵於前無主於後○賈林曰決必勝之機不可推於君命苟利社稷專之可也○梅堯臣曰從宜而行也此而上五利也○張預曰苟便於事不從君命夫槩王曰見義而行不待命是也自塗有所不由至此為五利或曰自圮地無舍至地有所不爭為九變謂此九事皆不從中覆但臨時制宜故統之以君命有所不受。**故將通於九變之利者知用兵矣。**原本利上有地字鄭氏遺說同按藝文類聚北堂書鈔太平御覽皆無地字今從刪○杜佑曰九事之變皆臨時制宜不由常道故言變也○李筌曰謂上之九事也○賈林曰九變上九事將帥之任機權遇勢則變因利則制不拘常道然後得其通變之利變之則九數之則十故君命不在常變例也○梅堯臣曰達九地之勢變而為利也○王晳曰非賢智不能盡事理之變也○何氏曰孫子以九變名篇解者十有餘家皆不條其九變之目者何也蓋自圮地無舍而下至君命有所不受其數十矣。使人不得不惑。愚孰觀文意上下。止述其地之利害爾。且十事之中。君命有所不受。且非地事。昭然不類矣。蓋孫子之意。言凡受命之將。合聚軍衆。如經此九地。有害而無利。則當變之。雖君命使之舍留攻爭。亦不受也。況下文言將不通於九變之利者。雖知地形。不能得地之利矣。其君命豈得與地形而同算也。況下之地形篇云。戰道必勝。主曰無戰。必戰可也。戰道不勝。主曰必戰。無戰可也。厥旨盡在此矣。○張預曰。更變常道而得其利者。知用兵之道矣。

將不通於九變之利者。雖知地形。不能得地之利矣。賈林曰。雖知地形。心無通變。豈惟不得其利。亦恐反受害也。將貴適變也。○梅堯臣曰。知地不知變。安得地之利。○張預曰。凡地有形有變。知形而不曉變。豈能得地之利。

治兵不知九變之術。雖知五利。不能得人之用矣。曹公曰。謂下五事也。九變一云五變。○賈林曰。五利五變。亦在九變之中。遇勢能變則利。不變則害。在人。故無常體。能盡此理。乃得人之用也。五變謂途雖近。知有險阻奇伏之變而不由。軍雖可擊。知有窮蹙死鬥之變而不擊。城雖勢孤可攻。知有糧充兵銳將智臣忠不測之變而不攻。地雖可爭。知得之難守。得之無利。有反奪傷人之變而不爭。君命雖宜從之。知有內御不利之害而不受。此五變者。臨時制宜。不可預定。貪五利者。途近則由。軍勢孤則擊。城勢危則攻。地可取則爭。軍可用則受命。貪此五利。不知其變。豈惟不得人用。抑亦敗軍傷士也。○梅堯臣曰.知利不知變.安得人而用.○王晳曰.雖知五地之利.不通其變.如膠柱鼓瑟耳.○張預曰.凡兵有利有變.知利而不識變.豈能得人之用.曹公言下五事為五利者.謂九變之下五事也.非謂雜於利害已下五事也.

是故智者之慮。必雜於利害。曹公曰.在利思害.在害思利.當難行權也.○李筌曰.害彼利此之慮.○賈林曰.雜一為親.一為難.言利害相參雜.智者能慮之慎之.乃得其利也.○梅堯臣同曹公註.○王晳曰.將通九變.則利害盡矣.○張預曰.智者慮事.雖處利地.必思所以害.雖處害地.必思所以利.此亦通變之謂也.

雜於利而務可信也。曹公曰.計敵不能依五地為我害.所務可信也.○杜牧曰.信.申也.言我欲取利於敵人.不可但見取敵人之利.先須以敵人害我之事.參雜而計量之.然後我所務之利乃可申行也.○賈林曰.在利之時.則思害以自慎.一云.以害雜利.行之威令以臨之.刑法以戮之.己不二三.則眾務皆信.人不敢欺也.○梅堯臣曰.以害參利.則事可行.○王晳曰.曲盡其利.則可勝矣.○張預曰.以所害而參所利.可以伸己之事.鄭師克蔡.國人皆喜.惟子產懼曰.小國無文德而有武功.禍莫大焉.後楚果伐鄭.此是在利思害也.

雜於害而患可解也。曹公曰.既參於利.則亦計於害.雖有患可解也.○李筌曰.智者為利害之事.必合於道.不至於極.○杜牧曰.我欲解敵人之患.不可但見敵能害我之事.亦須先以我能取敵人之利.參雜而計量之.然後有患乃可解釋也.故上文云智者之慮必雜於利害也、譬如敵人圍我、我若但知突圍而去、志必懈怠、即必為追擊、未若勵士奮擊、因戰勝之利以解圍也、舉一可知也○賈林曰、在害之時、則思利而免害、故措之死地則生、投之亡地則存、是其患解也○梅堯臣曰、以利參害、則禍可脫○王晳曰、周知其害、則不敗矣○何氏曰、利害相生、明者常慮○張預曰、以所利而參所害、可以解己之難、張方入洛陽、連戰皆敗、或勸方宵遁、方曰、兵之利鈍是常、貴因敗以為成耳、夜潛進逼敵、遂致克捷、此是在害思利也、

是故屈諸侯者以害。曹公曰、害其所惡也○李筌曰、害其政也○杜牧曰、惡音一路反、言敵人苟有其所惡之事、我能乘而害之、不失其機、則能屈敵也○賈林曰、為害之計、理非一途、或誘其賢智、令彼無臣、或遺以姦人、破其政令、或為巧詐、間其君臣、或遺工巧、使其人疲財耗、或饋淫樂、變其風俗、或與美人、惑亂其心、此數事若能潛運陰謀、密行不泄、皆能害人使之屈折也○梅堯臣曰、制之以害則屈也○王晳曰、窮屈於必害之地、勿使可解也○張預曰、致之於受害之地、則自屈服、或曰、間之使君臣相疑、勞之使民失業、所以害之也、若韋孝寬間斛律光、高熲平陳之策是也、

役諸侯者以業。曹公曰、業事也、使其煩勞、若彼入我出、彼出我入也○杜佑曰、能以事勞役諸侯之人、令不得安佚、韓人令秦鑿渠之類是也、或以奇技藝業淫巧功能、令其耽之、心目內役、諸侯若此而勞○李筌曰、煩其農也、

○杜牧曰.言勞役敵人使不得休.我須先有事業.乃可為也.事業者.兵衆國富.人和令行也.○梅堯臣曰.撓之以事則勞.○王晳曰.常若為攻襲之業.以弊敵也.田常曰.吾兵業已加魯矣.○張預曰.以事勞之.使不得休.或曰.壓之以富彊之業.則可役使.若晉楚國彊.鄭人以犧牲玉帛奔走以事之是也.

趨諸侯者以利。曹公曰.令自來也.○孟氏曰.趨.速也.善示以利.令忘變而速至.我作變以制之.亦謂得人之用也.○李筌曰.誘之以利.○杜牧曰.言以利誘之.使自來至我也.墮吾畫中.○梅堯臣同杜牧註.○王晳曰.趨敵之間.當周旋我利也.○張預曰.動之以小利.使之必趨.

故用兵之法。無恃其不來。恃吾有以待也。通典御覽作恃吾有能以待之也.○梅堯臣曰.所恃者.不懈也.**無恃其不攻。恃吾有所不可攻也。**通典作無恃其不攻吾也.恃吾不可攻也.御覽兩引并同.○曹公曰.安不忘危.常設備也.○杜佑曰.安則思危.存則思亡.常有備.○李筌曰.預備不可闕也.○梅堯臣曰.所賴者.有備也.○王晳曰.備者.實也.○何氏曰.吳略曰.君子當安平之世.刀劍不離身.古諸侯相見.兵衛不徹警.蓋雖有文事.必有武備.況守邊固圉.交刃之際歟.凡兵所以勝者.謂擊其空虛.襲其懈怠.苟嚴整終事.則敵人不至.傳曰.不備不虞.不可以師.昔晉人禦秦.深壘固軍以待之.秦師不能久.楚為陳而吳人至.見有備而返。程不識將屯。正部曲行伍營陳。擊刁斗。吏治軍簿。虜不得犯。朱然為軍師。雖世無事。每朝夕嚴鼓。兵在營者。咸行裝就隊。使敵不知所備。故出輒有功。是謂能外禦其侮者乎。常能居安思危。在治思亂。戒之於無形。防之於未然。斯善之善者也。其次莫如險其走集。明其伍候。慎固其封守。繕完其溝隍。或多調軍食。或益修戰械。故曰。物不素具。不可以應卒。又曰。惟事事。乃其有備。有備無患。常使彼勞我佚。彼老我壯。亦可謂先人有奪人之心。不戰而屈人之師也。若夫莒以恃陋而潰。齊以狎敵而殲。虢以易晉而亡。魯以果邾而敗。莫敖小羅而無次。吳子入巢而自輕。斯皆可以作鑒也。故吾有以待。吾有所不可攻者。能豫備之之謂也。○張預曰。言須思患而預防之。傳曰。不備不虞。不可以師。

故將有五危。李筌張預曰。下五事也。**必死可殺也。**曹公曰。勇而無慮。必欲死鬥。不可曲撓。可以奇伏中之。○李筌曰。勇而無謀也。○杜牧曰。將愚而勇者患也。黃石公曰。勇者好行其志。愚者不顧其死。吳子曰。凡人之論將。常觀於勇。勇之於將。乃數分之一耳。夫勇者必輕合。輕合而不知利。未可將也。○梅堯臣同李筌註。○何氏曰。司馬法曰。上死不勝。言貴其謀勝也。○張預曰。勇而無謀。必欲死鬥。不可與力爭。當以奇伏誘致而殺之。故司馬法曰。上死不勝。言將無策略。止能以死先士卒。則不勝也。**必生可虜也。**曹公曰。見利畏怯不進也。○孟氏曰。見利不進。（原本無。按書內孟氏註每先引曹註下增釋之。今據御覽補。）將之怯弱。志必生返。意不親戰。士卒不精。上下猶豫。可急擊而取之。新訓曰。為將怯懦。見利而不能進。太公曰。失利後時。反受其殃。○李筌曰。疑怯可虜也。○杜牧曰。晉將劉裕泝江追桓元。戰于崢嶸洲。于時義軍數千。元兵甚盛。而元懼有敗衄。常漾輕舸於舫側。故其眾莫有鬥心。義軍乘風縱火。盡銳爭先。元眾是以大敗也。○梅堯臣曰。怯而不果。○王晳曰。無鬥志。曹公曰。見利怯不進也。晳謂見害亦輕走矣。○何氏曰。司馬法曰。上生多疑。疑為大患也。○張預曰。臨陣畏怯。必欲生返。當鼓譟乘之。可以虜也。晉楚相攻。晉將趙嬰齊令其徒先具舟於河。欲敗而先濟。是也。**忿速可侮也。**曹公曰。疾急之人。可忿怒而侮致之也。（原本作侮而致之也。今從御覽改正。）○杜佑曰。疾急之人。可忿怒而致死。忿速易怒者。狷戇疾急。不計其難。可動作欺侮。○李筌曰。急疾之人。性剛而可侮致也。太宗殺宋老生而平霍邑。○杜牧曰。忿者剛怒也。速者褊急也。性不厚重也。若敵人如此。可以凌侮使之輕進而敗之也。十六國姚襄攻黃落。前秦苻生遣苻黃眉鄧羌討之。襄深溝高壘。固守不戰。鄧羌說黃眉曰。襄性剛狠。易以剛動。若長驅鼓行。直壓其壘。必忿而出師。可一戰而擒也。黃眉從之。襄怒出戰。黃眉等斬之。○梅堯臣曰。狷急易動。○王晳曰。將性貴持重。忿狷則易撓。○張預曰。剛愎褊急之人。可凌侮而致之。楚子玉剛忿。晉人執其使以怒之。果從晉師。遂為所敗。是也。**廉潔可辱也。**

曹公曰。廉潔之人。可汙辱致之也。○李筌曰。矜疾之人。可辱也。○杜牧曰。此言敵人若高壁固壘。欲老我師。我勢不可留。利在速戰。揣知其將多忿急則輕侮而致之性本廉潔則汙辱之如諸葛孔明遺司馬仲達以巾幗欲使怒而出戰仲達忿怒欲濟師魏帝遣辛毗仗節以止之仲達之才猶不勝其忿況常才之人乎○梅堯臣曰徇名不顧○王晳同曹公註○張預曰清潔愛民之士可垢辱以撓之必可致也**愛民可煩也。**曹公曰出其所必趨愛民者則必倍道兼行以救之救之則煩勞也○李筌曰攻其所愛必卷甲而救愛其人乃可以計疲○杜牧曰言仁人愛民者惟恐殺傷不能捨短從長棄彼取此不度遠近不量事力凡為我攻則必來救如此可以煩之令其勞頓而後取之也○陳皡曰兵有須救不必救者項羽救趙此須救也亞夫委梁不必救也○賈林曰廉潔之人不好侵掠愛人之人不好鬥戰辱而煩之其動必敗○梅堯臣曰力疲則困○王晳曰以奇兵若將攻城邑者彼愛民必數救之煩勞也○張預曰民雖可愛當審利害若無微不救無遠不援則出其所必趨使煩而困也**凡此五者。將之過也。用兵之災也。**陳皡曰良將則不然不必死不必生隨事而用不忿速不恥辱見可如虎否則閉戶動靜以計不可喜怒也○梅堯臣曰皆將之失為兵之凶○何氏曰將材古今難之其性往往失於一偏爾故孫子首篇言將者智信仁勇嚴貴其全也○張預曰庸常之將守一而不知變故取則於己為凶於兵智者則不然雖勇而不必死雖怯而不必生雖剛而不可侮雖廉而不可辱雖仁而不可煩也**覆軍殺將必以五危。不可不察也。**賈林曰．此五種之人不可任為大將．用兵必敗也．○梅堯臣曰．當慎重焉．○張預曰．言須識權變．不可執一道也．

孫子集註卷九

賜進士及第署山東提刑按察使分巡兗沂曹濟黃河兵備道孫星衍　賜進士出身署萊州府知府候補同知吳人驥　同校

行軍篇

曹公曰．擇便利而行也．○王晳曰．行軍當據地便察敵情也．○張預曰．知九地之變然後可以擇利而行軍．故次九變．

孫子曰。凡處軍相敵。御覽處作據．譌．○王晳曰．處軍凡有四．相敵凡三十有一．○張預曰．自絕山依谷至伏姦之所處則處軍之事也．自敵近而靜至必謹察之則相敵之事也．相猶察也．料也．

絕山依谷。曹公曰．近水草利便也．○李筌曰．軍我敵彼也．相其依止．則勝敗之數．彼我之勢可知也．絕山．守險也．依谷．近水草．夫列營壘．必先分卒守隘．縱畜牧．收樵採．而後寧．○杜牧曰．絕．過也．依．近也．言行軍經過山險．須近谷而有水草之利也．吳子曰．無當天竈大谷之口．言不可當谷．但近谷而處可也．○賈林曰．兩軍相當．敵宜擇利而動．絕山跨山．依谷傍谷也．跨山無後患．依谷有水草也．○梅堯臣曰．前為山所隔．則依谷以為固．○王晳曰．絕．度也．依．謂附近耳．曹公曰．近水草便利也．○張預曰．絕．猶越也．凡行軍越過山險．必依附溪谷而居．一則利水草．一則負險固．後漢武都羌為寇．馬援討之．羌在山上．援據便地奪其水草不與戰羌窮困悉降羌不知依谷之利也。**視生處高。**曹公曰生者陽也○杜佑曰向陽也（原本作高揚也誤從御覽改正編按揚或即陽之誤高陽也以陽釋高之義正是註釋之例不煩改為向陽也）視謂目前生地處軍當在高○李筌曰向陽曰生在山曰高生高之地可居也○杜牧曰言須處高而面南也○陳皥曰若地有東西其法如何答曰然則面東也○賈林曰居陽曰生視生為無蔽冒之物也處軍當在高○梅堯臣曰若在陵之上必向陽而居處高乘便也○張預曰視生謂面陽也處軍當在高阜**戰隆無登。**通典御覽隆作降按全註云一本作降是也○曹公曰無迎高也○杜佑曰無迎高也降下也（原本無降下也三字脫今據通典御覽補）謂山下也戰於山下敵引之上山無登逐也○李筌曰敵自高而下我無登而取之○杜牧曰隆高也言敵人在高我不可自下往高迎敵人而接戰也一作戰降無登降下也○賈林曰戰宜乘下不可迎高也○梅堯臣曰敵處地之高不可登而戰○張預曰敵處隆高之地不可登迎與戰一本作戰降無登迎謂敵下山來戰引我上山則不登迎**此處山之軍也。**通典御覽山下有谷字○梅堯臣曰處山當知此三者○張預曰凡高而崇者皆謂之山處山拒敵以上三事為法**絕水必遠水。**通典上有敵若二字按絕水必遠水者謂我過水而處軍則必遠於水也下云客絕水而來始就敵人言之吳起書曰敵若絕水半渡而薄之正用此下文語杜佑沿襲其文而不察所以致誤也。○曹公李筌曰。引敵使渡。○杜佑曰。引敵使寬而渡之。（據通典御覽補）○杜牧曰。魏將郭淮在漢中。蜀主劉備欲渡漢水來攻。諸將議眾寡不敵。欲依水為陳以拒之。淮曰。此示弱而不足挫敵。不如遠水為陳。引而致之。半濟而後擊。備可破也。既列陳。備疑不敢渡。○梅堯臣曰。前為水所隔。則遠水以引敵。○王晳曰。我絕水也。曹說是也。○張預曰。凡行軍過水。欲舍止者。必去水稍遠。一則引敵使渡。一則進退無礙。郭淮遠水為陳。劉備悟之而不渡是也。

客絕水而來。勿迎之於水內。令半濟而擊之利。

通典御覽并作半度。○杜佑曰。半度勢不并。故可敵。（據通典補）○李筌曰。韓信殺龍且於濰水。夫槩敗楚子於清發是也。○杜牧曰。楚漢相持。項羽自擊彭越。令其大司馬曹咎守成皋。漢軍挑戰。咎涉汜水戰。漢軍候半涉擊。大破之。水內乃汭也。誤為內耳。○梅堯臣曰。敵之方來。迎於水濱。則不渡。○王晳曰。內當作汭。迎於水汭。則敵不敢濟。遠則趨利不及。當得其宜也。○何氏曰。如春秋時宋公及楚人戰於泓。宋人既成列。楚人未得濟。司馬曰。彼眾我寡。及其未既濟也。請擊之。公曰。不可。既濟而未成列。又以告。公曰。未可。既陳而後擊之。宋師敗績。公傷股。門官殲焉。宋公違之。故敗也。吳伐楚。楚師敗。及清發。將擊之。夫槩王曰。困獸猶鬥。況人乎。若知不免而致死。必敗我。若使先濟。皆知免。後者慕之。蔑有鬥心矣。半濟而後可擊也。從之。又敗之。魏將郭淮在漢中。蜀主劉備欲渡漢水來攻。時諸將等議曰。眾寡不敵。欲依水為陳以拒之。淮曰。

此則示弱而不足以挫敵非算也不如遠水為陳引而致之半濟而後擊備可破也既陳備疑不敢渡唐武德中薛萬均與羅藝守幽燕竇建德率眾十萬寇范陽萬均謂藝曰眾寡不敵今若出門百戰百敗當以計取之可令羸兵弱馬阻水背城為陳以誘之賊若渡水交兵請公精騎百人伏於城側待其半渡而擊之從之建德渡水萬均擊破之○張預曰敵若引兵渡水來戰不可迎之於水邊俟其半濟行列未定首尾不接擊之必勝公孫瓚敗黃巾賊於東光薛萬均破竇建德於范陽皆用此術也

欲戰者。通典御覽俱無者字

無附於水而迎客。曹公曰附近也○杜佑曰附近也近水待敵不得渡也○李筌曰附水迎客敵必不得渡而與我戰○杜牧曰言我欲用戰不可近水迎敵恐敵人疑我不渡也義與上同但客主詞異耳○梅堯臣曰必欲戰亦莫若遠水○王晳曰我利在戰則當差遠使敵必渡而與之戰也○張預曰我欲必戰勿近水迎敵恐其不得渡我不欲戰則阻水拒之使不能濟晉將陽處父與楚將子上夾泜水而軍陽子退舍欲使楚人渡子上亦退舍欲今晉師渡遂皆不戰而歸

視生處高。曹公曰水上亦當處其高也前向水後當依高而處之○梅堯臣曰水上亦據高而向陽○王晳曰曹公曰水上亦當處其高晳謂謂近水之地下曹註云恐溉我也疑當在此下○何氏曰視生向陽遠視也軍處高遠見敵勢則敵人不得潛來出我不意也○張預曰或岸邊為陳或水上泊舟皆須面陽而居高

無迎水流。曹公曰恐溉我

也。○杜佑曰。恐溉我也。逆水流。在下流也。不當處人之下流也。為其水流溉灌人也。或投毒藥於上流也。（據通典補。）○李筌曰。恐溉我也。智伯灌趙襄子。光武潰王尋。迎水處高乃敗之。○杜牧曰。水流就下。不可於卑下處軍也。恐敵人開決灌浸我也。上文云。視生處高也。諸葛武侯曰。水上之陳。不逆其流。此言我軍舟船亦不可泊於下流。言敵人得以乘流而薄我也。○賈林曰。水流之地。可以溉吾軍。可以流毒藥。迎逆也。一云。逆流而營軍。兵家所忌。○梅堯臣曰。無軍下流。防其決灌。舳艫之戰。逆亦非便。○王晳曰。當乘上流。魏曹仁征吳。欲攻濡須洲中。蔣濟曰。賊據西岸。列船上流。而兵入洲中。是謂自內地獄。危亡之道也。仁不從而敗。○何氏曰。順流而戰。則易為力。○張預曰。卑地勿居。恐決水溉我。舟戰亦不可處下流。以彼沿我泝。戰不便也。兼慮敵人投毒於上流。楚令尹拒吳。卜戰不吉。司馬子魚曰。我得上流。何故不吉。遂決戰。果勝。是軍須居上流也。

此處水上之軍也。

梅堯臣曰。處水上。當知此五者。○張預曰。凡近水為陳。皆謂水上之軍。水上拒敵。以上五事為法。

絕斥澤。惟亟去無留。

陳皥曰。斥。鹹鹵之地。水草惡。漸洳不可處軍。新訓曰。地固斥澤。不生五穀者。是也。○賈林曰。鹹鹵之地。多無水草。不可久留。○梅堯臣曰。斥。遠也。曠蕩難守。故不可留。○王晳曰。斥。鹵也。地廣且下。而無所依。○張預曰。刑法志云。山川沉斥。顏師古註曰。沉。深水之下。斥。鹹鹵之地。然則斥澤謂瘠鹵漸洳之所也。以其地氣濕潤。水草薄惡。故宜急過。

若交軍於

斥澤之中。通典御覽若作為．譌必依水草而背衆樹。御覽背作倍．○曹公曰．（自此至上雨水沫至節．杜佑註原本誤於衆草多障節下）不得已與敵會於斥澤中．○杜佑曰．言不得已與敵戰而會斥澤之中．當背稠樹以為固守蓋地利兵之助也．○李筌曰．急過不得戰必依水背樹．夫有水樹．其地無陷溺也．一本作背衆木．○杜牧曰．斥鹵之地．草木不生．謂之飛鋒．言於此忽遇敵．即須擇有水草林木而止之．○梅堯臣曰．不得已而會敵．則依近水草．背倚衆木．○王晳曰．猝與敵遇於此．亦必就利而背固也．○張預曰．不得已而會兵於此地．必依近水草以便樵汲．背倚林木以為險阻．此處斥澤之軍也。梅堯臣曰．處斥澤當知此二者．○張預曰．處斥澤之地．以上二事為法．平陸處易。曹公曰．車騎之利也．○杜牧曰．言於平陸．必擇就其中坦易平穩之處以處軍．使我車騎得以馳逐．○王晳同曹公註．○何氏同杜牧註．○張預曰．平原廣野．車騎之地．必擇其坦易無坎陷之處以居軍．所以利於馳突也．而右背高。御覽背作倍．前死後生。曹公曰．戰便也．○李筌曰．夫人利用皆便於右．是以背之前死致敵之地．後生我自處．○杜牧曰．太公曰．軍必左川澤而右丘陵．死者下也．生者高也．下不可以禦高．故戰便於軍馬也．○賈林曰．岡阜曰生．戰地曰死．岡阜處軍穩．前臨地用兵便．高後在右．回轉順也．○梅堯臣曰．擇其坦易．車騎便利．右背丘陵．勢則有憑．前低後隆．戰者所便．○王晳曰．凡兵皆宜向陽．既後背山．即前生後死.疑文誤也.○張預曰.雖是平陸.須有高阜.必右背之.所以恃為形勢者也.前低後高.所以便乎奔擊也.

此處平陸之軍也。梅堯臣曰.處平陸.當知此二者.○張預曰.居平陸之地.以上二事為法.

凡此四軍之利。李筌曰.四者.山水斥澤平陸也.○張預曰.山水斥澤平陸之四軍也.諸葛亮曰.山陸之戰.不升其高.水上之戰.不逆其流.草上之戰.不涉其深.平地之戰.不逆其虛.此兵之利也.

黃帝之所以勝四帝也。曹公曰.黃帝始立.四方諸侯無不稱帝.（御覽作亦稱帝.按王晳張預同.）以此四地勝之也.○李筌曰.黃帝始受兵法於風后.而滅四方.故曰勝四帝也.○梅堯臣曰.四帝當為四軍.字之誤歟.言黃帝得四者之利.處山則勝山.處水上則勝水.處斥澤則勝斥澤.處平陸則勝平陸也.○王晳曰.四帝或曰當作四軍.曹公曰.黃帝始立.四方諸侯無不稱帝.以此四地勝之也.一本無作亦.（編按.無下當有不字.否則語意乖矣.）○何氏曰.梅氏之說得之.○張預曰.黃帝始立.四方諸侯亦稱帝.以此四地勝之.按史記黃帝紀云.與炎帝戰於阪泉.與蚩尤戰於涿鹿.北逐葷粥.又太公六韜言黃帝七十戰而定天下.此即是有四方諸侯戰也.兵家之法.皆始於黃帝.故云然也.

凡軍喜高而惡下。原本喜作好.按御覽引註云.喜一作好.則故書正作喜也.今從通典御覽改正.○梅堯臣曰.高則爽塏.所以安和。亦以便勢。下則卑濕。所以生疾。亦以難戰。○王晳曰。有降無登。且遠水患也。○張預曰。居高則便於覘望。利於馳逐。處下則難以為固。易以生疾。**貴陽而賤陰。**杜佑曰。山南曰陽。山北曰陰。（據通典御覽補。）○梅堯臣曰。處陽則明順。處陰則晦逆。○王晳曰。久處陰濕之地。則生憂疾。且弊軍器也。○張預曰。東南為陽。西北為陰。**養生而處實。**曹公曰。恃滿實也。養生。向水草。可放牧。養畜乘。實猶高也。○梅堯臣曰。養生便水草。處實利糧道。○王晳曰。養生謂水草糧糒之屬。處實者。倚固之謂。○張預曰。養生謂就善水草。放牧也。處實謂倚隆高之地以居也。**軍無百疾。是謂必勝。**通典云。是謂必勝。軍無百疾。御覽同。按梅氏張氏註。皆與通典本同。○李筌曰。夫人處卑下。必癘疾。惟高陽之地可居也。○杜牧曰。生者陽也。實者高也。言養之於高陽。則無卑濕陰翳。故百疾不生。然後必可勝也。○梅堯臣曰。能知上三者。則勢勝可必。疾氣不生。○張預曰。居高面陽。養生處厚。可以必勝。地氣乾熯。故疾癘不作。**丘陵隄防。必處其陽而右背之。**杜佑曰。隄者。積土所作。皆當處其陽。而右背之。戰之便也。○杜牧曰。凡遇丘陵隄防之地。常居其東南也。○梅堯臣曰。雖非至高。亦當前向明而右依實。○王晳曰。處陽則人舒以和。器健以利也。○張預曰。面陽所以貴明顯。背高所以為險固。**此兵之利。地之助也。**梅堯臣曰。兵所利者。得形勢以為助。○張預曰。用兵之利。得地之助。

上雨。水沫至。通典水上有下字御覽同。欲涉者待其定也。曹公曰。恐半涉而水遽漲也。○杜佑曰。恐半渡水而遂漲。上雨。水當清而反濁沫至。此敵人上遏水之占也。欲以中絕軍。凡地有水欲漲沫先至。皆為絕軍。當待其定也。○李筌曰。恐水暴漲。○杜牧曰。言過溪澗。見上流有沫。此乃上源有雨。待其沫盡水定。乃可涉。不爾半涉。恐有暴水卒至也。○梅堯臣曰。流沫未定。恐有暴漲。○王晳曰。水漲則沫。涉。步濟也。曹說是也。○張預曰。渡未及畢濟而大水忽至也。沫謂水上泡漚。

凡地有絕澗。前後險峻。水橫其中。天井通典御覽天井上有遇字者。衍四面峻坂。澗壑所歸。天牢三面環絕。易入難出。天羅草木蒙密。鋒鏑莫施。天陷卑下汙濘。車騎不通。天隙。通典隙作郄。御覽同。又御覽下有大害二字。○兩山相向。洞道狹惡。六害皆梅堯臣註。必亟去之。勿近也。曹公曰。山深水大者為絕澗。四方高中央下者為天井。深山所過若蒙籠者。（通典作深水大澤。葭葦蒙籠所隱蔽者。御覽作深水所居朦朧者。）為天牢。可以羅絕人者。為天羅。地形陷者。（通典上有陂湖泥濘四字。御覽無）為天陷。山澗（原本澗下有道字者。衍。據通典御覽改正。）迫狹地形深數尺長數丈者為天隙。（按通典長數丈者下有丘陵坑坎地形墝埆者。天郄也。御覽無。）○杜牧曰。軍讖曰。地形坳下。大水所及。謂之天井。山澗迫狹。可以絕人。謂之天牢。澗水澄闊。不測淺深。道路泥濘。人馬不通.謂之天陷.地多溝坑坎陷木石.謂之天隙.林木隱蔽.蒹葭深遠.謂之天羅.○賈林曰.兩岸深闊.斷人行.為絕澗.下中之下.為天井.四邊澗險.水草相兼.中央傾側.出入皆難.為天牢.道路崎嶇.或寬或狹.細澀難行.為天羅.地多沮洳.為天陷.兩邊險絕.形狹長而數里.中間難通.人行.可以絕塞出入.為天隙.此六害之地.不可近背也.○梅堯臣曰.六害尚不可近.況可留乎.○王晳曰.晳謂絕澗當作絕天澗.脫天字耳.此六者皆自然之形也.牢謂如獄牢.羅謂如網羅也.陷謂溝坑淤濘之所.隙謂木石若隙罅之地.軍行過此.勿近.不然則脫有不虞.智力無所施也.○張預曰.谿谷深峻.莫可過者.為絕澗.外高中下.眾水所歸者.為天井.山險環繞.所入者隘.為天牢.林木縱橫.葭葦隱蔽者.為天羅.陂池泥濘.漸車凝騎者.為天陷.道路迫狹.地多坑坎者.為天隙.凡遇此地.宜遠過.不可近之.

吾遠之。敵近之。吾迎之。敵背之。曹公曰.用兵常遠六害.令敵近背之.則我利敵凶.○李筌曰.善用兵者.致敵之受害之地也.○杜牧曰.迎.向也.背.倚也.言遇此六害之地.吾遠之向之.則進止自由.敵人近之倚之.則舉動有阻.故我利而敵凶也.○梅堯臣曰.言六害.當使我遠而敵附.我向而敵倚.則我利敵凶.○張預曰.六害之地.我既遠之向之.敵自近之倚之.我則行止有利.彼則進退多凶也.

軍旁原本作軍行.按此言處軍之地.必謹覆索之.故篇首云.凡處軍相敵是也.從通典御覽作旁.又史記云.馬陵道狹而旁多阻險.**有**

險阻蔣潢。原本無蔣字.通典御覽俱有之.按唐李靖兵法云蔣潢蘙薈則必索其伏是用此語也.無者脫.**井生葭葦**原本無生字.按後人因既脫蔣字.故并生字刪之也.今據通典及御覽補.又御覽一作并生葭葦.**山林蘙薈。**御覽山林作小林.註同.**必謹覆索之此伏姦之所藏處也。**原本無藏字.據通典御覽補.○曹公曰.險者一高一下之地.阻者多水也.蔣者.水草之蘩生也.（蔣者以下原本無杜佑通典及御覽有之.按杜佑註例先引曹註.後附己意.此所云乃用曹註語也.後人妄刪之.）潢者.池也.井者.下也.葭葦者.（御覽又引註云.并生葭葦者.無井者下也句.）眾草所聚.山林者.眾木所居也.蘙薈者.可屏蔽之處也.此以上論地形也.以下相敵情也.○杜佑曰.此言伏姦之地.當覆索也.險者.一高一下之地.阻者.多水地也.蔣者.水草之蘩生也.潢者.池也.井者.下也.葭葦者.眾草所聚也.山林者.眾木所居也.蘙薈者.可以屏蔽之處也.此以上相地形也.此以下察敵情也.蘙薈草木之相蒙蔽.可以藏兵處.必覆索之也.（據通典御覽補.）○李筌曰.以下恐敵之奇伏誘詐也.○梅堯臣曰.險阻.隘也.山林之所產.潢井.下也.葭葦之所生.皆蘙薈.足以蒙蔽.當掩搜.恐有兵伏.○張預曰.險阻.丘阜之地.多生山林.潢井.卑下之處.多產葭葦.皆蘙薈可以蒙蔽.必降索之.恐兵伏其中.又慮姦細潛隱.覘我虛實.聽我號令.伏姦當為兩事.

敵近而靜者。恃其險也。梅堯臣曰。近而不動。倚險故也。○王晳曰。恃險故不恐也。**遠而挑戰者。**通典作敵遠而挑人者。御覽同。**欲人之進也。**杜牧曰。若近以挑我。則有相薄之勢。恐我不進。故遠也。○陳皥曰。敵人相近而不挑戰。恃其守險也。若遠而挑戰者。欲誘我使進。然後乘利而奮擊也。○梅堯臣同陳皥註。○王晳曰。欲致人也。挑。謂擿撓敵求戰。○張預曰。兩軍相近而終不動者。倚恃險固也。兩軍相遠而數挑戰者。欲誘我之進也。尉繚子曰。分險者無戰心。言敵人先得分險地。則我勿與之戰也。又曰。挑戰者無全氣。言相去遠。則挑戰而延誘我進。即不可以全氣擊之。與此法同也。**其所居者易利也。**通典作其所處者居易利也。御覽同。原本作其所居易者利也。按杜佑賈林諸家皆以此承上文言之。不別為一事。則者字應在易字上。後人以上下文比例之。臆改在下耳。又按註云。士爭其所居者易利也。者字亦在上。從通典御覽改。○曹公曰。所居利也。○杜佑曰。所居利也。言敵去我遠。但遣輕捷欲使我前就之。其所處者平利也。挑。徒弔反。（據通典御覽補。）○李筌曰。居易之地。致人之利。○杜牧曰。言敵不居險阻而居平易。必有以便利於事也。一本云。士爭其所居者易利也。○陳皥曰。言敵人得其地利。則將士爭以居之也。○賈林曰。敵之所居。地多便利。故挑我使前就己之便。戰則易獲其利。慎勿從之也。○梅堯臣曰。所居易利。故來挑我。○王晳同曹公註。○張預曰。敵人捨險而居易者。必有利也。或曰。敵欲人之進。故處

於平易以示利而誘我也

衆樹動者來也。曹公曰斬伐樹木除道進來故動○梅堯臣同曹公註○張預曰凡軍必遣善視者登高覘敵若見林木動搖者是斬木除道而來也或曰不止除道亦將為兵器也若晉人伐木益兵是也

衆草多障者疑也。曹公曰結草為障欲使我疑也○杜佑曰結草多障欲使我疑稠草中多障蔽者敵必避去恐追及多作障蔽使人疑有伏焉○杜牧曰言敵人或營壘未成或拔軍潛去恐我來追或為掩襲故結草使往往相聚如有人伏藏之狀使我疑而不敢進也○賈林曰（自此至無約而請和節李筌註原本誤於將不重也註下）結草多為障蔽者欲使我疑之於中兵必不實欲別為攻襲宜審備之○張預曰或敵欲追我多為障蔽設留形而遁以避其追或欲襲我叢聚草木以為人屯使我備東而擊西皆所以為疑也

鳥起者伏也。曹公曰鳥起其上下有伏兵○杜佑曰下有伏兵往藏觸鳥而驚起也○李筌曰藏兵曰伏○張預曰鳥適平飛至彼忽高起者下有伏兵也

獸駭者覆也。曹公曰敵廣陳張翼來覆我也○李筌曰不意而至曰覆○杜牧曰凡敵欲覆我必由他道險阻林木之中故驅起伏獸駭逸也覆者來襲我也○陳皥曰覆者謂隱於林木之內潛來掩我候兩軍戰酣或出其左右或出其前後若驚駭伏獸也○梅堯臣曰獸驚而奔旁有覆○張預曰凡欲掩覆人者必

由險阻草木中來.故驚起伏獸奔駭也.

塵高而銳者.車來也.

杜佑曰.車來行疾.塵相衝.故高也.○杜牧曰.車馬行疾.仍須魚貫.故塵高而尖.○梅堯臣曰.蹄輪勢重.塵必高銳.○張預曰.車馬行疾而勢重.又轍迹相次而進.故塵埃高起而銳直也.凡軍行須有探候之人在前.若見敵塵.必馳報主將.如潘黨望晉塵.使騁而告是也.

卑而廣者.徒來也.

杜牧曰.步人行遲.可以並列.故塵低而闊也.○梅堯臣曰.人步低.輕塵必卑廣.○王晳曰.車馬起塵猛.步人則差緩也.○張預曰.徒步行緩而迹輕.又行列疏遠.故塵低而來.

散而條達者.樵採也.

通典御覽并作薪採也.按此與李筌本同.○杜佑曰.塵散衍而條達.各行所求.(據通典御覽補)○李筌曰.煙塵之候.晉師伐齊.曳柴從之.齊人登山望而畏其眾.乃夜遁.薪來即其義也.此筌以樵採二字為薪來字.○杜牧曰.樵採者各隨所向.故塵埃散衍.條達縱橫斷絕貌也.○梅堯臣曰.樵採隨處.塵必縱橫.○王晳曰.條達纖微斷續之貌.○張預曰.分遣廝役.隨處樵採.故塵埃散亂而成遂道.(編按.諸註以李說最善.當從之.)

少而往來者.營軍也.

杜佑曰.(原本作杜牧.字誤耳.今從通典改正.)欲立營壘.以輕兵往來為斥候.故塵少也.○梅堯臣曰.輕兵定營.往來塵少.○張預曰.凡分柵營者.必遣輕騎四面近視其地.欲周知險易廣狹之形.故塵微而來.

辭卑而益備者進也。曹公曰其使來辭卑使間視之敵人增備也○杜牧曰言敵人使來言辭卑遜復增壘堅壁若懼我者是欲驕我使懈怠必來攻我也趙奢救閼與去邯鄲三十里增壘不進秦間來必善食遣之間以報秦將秦將果大喜曰閼與非趙所有矣奢既遣秦間乃倍道兼行掩秦不備擊之遂大破秦軍也○梅堯臣曰欲進者外則卑辭內則益備疑我也○張預曰使來辭遜敵復增備欲驕我而後進也田單守即墨燕將騎劫圍之單身操版插與士卒分功使妻妾編行伍之間散食饗士乃使女子乘城約降燕大喜又收民金千鎰令富豪遺使遺燕將書曰城即降願無虜妻妾燕人益懈乃出兵擊大破之

辭詭而強進驅者退也。原本作辭彊而進驅者按曹註詭詐也杜佑註同是古本有詭字今據通典改正其御覽同今本者宋以後人改之也編按曹註詭詐也乃釋辭彊而進驅義不必古本有詭字簡本作辭強而□敺敺古驅字正無詭字故原本可不必改○曹公曰詭詐也○杜佑曰詭詐也示驅馳無所畏是知欲退也○杜牧曰吳王夫差北征會晉定公於黃池越王句踐伐吳吳晉方爭長未定吳王懼乃合大夫而謀曰無會而歸與會而先晉孰利王孫雒曰必會而先之吳王曰先之若何雒曰今夕必挑戰以廣民心乃能至也於是吳王以帶甲三萬人去晉軍一里聲動天地晉使董褐視之吳王親對曰孤之事君在今日不得事君亦在今日董褐曰臣觀吳王之色類有大憂吳將毒我不可與戰乃許先歃吳王既會遂還焉

○梅堯臣曰．欲退者．使既詞壯．兵又彊進．脅我也．○王晳曰．辭彊示不進形．欲我不虞其去也．○張預曰．使來辭壯．軍又前進．欲脅我而求退也．秦行人夜戒晉師曰．兩軍之士．皆未憖也．來日請相見．晉臾駢曰．使者目動而言肆．懼我也．秦果宵遁．

輕車先出居其側者。陳也。通典無出字．按下文杜牧註引此亦有出字．御覽同．無者脫．○曹公曰．陳兵欲戰也．○杜佑曰．陳兵欲戰也．輕車．馳車．在陳側．（據通典御覽補．）○杜牧曰．出輕車．先定戰陳疆界也．○賈林曰．輕車前禦．欲結陳而來也．○張預曰．輕車．戰車也．出軍其旁．陳兵欲戰也．按魚麗之陳．先偏後伍．言以車居前．以伍次之．然則是欲戰者．車先出其側也．

無約而請和者。謀也。杜佑曰．未有要約而使來請和．有間謀也．○李筌曰．無質盟之約請和者．必有謀於人．田單詐騎劫．紀信誑項羽．即其義也．○杜牧曰．貞元三年．吐蕃首領尚結贊因侵掠河曲．遇疫癘．人馬死者大半．恐不得回．乃詐與侍中馬燧款懇因奏請盟會．燧乃盟之．時河中節度使渾瑊奏曰．若國家勤兵境上．以謀伐為計．蕃戎請盟．亦聽信之．今吐蕃無所求於國家．遽請盟會．必恐不實．上不納．渾瑊率眾二萬屯涇州平涼縣．盟壇在縣西三十里．五月十三日．瑊率三千人會壇所．吐蕃果衷甲劫盟焉．○陳皞曰．因盟相劫．不獨國朝．晉楚會於宋．楚人衷甲．欲襲晉．晉人知之．是以失信也．今言無約而請和．蓋總論兩國之師．或侵或伐．彼我皆未屈弱．而無故請好和者．此必敵人國內有憂危之事．欲為苟且暫安之計．不然則知我有可圖之勢.欲使不疑.先求和好.然後乘我不備而來取也.石勒之破王浚也.先密為和好.又臣服於浚.知浚不疑.乃請修朝覲之禮.浚許之.及入.因誅浚而滅之.○梅堯臣曰.無約請和.必有姦謀.○王晳曰.無故驟請和者.宜防他謀也.○張預曰.無故請和.必有姦謀.漢高祖欲擊秦軍.使酈食其持重寶啗其將賈豎.秦將果欲連和.高祖因其怠而擊之.秦師大敗.又晉將李矩守滎陽.劉暢以三萬人討之.矩遣使奉牛酒請降.潛匿精兵.見其弱卒.暢大饗士卒.人皆醉飽.矩夜襲之.暢僅以身免.

奔走而陳兵車者.期也。杜佑曰.自與偏將期也.(據通典御覽補)○李筌曰.戰有期及將用.是以奔走之.○杜牧曰.上文輕車先出居其側者.陳也.蓋先出車定戰場界.立旗為表.奔走赴表以為陳也.旗者.期也.與民期於下也.周禮大蒐曰.車驟徒趨.及表乃止.是也.○賈林曰.尋常之期.不合奔走.必有遠兵相應.有晷刻之期.必欲合勢同來攻我.宜速備之.○梅堯臣曰.立旗為表.奔以赴列.○王晳曰.陳而期民.將求戰也.○張預曰.立旗為表.與民期於下.故奔走以赴之.周禮曰.車驟徒趨.及表乃止.是也.

半進半退者.誘也。李筌曰.散於前.○杜牧曰.偽為雜亂不整之狀.誘我使進也.○梅堯臣曰.進退不一.欲以誘我.○王晳曰.詭亂形也.○張預曰.詐為亂形.是誘我也.若吳子以囚徒示不整以誘楚師之類也.

倚仗而立者。原本作杖而立者.按杜佑註云.倚仗矛戟而立.又梅氏張氏俱云.倚兵而立.是故書作倚仗也.從通典御覽改正.編按杖即有倚仗之義不必妄添倚字蛇足也以原本為善**飢也。**杜佑曰倚仗矛戟而立者飢之意○李筌曰困不能齊○杜牧曰不食必困故杖也○梅堯臣曰倚兵而立者足見飢弊之色○王晳曰倚杖者困餒之相○張預曰凡人不食則困故倚兵器而立三軍飲食上下同時故一人飢則三軍皆然**汲而先飲者。**通典作汲役先飲者御覽作汲設飲者按御覽誤**渴也。**李筌曰汲未至先飲者士卒之渴○杜牧曰命之汲水未汲而先飲者渴也覩一人三軍可知也○梅堯臣同杜牧註○王晳曰以此見其眾行驅飢渴也○張預曰汲者未及歸營而先飲水是三軍渴也**見利而不進者。勞也。**通典見利上有向人二字御覽同○曹公曰士卒疲勞也○杜佑曰士疲勞也敵人來見我利而不能擊進者疲勞也○李筌曰士卒難用也○梅堯臣曰人其困乏何利之趨○張預曰士卒疲勞不可使戰故雖見利將不敢進也**鳥集者。虛也。**杜佑曰敵大作營壘示我眾而鳥集止其上者其中虛也○李筌曰城上有鳥師其遁也○杜牧曰設留形而遁齊與晉相持叔向曰鳥烏之聲樂齊師其遁後周齊王憲伐高齊將班師乃以柏葉為幕燒糞壤去高齊視之二日乃知其空營追之不及此乃設留形而遁走也○陳皞曰此言敵人若去營幕必空禽鳥既無畏乃鳴集其上楚子元伐鄭將奔諜者告曰楚幕有烏乃止則知其設留形而遁也是此篇蓋孫子辯敵之情偽也○梅堯臣曰敵人既去營壘空虛鳥烏無猜來集其上○張預曰凡敵潛退必棄營幕。禽鳥見空。鳴集其上。楚伐鄭。鄭人將奔。諜告曰。楚幕有烏。乃止。又晉伐齊。叔向曰。城上有烏。齊師其遁。此乃設留形而遁也。

夜呼者。恐也。 通典呼上有喧字。○曹公曰。軍士夜呼。將不勇也。○杜佑曰。軍士夜喧呼。將不勇也。相驚無備者。恐懼也。（據通典御覽補）○李筌曰。士卒怯而將懦。故驚恐相呼。○杜牧曰。恐懼不安。故夜呼以自壯也。○陳皥曰。十人中一人有勇。雖九人怯懦。恃一人之勇亦可自安。今軍士夜呼。蓋是將無勇。曹說是也。○孟氏同陳皥註。○張預曰。三軍以將為主。將無膽勇。不能安眾。故士卒恐懼而夜呼。若晉軍終夜有聲是也。

軍擾者。將不重也。 李筌曰。將無威重。則軍擾。○杜牧曰。言進退舉止輕佻率易。無威重。軍士亦擾亂也。○陳皥曰。將法令不嚴。威容不重。士因以擾亂也。○梅堯臣同陳皥註。○張預曰。軍中多驚擾者。將不持重也。張遼屯長社。夜軍中忽亂。一軍盡擾。遼謂左右勿動。是必有造變者。欲以動亂人耳。乃令軍士安坐。遼中陳而立。有頃即定。此則能持重也。（自遼中陳以下至下文惟無武進註。當以正原本誤於依水草而背眾樹下。今改正）

旌旗動者。亂也。 通典御覽俱無旌字。○杜佑曰。旌旗謬動。抵東觸西。傾倚者。亂也。○杜牧曰。魯莊公敗齊于長勺。曹劌請逐之。公曰。若何。對曰。視其轍亂而旗靡。故逐之。○梅堯臣曰。旌旗輒動。偃亞不次。無紀律也。○張預曰。旌旗所以齊眾也．而動搖無定．是部伍雜亂也．**吏怒者．倦也。**杜佑曰．軍吏悉怒．將者疲倦也．（據通典御覽補．）○杜牧曰．眾悉倦弊故吏不畏而忿怒也．○陳皞曰．將興不急之役．故人人倦弊也．○賈林曰．人困則多怒．○梅堯臣曰．吏士倦煩．怒不畏避也．○張預曰．政令不一．則人情倦．故吏多怒也．晉楚相攻．晉裨將趙旃魏錡怒而欲敗晉軍．皆奉命于楚．郤克曰．二憾往矣．弗備必敗．是也．**粟馬肉食。**

軍無懸缻。今本通典作缶．按註云．䍋即缶之類．則通典故作䍋．以形近譌為缶耳．御覽作箠．亦字誤．當為䍋．又按缻者．缶之或體字也．編按．作䍋者是．䍋甀之古體．甀或誤為缻．復誤為缶也．說文．甀．小口罌也．乃汲水之尖底瓦器．不用時懸之．故曰懸甀．以下諸註多言缻為炊器者．殆以缻為釜也．**不返**通典御覽俱作不及．**其舍者．窮寇也。**杜佑曰．穀馬食肉．不復積蓄．無懸䍋．（舊作簞．誤．今改正．）之食．欲死戰窮寇也．䍋即缶之類也．（據通典御覽補．按御覽云．箠即簞之類也．箠簞二字皆誤．）○一云殺馬肉食者．軍無糧也．軍無懸缻不返其舍者．窮寇也．○李筌曰．殺其馬而食肉．故曰軍無糧也．不返舍者．窮迫不及竈也．○杜牧曰．粟馬言以糧穀秣馬也．肉食者殺牛馬饗士也．軍無懸缻者．悉破之．示不復炊也．不返其舍者．晝夜結部伍也．如此皆是窮寇．必欲決一戰爾．缻音府．炊器也．○梅堯臣曰．給糧以秣乎馬．殺畜以饗乎士．棄缻不復炊．暴露不返舍．是欲決戰而取勝也．○王晳曰．粟馬肉食．所以為力且久也．軍無缻．不復飲食也．不返舍．

無回心也。皆謂以死決戰耳。敵如此者。當堅守以待其弊也。○張預曰。捐糧穀以秣馬。殺牛畜以饗士。破釜及缻。不復炊爨。暴露兵眾。不復反舍。茲窮寇也。孟明焚舟楚軍破釜之類是也。**諄諄翕翕。徐言入入者。**原本作徐與人言者。按入入猶如如。安徐之義。故註云。徐言入入者。安徐之貌也。從通典御覽改正。**失眾也。**曹公曰。諄諄。語貌。翕翕。失志貌。○杜佑曰。諄諄。語貌。又不足貌。翕翕者。不真也。其上失卒之心。少氣之意。徐言入入者。與之言安徐之貌也。此將失其眾也。諄章倫反。翕許及反。（據通典御覽補）○李筌曰。諄諄翕翕。竊語貌。士卒之心恐上。則私語而言。是失眾也。○杜牧曰。諄諄者。乏氣聲促也。翕翕者。顛倒失次貌。如此者。憂在內。是自失其眾心也。○賈林曰。諄諄竊議貌。翕翕不安貌。徐與人言遞相問貌。如此者。必散失部曲也。○梅堯臣曰。諄諄。吐誠懇也。翕翕。曠職事也。緩言彊安。恐眾離也。○王晳曰。諄諄。語誠懇之貌。翕翕者。患其上也。將失人心。則眾相與語誠懇而患其上也。○何氏曰。兩人竊語誹議主將者也。○張預曰。諄諄。語也。翕翕。聚也。徐。緩也。言士卒相聚私語。低緩而言。以非其上。是不得眾心也。**數賞者。窘也。**孟氏曰。軍實窘也。恐士卒心怠。故別行小惠也。○杜佑曰。軍不素敵。數行賞欲士卒之力戰者。此恐窘也。渠殞反。（據通典御覽補）○李筌曰。窘則數賞以勸進。○杜牧曰。勢力窮窘。恐眾為叛。數賞以悅之。○梅堯臣曰。勢窮憂叛離。屢賞以悅眾。○王晳曰。眾窘而不和裕。則數賞以悅之。○張預曰。勢窘則易離。故屢賞以撫士。**數罰者。困也。**杜佑曰。數行刑罰者。教令廢弛。是困軍也。（據通典御覽補。）○李筌曰。困則數罰以勵士。○杜牧曰。人力困弊。不畏刑罰。故數罰以懼之。○梅堯臣曰。人弊不堪命。屢罰以立威。○王晳曰。衆困而不精勤。則數罰以脅之也。○張預曰。力困則難用。故數罰以畏衆。**先暴而後畏其衆者。不精之至也。**通典作不情之至也。御覽同。按註意。則杜佑本作不情也。○曹公曰。先輕敵。後聞其衆。則心惡之也。○杜佑曰。先行卒暴於士卒。而後欲畏己者。此將不情之極也。（據通典御覽補。）○李筌曰。先輕後畏。是勇而無剛者。不精之甚也。○杜牧曰。料敵不精之甚。○賈林曰。教令不能分明。士卒又非精練。如此之將。先欲彊暴伐人。衆悖則懼也。至懦之極也。○梅堯臣曰。先行乎嚴暴。後畏其衆離。訓罰不精之極也。○王晳曰。敵先行刻暴。後畏其衆離。為將不精之甚也。○何氏曰。寬猛相濟。精於將事也。○張預曰。先輕敵。後畏人。或曰。先刻暴御下。後畏衆叛己。是用威行愛不精之甚。故上文以數賞數罰而言也。**來委謝者。欲休息也。**杜佑曰。戰未相伏。而下意氣相委謝者。欲休息也。○李筌曰。徐前而疾後曰委謝。○杜牧曰。所以委質來謝。此乃勢已窮。或有他故。必欲休息也。○賈林曰。氣委而言謝者。欲求兩解。○梅堯臣曰。力屈欲休兵。委質以來謝。○王晳曰。勢不能久。○張預曰。以所親愛委質來謝。是勢力窮極。欲休兵息戰也。**兵怒而相迎。久而不合。又不相去。必謹察之。**

曹公曰.備奇伏也.○孟氏曰.備有別應.○杜佑曰.備奇伏也.此必有間諜也.(據通典御覽補)○李筌曰.是軍必有奇伏須謹察之.○杜牧曰.盛怒出陳.久不交刃.復不解去.有所待也.當謹伺察之.恐有奇伏旁起也.○梅堯臣曰.怒而來逆我.久而不接戰.且又不解去.必有奇伏以待我.此以上論敵情.○張預曰.勇怒而來.既不合戰.又不引退.當密伺之.必有奇伏也.

兵非益多也。曹公曰.權力均.一云兵非貴益多.○賈林曰.不貴衆擊寡.所貴寡擊衆.○王晳曰.晳謂權力均足矣.不以多為益.○張預曰.兵非增多於敵.謂權力均也.**惟無武進。**曹公曰.未見便也.○賈林曰.武不足專進.專進則暴.○王晳曰.不可但恃武也.當以計智料敵而行.○張預曰.武剛也.未能用剛武以輕進.謂未見利也.**足以併力料敵取人而已。**曹公曰.廝養足也.○李筌曰.兵衆武用力均.惟得人者勝也.○杜牧曰.言我與敵人兵力皆均.惟未能用武前進者.蓋未得見其人也.但能於廝養之中.揀擇其材.亦足并力料敵而取勝.不假求於他也.○陳皥曰.言我兵力不多於敵.又無利便可進.不必他國乞師.但於廝養中併力取人.亦可破敵也.○賈林曰.雖我武勇之力而輕進.足以智謀料敵.併力而取敵人也.○梅堯臣曰.武繼也.兵雖不足以繼進.足以并給役廝養之力.量敵而取勝也.○王晳曰.晳謂善分合之變者.足以併力乘敵間.取勝人而已.故雖廝養之輩可也.況精兵乎.曹說是也.○張預曰.兵力既均.又未見便.雖未足剛進.足以取人於廝養之中.以并兵合力.察敵而取勝.不必假他兵以助己.故尉繚子曰.天下助卒.名為十萬.其實不過數萬.其兵來者無不謂其將曰.無為天下先戰.此言助卒無益.不如己有兵法也.

夫惟無慮而易敵者。必擒於人。杜佑曰.己無智慮而外易人者.必為人所擒.(據通典補)○杜牧曰.無有深謀遠慮.但恃一夫之勇.輕易不顧者.必為敵人所擒也.○陳皥曰.惟猶獨也.此言殊無遠慮.但輕敵者.必為其所擒.不獨言其勇也.左傳曰.蜂蠆有毒.而況國乎.則小敵亦不可輕.○王晳曰.唯不能料敵.但以武進.則必為敵所擒.明患不在於不多也.○張預曰.不能料人.反輕敵以武進.必為人所擒也.齊晉相攻.齊侯曰.吾姑滅此而朝食.不介馬而馳之.為晉所敗.是也.

卒未親附而罰之。則不服。不服則難用也。杜牧曰.恩信未洽.不可以刑罰齊之.○梅堯臣曰.傳上世德以至之.恩以親之.恩德未敷.罰則不服.故怨而難使.○王晳曰.恩信非素浹洽於人.心未附也.○張預曰.驟居將師之位.恩信未加於民.而遽以刑罰齊之.則怒恚而難用.故田穰苴曰.臣素卑賤.士卒未附.百姓不信.又伍參曰.晉之從政者新.未能行令.是也.

卒已親附而罰不行。則不可用也。曹公曰.恩信已洽.若無刑罰.則驕情難用也.○梅堯臣曰.恩德既洽.刑罰不行.則驕不可用.○

王晳曰。所謂若驕子也。○張預曰。恩信素洽。士心已附。刑罰寬緩。則驕不可用也。

故令之以文。齊之以武。

曹公曰。文。仁也。武。法也。○李筌曰。文。仁恩。武。威罰。○杜牧曰。晏子舉司馬穰苴。文能附眾。武能威敵也。○王晳曰。吳起云。總文武者。軍之將。兼剛柔者。兵之事也。

是謂必取。

杜牧曰。文武既行。必也取勝。○梅堯臣曰。令以仁恩。齊以威刑。恩威並著。則能必勝。○張預曰。文恩以悅之。武威以肅之。畏愛相兼。故戰必勝。攻必取。或問曰。書云。威克厥愛。允濟。愛克厥威。允罔功。言先威也。孫武先愛何也。曰。書之所稱。仁人之兵也。王者之於民。恩德素厚。人心已附。及其用之。惟患乎寡威也。武之所陳。戰國之兵也。霸者之於民。法令素酷。人心易離。及其用之。惟患乎少恩也。

令素行以教其民。則民服。

通典作令素行以教其人者也。令素行。則人服。御覽同。○梅堯臣曰。素。舊也。威令舊立。教乃聽服。○張預曰。將令素行。其民已信。教而用之。人人聽服。

令不素行以教其民。則民不服。

通典作令素不行。則人不服。御覽同。○王晳曰。民不素教。難卒為用。○何氏曰。人既失訓。安得服教。

令素信著者。

原本作素行者。按註意則故書當為信著者。從通典御覽改正。

與眾相得也。

杜牧曰。素。先也。言為將居當無事之時。須恩信威令先著於人。然後對敵之時。行令立法。人人信伏。韓信曰。我非素得拊循士大夫。所謂驅市人而戰也。所以使之背水。令其人人自戰。以其非素受恩信威令之從也。○陳皞曰。

晉文公始入國。教其民二年。欲用之。子犯曰。民未知義。未安其居。此言欲令民不苟其生也。於是出定襄王。此言示以事君之大義。入務利民。民懷生矣。又將用之。子犯曰。民未知信。未宣其用。於是伐原以示之信。此言在往年伐原不貪其利而守其信。民易資者不求豐焉。此言人無貪詐也。明徵其辭。公曰。可矣。子犯曰。民未知禮。未生其恭。於是大蒐以示之禮及戰之時。少長有禮。其可用也。此五者教人之本也。夫令要在先申。使人聽之不惑。法要在必行。使人守之無輕信者也。三令五申。示人不惑也。法令簡當。議在必行。然後可以與眾相得也。○梅堯臣曰。信服已久。何事不從。○王晳曰。知此者始可言其并力勝敵矣。○張預曰。上以信使民。民以信服上。是上下相得也。尉繚子曰。令之之法。小過無更。小疑無申。言號令一出。不可反易。自非大過大疑。則不須更改申明。所以使民信也。諸葛亮與魏軍戰。以寡對眾。卒有當代者。不留而遣之。曰。信不可失。於是人人願留一戰。遂大敗魏兵。是也。

孫子集註卷十

賜進士及第署山東提刑按察使分巡兗沂曹濟黃河兵備道孫星衍　賜進士出身署萊州府知府候補同知吳人驥　同校

地形篇

曹公曰.欲戰.審地形以立勝也.○李筌曰.軍出之後.必有地形變動.○王晳曰.地利當周知險隘支挂之形也.○張預曰.凡軍有所行.先五十里內山川形勢.使軍士伺其伏兵.將乃自行視地之勢.因而圖之.知其險易.故行師越境.審地形而立勝.故次行軍.

孫子曰。地形有通者。梅堯臣曰.道路交達.有挂者。通典作掛.非.○梅堯臣曰.網羅之地.往必掛綴.有支者。梅堯臣曰.相持之地.有隘者。梅堯臣曰.兩山通谷之間.有險者。梅堯臣曰.山川丘陵也.有遠者。曹公曰.此六者.地之形也.○杜佑曰.此六地之名.教民居之.得便利則勝也.○梅堯臣曰.平陸也.○張預曰.地形有此六者之別也.我可以往。彼可以來。曰通。杜佑曰.謂俱在平陸.往來通利也.○張預曰.俱在平陸.往來通達.通形者。通典作居通地.先居高陽。通典先下有據其地三字.利糧道。以戰則利。曹公曰.寧致人.無致於人.○杜佑曰.寧致人.無致於人.己先據高地.分為屯守於歸來之路.無使敵絕己糧道也.○李筌曰.先之以待敵.○杜牧曰.通者.四戰之地.須先據高陽之處.勿使敵人先得而我後至也.利糧道者.每於津阨.或敵人要衝.則築壘.或作甬道以護之.○賈林曰.通形者.無有岡坡.亦無要害.故兩通往來.處高易于望候.向陽視生.通糧道便易轉運.於此利於戰也.○梅堯臣曰.先據高陽.利糧通阨.敵人來至.我戰則利.○王晳同曹公註.○何氏同杜佑註.○張預曰.先處戰地以待敵.則致人而不致於人.我雖高居面陽.坐以致敵.亦慮敵人不來赴戰.故須使糧餉不絕.然後為利.**可以往。難以返。曰挂。**杜佑曰.掛者.牽掛也.**挂形者。**通典.者作曰.**敵無備。出而勝之。敵若有備。**通典無若字.**出而不勝。難以返。不利。**李筌曰.往難以返曰挂.○杜牧曰.挂者.險阻之地.與敵其有犬牙相錯.動有挂礙也.往攻敵.敵若無備.攻之必勝.則雖與險阻相錯.敵人已敗.不得復邀我歸路矣.若往攻敵人.敵人有備.不能勝之.則為敵人守險阻.邀我歸路.難以返也.○陳皥曰.不得已陷在此.則須為持久之計.掠取敵人之糧.以伺利便而擊之.○杜佑曰.敵無備.出攻之.勝可也.有備不得勝之.則難還返也.○梅堯臣曰.出其不意.往則獲利.若其有備.往必受制.○張預曰.察知敵情.果為無備.一舉而勝之.則可矣.若其有備.出而弗克.欲戰則不可.留欲歸則不得返.非所利也.**我出而不利。彼出而不利。曰支。**杜佑曰.支.久也.俱不便.久相持也.○張預曰.各守險固.以相持.

支形者。敵雖利我。我無出也。引而去。令敵半出而擊之利。杜佑曰.利.利我也.佯背我去.我無出逐.待其引而擊之.可敗也.○李筌曰.支者.兩俱不利.如挂之形.故各分其勢.○杜牧曰.支者.我與敵人各守高險.對壘而軍.中有平地.狹而且長.出軍則不能成陳.遇敵則自下禦上.彼我之勢.俱不利.便如此.則堂堂引去.伏卒待之.敵若躡我.候其半出.發兵擊之.則利.若敵人先去以誘我.我不可出也.○陳皥曰.此說理繁而語倒.但彼此出軍地形不便.敵若設利誘我而去.我慎勿追之.我若引去.敵止則已.若來襲我.候其半出.則急擊之.○賈林曰.支者.隔險阻.可以相要截.足得相支持.故不利先出也.○梅堯臣曰.各居所險.先出必敗.利而誘我.我不可愛.偽去引敵.半出而擊.○王晳曰.敵不肯至.則設奇伏而退.且詭之令必出.○張預曰.利我.謂佯背我去也.不可出攻.我捨險則反為所乘.當自引去.敵若來追.伺其半出.行列未定.銳卒攻之.必獲利焉.李靖兵法曰.彼此不利之地.引而佯去.待其半出而邀擊之.

隘形者。通典者作曰.**我先居之。必盈之以待敵。**杜佑曰.盈.滿也.以兵陳滿隘形.欲使敵不得進退也.**若敵先居之盈而勿從。不盈而從之。**曹公曰.隘形者.兩山間通谷也.敵勢不得撓我也.我先居之.必前齊隘口.陳而守之.以出奇也.敵若先居此地.齊口陳.勿從也.即半隘陳者.從之.而與敵共此利也.○杜佑曰.謂齊口.亦滿也.如水之滿器.與口齊也.若我居之.平易險阻皆制在我.然後出奇以制敵.若敵人據隘之半.不知齊口滿盈之道.我則入隘以從之.蓋敵亦在隘.我亦在隘.俱得地形.勝敗在我.不在地形也.夫齊口盈滿之術.非惟隘形獨解有口.譬如平坡迴澤.車馬不通.舟楫不勝.中有一逕.亦須據其路口.使敵不得進也.諸可知矣.○李筌曰.盈.平也.敵先守隘.我去之.趙不守井陘之口.韓信下之.陳豨不守漳水.高祖下之.是也.○杜牧曰.盈者.滿也.言遇兩山之間.中有通谷.則須當山口為營.與兩山口齊.如水之在器而盈滿也.○陳皞曰.隘口.言陳是也.言營非也.○賈林曰.從.逐也.盈.實也.敵若實而滿之.則不可逐討.若虛而無備.則入而討之.○梅堯臣同杜牧註.○王晳同曹公註.○張預曰.左右高山.中有平谷.我先至之.必齊滿山口.以為陳.使敵不得進也.我可以出奇兵.彼不能以撓我.敵若先居此地.盈塞隘口而陳者.不可從也.若雖守隘口.俱不滿齊者.入而從之.與敵共此險阻之利.吳起曰.無當天竈.天竈者.大谷之口.言不可迎隘口而居之也.**險形者。**通典者作曰.**我先居之。必居高陽以待敵。**杜佑曰.居高陽之地.以待敵人.敵人從其下陰而來.擊之則勝.**若敵先居之。引而去之。勿從也。**曹公曰.地形險隘.尤不可致於人.○杜佑曰.地險先據.不可致於人也.○李筌曰.若險阻之地.不可後於人.○杜牧曰.險者.山峻谷深.非人力所能作為.必居高陽以待敵.若敵人先據之.必不可以爭.則當引去.陽者.南面之地.恐敵人持久.我居陰而生疾也.今若於崤澠遇敵.則先據北山.此乃是面陰而背陽也、高陽二者、止可捨陽而就高、不可捨高而就陽、孫子乃統而言之也、○梅堯臣曰、先得險固、居高就陽、待敵則強、敵苟先之、就戰則殆、引去勿疑、○王晳曰、此亦爭地、若唐太宗先據虎牢以待竇建德是也、○張預曰、平陸之地、尚宜先據、況險阸之所、豈可以致於人、故先處高陽、以佚待勞、則勝矣、若敵已據此地、宜速引退、不可與戰、裴行儉討突厥、嘗際晚下營、塹壘方周、忽令移就崇岡、將士不悅、以謂不可勞眾、行儉不從、速令徙之、是夜風雨暴至、前設營所水深丈餘、將吏驚服、以此觀之、居高陽不惟戰便、亦無水潦之患也、

遠形者。通典作夫通形、**勢均。**通典作均勢、**難以挑戰。戰而不利。**曹公曰、挑戰者、延敵也、○孟氏曰、兵勢既均、我遠入挑、則不利也、○杜佑曰、挑、迎敵也、遠形、去國遠也、地勢均等、無獨便利、先挑之戰不利也、○李筌曰、力敵而挑、則利未可知也、○杜牧曰、譬如我與敵壘相去三千里、若我來就敵壘而延敵欲戰者、是我困敵銳、故戰者不利、若敵來就我壘、延我欲戰者、是我佚敵勞、敵亦不利、故言勢均、然則如何、曰、欲必戰者、則移相近也、○陳皞曰、夫與敵營壘相遠、兵力又均、難以挑戰、戰則不利、故下文云、勢均以一擊十曰走、是也、夫挑戰先須料我兵眾強弱、可以加敵則為之、不然則不可輕進、自取敗也、○梅堯臣曰、勢既均一、挑戰則勞、致敵則佚、○王晳曰、以遠致我勞也、○張預曰、營壘相遠、勢力又均、止可坐以致敵、不宜挑人而求戰也、

凡此六者。地之道也。將之至任。不可不

察也。李筌曰.此地形之勢也.將不知者以敗.○賈林曰.天生地形.可以目察.○梅堯臣曰.夫地形者.助兵立勝之本.豈得不度也.○張預曰.六地之形.將不可不知.

故兵有走者。有弛者。有陷者。有崩者。有亂者。有北者。凡此六者。非天之災。將之過也。編按.前言六地.此言六敗.乃將之過.其意必欲明其非地之災.於理乃順.故天字當改為地.○賈林曰.走弛陷崩亂北.皆敗壞大小變易之名也.○張預曰.凡此六敗.咎在人事.

夫勢均。以一擊十。曰走。曹公曰.不料力.○李筌曰.不量力也.若得形便之地.用奇伏之計.則可矣.○杜牧曰.夫以一擊十之道.先須敵人與我將之智謀.兵之勇怯.天時地利.飢飽勞佚.十倍相懸.然後可以奮一擊十.若勢均力敵.不能自料.以我之一.擊敵之十.則須奔走.不能返舍復為駐止矣.○梅堯臣曰.勢雖均.而兵甚寡.以寡擊眾.必走之道也.○王晳曰.不待鬥而走也.○張預曰.勢均.謂將之智勇.兵之利鈍.一切相敵也.夫體敵勢等.自不可輕戰.況奮寡以擊眾.能無走乎.

卒強吏弱。曰弛。曹公曰.吏不能統卒.故弛壞.○杜牧曰.言卒伍豪強.將帥懦弱.不能驅率.故弛坼壞散也.國家長慶初.命田布帥魏以伐王廷湊.布長在魏.魏人輕易之.數萬人皆乘驢行營.布不能禁.居數月.欲合戰.兵士潰散.布自剄身死.○賈林曰.令之不從.威之不服。見敵則亂。不壞何為。○梅堯臣曰。吏無統率者。則軍政弛壞。○王晳同曹公註。○何氏曰。言卒伍豪強。將帥懦弱。不能驅領。故弛圻壞散也。○張預曰。士卒豪悍。將吏懦弱。不能統轄約束。故軍政弛壞也。吳楚相攻。吳公子光曰。楚軍多寵。政令不一。帥賤而不能整。無大威命。楚可敗。果大敗楚師也。

吏強卒弱。曰陷。

曹公曰。吏強欲進。卒弱。輒陷敗也。○李筌曰。陷。敗也。卒弱不一。則難以為戰。是以強陷也。○杜牧曰。言欲為攻取。士卒怯弱。不量其力。強進之。則陷沒於死地也。○陳暐曰。夫人皆有血氣。惟無鬥敵之心。若將乏刑德。士乏訓練。則人皆懦怯。不可用也。○賈林曰。士卒皆羸。鼓之不進。吏強獨戰。徒陷其身也。○梅堯臣曰。吏雖強進。不能激之以勇。故陷於死。○王晳曰。為下所陷。○張預曰。將吏剛勇欲戰。而士卒素乏訓練。不能齊勇同奮。苟用之。必陷於亡敗。

大吏怒而不服。遇敵懟而自戰。將不知其能。曰崩。

曹公曰。大吏。小將也。大將怒之。心不厭服。忿而赴敵。不量輕重。則必崩壞。○李筌曰。將為敵所怒。不料強弱。驅士卒如命者。必崩壞。○杜牧曰。春秋時。楚子伐鄭。晉師救之。伍參言於楚子曰。晉之從政者新。未能行令。其佐先縠剛愎不仁。未肯用命。其三帥者。專行不獲。聽而無上。眾無適從。此行也。晉師必敗。晉魏錡求公族未得。而怒欲敗晉師。請致師。不許。請使。許之。遂往請戰而還。趙旃求卿未得。請挑戰。不許。召盟。許之。與魏錡皆命而往。郤克曰。二憾往矣。弗備必敗。隨會曰。若二子怒楚。楚人乘我。喪師無日矣。不如備之。先縠曰.不可.隨會使鞏朔韓穿師七覆於敖前.故上軍不敗.而中軍下軍果敗.七覆七處伏兵也.敖山名也.○陳皥曰.此大將無理而怒小將.使之心內懷不服.因緣怨怒.遇敵便戰.不顧能否.所以大敗也.○賈林曰.自上墮下曰崩.大吏小將不相壓伏.崩壞之道.將又不量己之能否.不知卒之勇怯強弱.與敵鬥.自取賊害.豈非自上而崩乎.○梅堯臣曰.小將心怒而不服.遇敵懟而不顧.自取崩敗者.蓋將不知其能也.○王晳曰.謂將怒不以理.且不知裨佐之才.激致其兇懟.如山之崩壞也.○何氏曰.三軍同力.上下一心.則勝也.○張預曰.大凡百將一心.三軍同力.則能勝敵.今小將恚怒而不服於大將之令.意欲俱敗.逢敵便戰.不量能否.故必崩覆.晉伐秦.荀偃行令.是也.曰.雞鳴而駕.唯余馬首是瞻.欒書怒曰.晉國之命.未是有也.遂棄之歸.又趙穿惡臾駢而逐秦.魏錡怒晉師而乘楚.

將弱不嚴。教道不明。吏卒無常。陳兵縱橫。曰亂。曹公曰.為將若此.亂之道也.○李筌曰.將或有一於此.亂之道也.○杜牧曰.言吏卒皆不拘常度.故引兵出陳.或縱或橫.皆自亂之也.○賈林曰.威令既不嚴明.士卒則無常稟.如此軍幕.不亂何為.謂將無嚴令.賞罰不行之故.○梅堯臣曰.懦而不嚴.則士無常檢.教而不明.則出陳縱橫不整.亂之道也.○王晳曰.亂者.不勝其敗.○張預曰.將弱不嚴.謂將帥無威德也.教道不明.謂教閱無古法也.吏卒無常.謂將臣無久任也.陳兵縱橫.謂士卒無節制也.為將若此.自亂之道.

將不能料敵。以少合眾。以

弱擊強。兵無選鋒。曰北。曹公曰．其勢若此．必走之兵也．○李筌曰．軍敗曰北．不料敵也．○杜牧曰．衛公李靖兵法．有戰鋒隊．言揀擇敢勇之士．每戰皆為先鋒．司馬法曰．選良次兵．益人之強．註曰．勇猛勁捷．戰不得功．後戰必選於前．當以激致其銳氣也．東晉大將軍謝玄北鎮廣陵．時苻堅強盛．玄多募勇勁．劉牢之何謙諸葛侃高衡劉軌田洛孫無終等．以驍猛應募．玄以牢之領精銳為前鋒．百戰百勝．號為北府兵．敵人畏之．所向必克也．○賈林曰．兵鋒不選．利鈍士卒不知勇怯．如此用兵．自取北道也．○梅堯臣曰．不能量敵情．以少當眾．不能選精銳以弱擊強．皆奔北之理也．○何氏曰．夫士卒疲勇．不可混同為一．一則勇士不勸．疲兵因有所容．出而不戰．自敗也．故兵法曰．兵無選鋒．曰北．昔齊以伎擊強．魏以武卒奮．秦以銳士勝．漢有三河俠士劍客奇材．吳謂之解煩．齊謂之決命．唐謂之跳盪．是皆選鋒之別名也．兵之勝術．無先於此．凡軍眾既具．則大將勒諸營．各選精銳之士．須蹻健出眾．武藝軼格者．部為別隊．大約十人選一人．萬人選千人．所選務寡．要在必當．擇腹心健將統率．自大將親兵前鋒奇伏之類．皆品量配之也．○張預曰．設若奮寡以擊眾．驅弱以敵強．又不選驍勇之士使為先鋒．兵必敗北也．凡戰必用精銳為前鋒者．一則壯吾志．一則挫敵威也．故尉繚子曰．武士不選．則眾不強．曹公以張遼為先鋒而敗鮮卑．謝玄以劉牢之領精銳而拒苻堅．是也．

凡此六者。敗之道也。陳皡曰．一曰不量寡眾．二曰本乏刑德．三曰失於訓練．四曰非理與怒。五曰法令不行。六曰不擇驍果。此名六敗也。**將之至任。不可不察也。**張預曰。已上六事。必敗之道。

夫地形者。兵之助也。孟氏曰。地利待人而險。○杜牧曰。夫兵之主。在於仁義節制而已。若此地形。可以為兵之助。所以取勝也。助。一作易。○陳皥曰。天時不如地利。○賈林曰。戰雖在兵。得地易勝。故曰兵之易也。山可障。水可灌。高勝卑。險勝平也。○王晳曰。兵道則在人。○張預曰。能審地形者。兵之助耳。乃末也。料敵制勝者。兵之本也。

料敵制勝。計險阨遠近。通典作計極險易利害遠近。御覽同。**上將之道也。**杜牧曰。饋用之費。人馬之力。攻守之便。皆在險阨遠近也。言若能料此以制敵。乃為將臻極之道。○王晳曰。料敵窮極之情。險阨遠近之利害。此兵道也。○何氏曰。知敵知地。將軍之職。○張預曰。既能料敵虛實強弱之情。又能度地險阨遠近之形。本末皆知。為將之道畢矣。

知此而用戰者必勝。不知此而用戰者必敗。杜牧曰。謂知險阨遠近也。○梅堯臣曰。將知地形。又知軍政則勝。不知則敗。○張預曰。既知敵情。又知地利。以戰則勝。俱不知之。以戰即敗。

故戰道必勝。主曰無戰。必戰可也。戰道不勝。主曰必戰。無戰可也。孟氏曰。寧違於君。不逆士眾。○李筌曰。得戰勝之道。必戰可也。失戰勝之道。必無戰可也。立主人者。發其行也。○杜牧曰。主者君也。黃石公曰。出軍行師。

將在自專進退．內御．則功難成．故聖主明王．跪而推轂．曰．閫外之事．將軍裁之○梅堯臣曰．將在軍．君命有所不受○張預曰．苟有必勝之道．雖君命不戰．可必戰也．苟無必勝之道．雖君命必戰．可不戰也．與其從令而敗事．不若違制而成功．故曰軍中不聞天子之詔．**故進不求名。退不避罪。**王晳曰．皆忠以為國也○何氏曰．進豈求名也．見利於國家士民．則進也．退豈避罪也．見其蹙國殘民之害．雖君命使進而不進．罪及其身不悔也．**唯民是保．而利合於主。國之寶也。**李筌曰．進退皆保人．非為身也○杜牧曰．進不求戰勝之名．退不避違命之罪也．如此之將．國家之珍寶．言其少得也○陳暤曰．合猶歸也○梅堯臣曰．寧違命而取勝．勿順命而致敗○王晳曰．戰與不戰．皆在保民利主而已矣○張預曰．進退違命．非為己也．皆所以保民命．而合主利．此忠臣國家之寶也．

視卒如嬰兒。故可與之赴深谿。視卒如愛子。故可與之俱死。李筌曰．若撫之如此．得其死力也．故楚子一言．三軍之士．皆如挾纊也○杜牧曰．戰國時．吳起為將．與士卒最下者同衣食．臥不設席．行不乘騎．親裹贏糧．與士卒分勞苦．卒有病疽．吳起吮之．其卒母聞而哭之．或問曰．子卒也．而將軍自吮疽．何為而哭．母曰．往年吳公吮其父．其父不旋踵而死於敵．今復吮此子．妾不知其死所矣○梅堯臣曰．撫而育之．則親而不離．愛而勖之．則信而不疑．故雖死與死．雖危與危○王晳曰．以仁恩結人心也○

何氏曰.如後漢段熲為破羌將軍.以征西羌.行軍仁愛.士卒傷者.親自瞻省.手為裹瘡.在邊十餘年.未嘗一日蓐寢.與將士同苦.故皆樂為死戰也.晉王濬為巴郡太守.郡邊吳境.兵士苦役.生男多不舉.濬乃嚴其科條.寬其徭役.課其產育.皆與休復.所全活者數千人.及後伐吳.先在巴郡之所全活者.皆堪徭役供軍.其父母戒之曰.王府君生爾.爾必勉之.無愛死也.故吳子有父子之兵.○張預曰.將視卒如子.則卒視將如父.未有父在危難而子不致死.故荀卿曰.臣之於君也.下之於上也.如子弟之事父兄.手足之捍頭目也.夫美酒泛流.三軍皆醉.溫言一撫.士同挾纊.信乎以恩遇下.古人所重也.故兵法曰.勤勞之師.將必先己.暑不張蓋.寒不重衣.險必下步.軍井成而後飲.軍食熟而後飯.軍壘成而後舍.

厚而不能使。愛而不能令。亂而不能治。譬如驕子。不可用也。曹公曰.恩不可專用.罰不可獨任.若驕子之喜怒對目.還害而不可用也.○孟氏曰.唯務行恩.恩勢已成.刑之必怨.唯務行刑.刑怨已深.恩之不附.必使恩威相參.賞罰并用.然後可以為將.可以統眾也.○李筌曰.雖厚愛人.不令如驕子者.有悖逆之心.不可用也.○杜牧曰.黃石公曰.士卒可下而不可驕.夫恩以養士.謙以接之.故曰可下.制之以法.故曰不可驕.陰符曰.害生於恩.吳起曰.夫鼓鼙金鐸.所以威耳.旌旗麾章.所以威目.禁令刑罰.所以威心.耳威於聲.不得不清.目威於色.不得不明.心威於形.不得不嚴.三者不立.必敗於敵.故曰.將之所麾.莫不從移.將之所指.莫不前死。衛公李靖曰。古之善為將者。必能十卒而殺其三。次者十殺其一。十殺其三。威振於敵國。十殺其一。令行於三軍。是知畏我者不畏敵。畏敵者不畏我。善無細而不賞。惡無微而不貶。馬謖軍敗。葛亮對泣而行誅。鄉人盜笠。呂蒙垂涕而後斬。馬逸犯禾。曹公割髮而自刑。兩掾辭屈。黃蓋詰問而俱斬。故能威克其愛。雖少必濟。愛加其威。雖多必敗。○梅堯臣曰。厚養而不使。愛寵而不教。亂法而不治。猶如驕子。安得而用也。○王晳曰。恩不以嚴。未可濟也。○何氏曰。言恩不可純任。純任則還為己害。○張預曰。恩不可以專用。罰不可以獨行。專用恩則卒如驕子而不能使。此曹公所以割髮而自刑。臥龍所以垂涕而行戮。楊素所以流血盈前而言笑自若。李靖所以十殺其三。使畏我而不畏敵也。獨行罰則士不親附而不可用。此古將所以投酒。楚子所以挾纊。吳起所以分衣食。闔閭所以同勞佚也。在易之師初六曰。師出以律。謂齊眾以法也。九二曰。師中承天寵。謂勸士以賞也。以此觀之。王者之兵。亦德刑參任。而恩威並行矣。尉繚子曰。不愛悅其心者。不我用也。不嚴畏其心者。不我舉也。故善將者愛與畏而已。

知吾卒之可以擊。而不知敵之不可擊。勝之半也。梅堯臣曰。知己而不知彼。或有勝耳。

知敵之可擊。而不知吾卒之不可以擊。勝之半也。杜牧曰。可擊者。勇敢輕死也。不可擊者。頓弊怯弱也。○陳皞曰。此說非也。可擊不可擊者。所謂兵衆孰強。士卒孰練。賞罰孰明也。○梅堯臣曰。知彼而不知己。或有勝耳。○王晳曰。知己不知彼。知彼不知己。皆未可以決勝也。○張預曰。或知己而不知彼。或知彼而不知己。則有勝有負也。唐太宗曰。吾嘗臨陳。先料敵心與己之心孰審。然後我可得而知焉。察敵氣與己之氣孰治。然後我可得而知焉。言料心審治亂。察氣見強弱形也。可戰與不可戰也。**知敵之可擊。知吾卒之可以擊。而不知地形之不可以戰。勝之半也。**曹公李筌曰。勝之半者。未可知也。○杜牧曰。地形者。險易遠近。出入迂直也。○梅堯臣曰。知彼知己而不知地形。亦或不勝。○王晳曰。雖知彼己可以戰。然不可虧地利也。○張預曰。既知己而又知彼。但不得地形之助。亦不可全勝。**故知兵者。動而不迷。舉而不窮。**通典不窮作不頓。御覽同。按註曰。一云不頓是也。○杜牧曰。未動未舉。勝負已定。故動則不迷。舉則不窮也。一云。動而不困。舉而不頓。○陳皞曰。窮者。困也。我若識彼此之動否。量地形之得失。則進而不迷。戰而不困者也。○梅堯臣曰。無所不知。則動不迷闇。舉不困窮也。○王晳曰。善計者不迷。善軍者不窮。○張預曰。不妄動。故動則不誤。不輕舉。故舉則不困。識彼我之虛實。得地形之便利。而後戰也。**故曰。知彼知己。勝乃不殆。**張預曰。曉攻守之術。則有勝而無危。**知地知天。**原本作知天知地。按上文云。知敵之可擊。知吾卒之可以擊。故此云知彼知己也.上文又云.不知地形之不可以戰.蓋地形者兵之助.故孫子重言之也.從通典及杜佑註改正.

勝乃可全。原本作勝乃不窮.按舉而不窮者.謂窮困也.此云勝不可以窮言也.上文諸言勝之半也.故此云可全.以足其義.所謂全勝.全字與天為韻.從通典及杜佑註改正.○杜佑曰.知地之便.知天之時.地之便.依險阻向高陽也.天之時.順寒暑法刑德也.既能知彼知己.又按地形法天道.勝乃可全.又何難也.○李筌曰.人事天時地利.三者同知.則百戰百勝.○梅堯臣曰.知彼利知此利.故不危.知天時知地形.故不極.○王晳同梅堯臣註.○張預曰.順天時.得地利.取勝無極.

孫子集註卷十一

賜進士及第署山東提刑按察使分巡兗沂曹濟黃河兵備道孫星衍　賜進士出身署萊州府知府候補同知吳人驥　同校

九地篇

曹公曰．欲戰之地有九．○李筌曰．勝敵之地有九．故次地形之下．○王晳曰．用兵之地．利害有九也．○張預曰．用兵之地．其勢有九．此論地勢．故次地形．

孫子曰。用兵之法。有散地。有輕地。有爭地。有交地。有衢地。有重地。有圮地。有圍地。有死地。曹公曰．此九地之名也．○張預曰．此九地之名．**諸侯自戰其地。為散地。**曹公曰．士卒戀土．道近易散．○杜佑曰．戰其境內之地．士卒意不專．有潰散之心．故曰散地．○李筌曰．卒恃土懷妻子．急則散．是為散地．○杜牧曰．士卒近家．進無必死之心．退有歸投之處．○梅堯臣同杜牧註．○王晳同曹公註．○何氏曰．散地．士卒恃土．懷戀妻子．急則散走．是為散地．一曰．地無關鍵．士卒易散走．居此地者不可數戰．又曰．地遠四平．更無要害．志意不堅而易離．故曰散地．吳王問孫武曰．散地士卒顧家．不可與戰．則必固守不出．若敵攻我小城．掠吾田野．禁吾樵採．塞吾要道．待吾空虛而急來攻．則如之何．武曰．敵人深入吾都．多背城邑．士卒以軍為家．專志輕鬥。吾兵在國。安土懷生。以陳則不堅。以鬥則不勝。當集人合眾。聚穀蓄帛。保城備險。遣輕兵絕其糧道。彼挑戰不得。轉輸不至。野無所掠。三軍困餒。因而誘之。可以有功。若欲野戰。則必因勢依險設伏。無險則隱於天氣陰晦昏霧。出其不意。襲其懈怠。可以有功。○張預曰。戰於境內。士卒顧家。是易散之地也。鄖人將伐楚師。鬥廉曰。鄖人軍其郊。必不誡。恃近其城。莫有鬥志。果為楚所敗。是也。

入人之地而不深者。為輕地。

曹公曰。士卒皆輕返也。○杜佑曰。入人之地未深。意尚未專。輕走謂之輕地。（據通典補）○李筌曰。輕於退也。○杜牧曰。師出越境。必焚舟梁。示民無返顧之心。○梅堯臣曰。入敵未遠。道近輕返。○王晳曰。初涉敵境。勢輕。士未有鬥志也。○何氏曰。輕地者。輕於退也。入敵境未深。往輕返易。不可止息。將不得數動勞人。吳王問孫武曰。吾至輕地。始入敵境。士卒思還。難進易退。未背險阻。三軍恐懼。大將欲進。士卒欲退。上下異心。敵守其城壘。整其車騎。或當吾前。或擊吾後。則如之何。武曰。軍至輕地。士卒未專。以入為務。無以戰為故。無近其名城。無由其通路。設疑佯惑。示若將去。乃選驍騎。銜枚先入。掠其牛馬六畜。三軍見得。進乃不懼。分吾良卒。密有所伏。敵人若來。擊之勿疑。若其不至。捨之而去。又曰。軍入敵境。敵人固壘不戰。士卒思歸。欲退且難。謂之輕地。當選驍騎伏要路。我退敵追。來則擊之也。○張預曰。始入敵境。士卒思還。是輕返之地也。尉繚子曰。征役分軍而歸。或臨戰自北。則逃傷甚焉。言民兵四集。分屯占地。使北來者當北道。則多逃。以其開之耳.**我得則利。彼得亦利者。為爭地。**曹公曰.可以少勝眾.弱勝強.○杜佑曰.謂山水阨口.有險固之利.兩敵所爭.○李筌曰.此阨喉守險地.先居者勝.是為爭地也.○杜牧曰.必爭之地.乃險要也.前秦苻堅.先遣大將呂光.討西域.堅敗績.後光自西域還.師至宜禾.堅涼州刺史梁熙.謀拒之.高昌太守楊翰曰.呂光新定西國.兵強氣銳.其鋒不可當.若出流沙.其勢難測.高梧谷口.險要.宜先守之.而奪其水.彼既困竭.人自然投戈.如以為遠.不可.守伊吾之關.亦可拒之.若廢此二要.難為計矣.地有所必爭.真此機也.熙不從.竟為光所滅也.○陳皞曰.彼我若先得其地者.則可以少勝眾.弱勝強也.○梅堯臣曰.無我無彼.先得則利.○王晳同陳皞註.○何氏曰.爭地便利之地.先居者勝.是以爭之.吳王問孫武曰.敵若先至.據要保利.簡兵練卒.或出或守.以備我奇.則如之何.武曰.爭地之法.先據為利.敵得其處.慎勿攻之.引而佯走.建旗鳴鼓.趣其所愛.曳柴揚塵.惑其耳目.分吾良卒.密有所伏.敵必出救.人欲我與.人棄我取.此爭先之道也.若我先至.而敵用此術.則選吾銳卒.固守其所.輕兵追之.分伏險阻.敵人還鬥.伏兵旁起.此全勝之道.○張預曰.險固之利.彼我得之.皆可以少勝眾.弱勝強者.是必爭之地也.唐太宗以三千人守成皐之險.坐困竇建德十萬之眾.是也.**我可以往。彼可以來者。為交地。**曹公曰.道正相交錯也.○杜佑曰.交地有數道往來.交通無可絕.○杜牧曰.川廣地平.可來可往.足以交戰對壘.○陳皞曰.交錯是也.言其道路交橫彼我可以來往如此之地則須兵士首尾不絕切宜備之故下文云交地吾將謹其守其義可見也○梅堯臣同陳皞註○何氏曰交地平原交通也一曰可以交結不可杜絕之絕之致隙又曰交通四遠不可遏絕吳王問孫武曰交地吾將絕敵使不得來必令吾邊城修其守備深絕通路固其隘塞若不先圖之敵人已備彼可得而來吾不得而往眾寡又均則如之何武曰既我不可以往彼可以來吾分卒匿之守而易怠示其不能敵人且至設伏隱廬出其不意可以有功也○張預曰敵有數道往來通達而不可阻絕者是交錯之地也

諸侯之地三屬。曹公曰我與敵相當而旁有他國也○孟氏曰若鄭界於齊楚晉是也

先至而得天下之眾者。為衢地。曹公曰先至得其國助也○杜佑曰先至其地交結諸侯之眾為助也（據通典補）○李筌曰對敵之傍有一國為之助先往而通之得其眾也○杜牧曰衢地者三屬之地我須先至其衝據其形勢結其旁國也天下猶言諸侯也○梅堯臣曰彼我相當有旁國三面之會先至則諸侯之助也○王晳曰曹公云先至得其國助晳謂先至者結交先至也言天下者謂能廣功則天下可從○何氏曰衢地者地要衝控帶數道先據此地眾必從之故得之則安失之則危也吳王問孫武曰衢地必先若吾道遠發後雖馳車驟馬至不能先則如之何武曰諸侯三屬其道四通我與敵相當而旁有他國所謂先者必重幣輕使約和旁國交親結恩兵雖後至眾已屬矣我有眾助彼失其

黨．諸國掎角．震鼓齊攻．敵人驚恐．莫知所當．○張預曰．衢者．四通之地．我所敵者．當其一面．而旁有鄰國．三面相連屬．當往結之．以為己援．先至者．謂先遣使以重幣約和旁國也．兵雖後至．已得其國助矣．**入人之地深．背城邑多者．為重地。**通典城邑多下有難以返三字．○曹公曰．難返之地．○杜佑曰．難返還也．背．去也．背與倍同．多道里多也．遠去己城郭．深入敵地．心專意一．謂之重地也．○李筌曰．堅志也．白起攻楚．樂毅伐齊．皆為重地．○杜牧曰．入人之境已深．過人之城已多．津梁皆為所恃．要衝皆為所據．還師返旆．不可得也．○梅堯臣曰．乘虛而入．涉地愈深．過城已多．津要絕塞．故曰重難之地．○王晳曰．兵至此者．事勢重也．○何氏曰．重地者．入敵已深．國糧難應資給．將士不掠何取．吳王問孫武曰．吾引兵深入重地．多所踰越．糧道絕塞．設欲歸還．勢不可過．欲食於敵．持兵不失．則如之何．武曰．凡居重地．士卒輕勇．轉輸不通．則掠以繼食．下得粟帛．皆貢於上．多者有賞．士無歸意．若欲還出．即為戒備．深溝高壘．示敵且久．敵疑通途．私除要害之道．乃令輕車銜枚而行．揚其塵埃．以牛馬為餌．敵人若出．鳴鼓隨之．陰伏吾士．與之中期．內外相應．其敗可知也．○張預曰．深涉敵境．多過敵城．士卒心專．無有歸志．此難退之地也．司馬景王謂諸葛恪卷甲深入．其鋒不可當．是也．**行山林險阻沮澤。凡難行之道者．為圮地。**曹公曰．少固也．○杜佑曰．少固也．沮洳之地．圮音皮美反．（據通典補．）○賈林曰．經水所毀曰圮．沮洳圮地不得久留宜速去也○梅堯臣曰水所毀圮行則猶難況戰守乎○何氏曰圮地者少固之地也不可為城壘溝隍宜速去之吳王問孫武曰吾入圮地山川險阻難從之道行久卒勞敵在吾前而伏吾後營居吾左而守吾右良車驍騎要吾隘道則如之何武曰先進輕車去軍十里與敵相候接期險阻或分而左或分而右大將四觀擇空而取皆會中道倦而乃止○張預曰險阻漸洳之地進退艱難而無所依

所由入者隘。所從歸者迂。彼寡可以擊吾之眾者。為圍地。杜佑曰所從入阨險歸道遠也持久則糧乏故敵可以少擊吾眾者為圍地也○李筌曰舉動難也○杜牧曰出入艱難易設奇伏覆勝也○梅堯臣曰山川圍繞入則隘歸則迂也○何氏曰圍地入則隘險歸則迂回進退無從雖眾何用能為奇變此地可由吳王問孫武曰吾入圍地前有強敵後有險難敵絕我糧道利我走勢敵鼓譟不進以觀吾能則如之何武曰圍地之宜必塞其闕示無所往則以軍為家萬人同心三軍齊力并炊數日無見火煙故為毀亂寡弱之形敵人見我備之必輕則告勵士卒令其奮怒陳伏良卒左右險阻擊鼓而出敵人若當疾擊務突我則前鬥後拓左右犄角也又曰敵在吾圍伏而深謀示我以利縈我以旗紛紜若亂不知所之奈何武曰千人操旌分塞要道輕兵進挑陳而勿搏交而勿去此敗謀之法○張預曰前狹後險之地一人守之千人莫向則以奇伏勝

疾戰則存。不疾戰則亡者。為死地。曹公

曰．前有高山．後有大水．進則不得．退則有礙．○杜佑曰．前有高山．後有大水．進不得前．退則有阻礙．又乏絕糧．故為死地．在死地者．當及士卒尚飽．強志殊死戰．故可以俱免也．（據通典補）○李筌曰．阻山背水．食盡利速．不利緩也．○杜牧曰．衛公李靖曰．或有進軍行師．不因鄉導．陷於危敗．為敵所制．左谷右山．束馬懸車之逕．前窮後絕．鴈行魚貫之嚴．兵陳未整．而強敵忽臨．進無所息．退無所固．求戰不得．自守莫安．駐則日月稽留．動則首尾受敵．野無水草．軍乏資糧．馬困人疲．智窮力極．一人守隘．萬夫莫向．如彼要害．敵皆據之．如此之利．我已失守．縱有驍兵利器．亦何以施其用乎．若此死地．疾戰則存．不疾戰則亡．當須上下同心併氣．一力抽腸濺血．一死於前．因敗為功．轉禍為福．此乃是也．○陳皞曰．人在死地．如坐漏船．伏燒屋．○賈林曰．左右高山．前後絕澗．外來則易．內出則難．誤居此地．速為死戰則生．若待士卒氣挫．糧儲又無．而持久．不死何待．○梅堯臣曰．前不得進．後不得退．旁不得走．不得不速戰也．○何氏曰．死地力戰或生．守隅則死．吳王問孫武曰．吾師出境．軍於敵人之地．敵人大至．圍我數重．欲突以出．四塞不通．欲勵士激眾．使之投命潰圍．則如之何．武曰．深溝高壘．示為守備．安靜勿動．以隱吾能．告令三軍．示不得已．殺牛燔車．以饗吾士．燒盡糧食．填夷井竈．割髮捐冠．絕去生慮．將無餘謀．士有死志．於是砥甲礪刃．并氣一力．或攻兩旁．震鼓疾譟．敵人亦懼．莫知所當．銳卒分行．疾攻其後．此是失道而求生．故曰．困而不謀者窮．窮而不戰者亡．吳王曰．若吾圍敵．則如之何．武曰.山峻谷險.難以踰越.謂之窮寇.擊之之法.伏卒隱廬.開其去道.示其走路.求生透出.必無鬥志.因而擊之.雖衆必破.兵法又曰.若敵人在死地.士卒氣勇.欲擊之法.順而勿抗.陰守其利.絕其糧道.恐有奇兵.隱而不覩.使吾弓弩俱守其所.○張預曰.山川險隘.進退不能.糧絕於中.敵臨於外.當此之際.勵士激戰.而不可緩也.

是故散地則無以戰。杜佑曰.士卒顧家.不可輕戰.（據通典補.）○李筌曰.恐走散.○杜牧曰.已具其上.○賈林曰.地無關闐.卒易散走.居此地者.不可數戰.地形之說.一家之理.若號令嚴明.士卒愛服.死且不顧.何散之有.○梅堯臣曰.我兵在國.安土懷生.陳則不堅.鬥則不勝.是不可以戰.○王晳曰.決於戰則懼散.○張預曰.士卒懷生.不可輕戰.吳王問孫武曰.散地不可戰.則必固守不出.若敵攻我小城.掠吾田野.禁吾樵採.塞吾要道.待吾空虛而急來攻.則如之何.武曰.敵人深入.專志輕鬥.吾兵安土.陳則不堅.戰則不勝.當集人聚穀.保城備險.輕兵絕其糧道.彼挑戰不得.轉輸不至.野無所掠.三軍困餒.因而誘之.可以有功.若欲野戰.則必因勢依險設伏.無險則隱於陰晦.出其不意.襲其懈怠.

輕地則無止。杜佑曰.志未堅.不可遇敵.○李筌曰.恐逃.○杜牧曰.兵法之所謂輕地云者.出軍行師.始入敵境.未背險要.士卒思還.難進易退.以入為難.故曰輕地也.當必選精騎.密有所伏.敵人卒至.擊之勿疑.若是不至.踰之速去.○梅堯臣曰.始入敵境未背險阻士心不專無以戰為勿近名城勿由通路以速進為利○王晳曰無故不可止也○張預曰士卒輕返不可輒留吳王曰士卒思還難進易退未背險阻三軍恐懼則如之何武曰軍在輕地士卒未專以入為務無以戰為故無近其名城無由其通路設疑佯惑示若將去乃選精騎銜枚先入掠其六畜三軍見得進乃不懼分吾良卒密有所伏敵人若來擊之勿疑若其不至捨之而去

爭地則無攻。曹公曰不當攻當先至為利也○杜佑曰三道攻當先至得其地者不可攻（據通典補）○李筌曰敵先居地險不可攻○杜牧曰無攻者謂敵人若已先得其地則不可攻○王晳曰敵居形勝之地先據乎利而我不得其處則不可攻（編按此處有誤依宋本此為梅堯臣註且無敵居二字並而我不三字作敵若已）○張預曰我欲往而爭之而敵已先至也（編按此二句誤當依宋本作不當攻而爭之當後發先至也）吳王曰敵若先至據要保利簡兵練卒或出或守以備我奇則如之何武曰爭地之法讓之者得求之者失敵得其處慎勿攻之引而佯走建旗鳴鼓趣其所愛曳柴揚塵惑其耳目分吾良卒密有所伏敵必出救人欲我與人棄我取此爭先之道也若我先至而敵用此術則選吾銳卒固守其所輕兵追之分伏險阻敵人還鬥伏兵旁起此全勝之道也

交地則無絕。通典作無相絕○曹公曰相及屬也○杜佑曰相及屬也俱可進退不可以兵絕之○李筌曰不可絕問也○杜牧曰川廣地平四面交戰須車騎部伍首尾聯屬不可使斷

絕．恐敵人因而乘我．○賈林曰．可以交結．不可杜絕．絕之致隙．○梅堯臣曰．道既錯通．恐其邀截．當令部伍相及．不可斷也．○王晳曰．利糧道也．交相往來之地．亦謂之通地．居高陽以待敵．宜無絕糧道．○張預曰．往來交通．不可以兵阻絕其路．當以奇伏勝也．吳王曰．交地吾將絕敵使不得來．必令吾邊城修其守備．深絕通道．固其隘塞．若不先圖之．敵人已備．彼可得而來．吾不得而往．衆寡又均．則如之何．武曰．吾既不可以往．彼可以來．則分卒匿之．守而易怠．示其不能．敵人且至．設伏隱廬．出其不意．

衢地則合交。原本作交合．從通典改正．○曹公曰．結諸侯也．○孟氏曰．得交則安．失交則危也．○杜佑曰．交結於諸侯．（據通典補．）○李筌曰．結行也．○杜牧曰．諸侯之交．又云．旁國也．○梅堯臣曰．地處四通．何以得天下之助．當以重幣合交．○王晳曰．四通之境．非交援不強．○張預曰．四通之地．先結交旁國也．吳王曰．衢地貴先．若吾道遠．而發後．雖馳車驟馬．至不得先．則如之何．武曰．諸侯三屬．其道四通．我與敵相當．而旁有他國．所謂先者．必重幣輕使．約和旁國．交親結恩．兵雖後至．衆已屬矣．簡兵練卒．阻利而處．我有衆助．彼失其黨．諸國掎角．敵人莫當．

重地則掠。曹公曰．畜積糧食也．○孟氏曰．因糧於敵也．○杜佑曰．蓄積糧食．入深士卒堅固．則可掠取財物．（據通典補．）○李筌曰．深入敵境．不可非義失人心．如漢高祖入秦．無犯婦女．無取寶貨．得人心也．此筌以掠字為無掠字．○杜牧曰．言居於重地．進未有利．退復不得．則須運糧為持久之計．以伺敵也．○

梅堯臣曰．去國既遠．多背城邑．糧道必絕．則掠畜積以繼食．○王晳曰．深入敵境．則掠饒野．以豐儲也．難地食少則危．○張預曰．深入敵境．饋餉不繼．當勵士掠食．以備其乏也．吳王曰．重地多逾城邑．糧道絕塞．設欲歸還．勢不可過．則如之何．武曰．凡居重地．士卒輕勇．轉輸不通．則掠以繼食．下得粟帛．皆貢於上．多者有賞．若欲還出．深溝高壘．示敵且久．敵疑通途．私除要害．乃令輕車銜枚而行．揚其塵埃．餌以牛馬．敵人若出．鳴鼓隨之．陰伏吾士．與之中期．內外相應．其敗可知．

圮地則行。曹公曰．無稽留也．○杜佑曰．無稽留不可止．（據通典補）○李筌曰．不可為溝隍．宜急去之．○梅堯臣曰．既毀圮不可依止．則當速行．勿稽留也．○王晳曰．合聚軍眾．圮無舍止．○張預曰．難行之地．則不可稽留也．吳王曰．山川險阻．難從之道．行久卒勞．敵在吾前．而伏吾後．營居吾左．而守吾右．良車驍騎．要吾隘道．則如之何．武曰．先進輕車．去軍十里．與敵相候．接期險阻．或分而左．或分而右．大將四觀．擇空而取．皆會中道．倦而乃止．

圍地則謀。曹公曰．發奇謀也．○杜佑曰．發奇謀也．居此則當權謀詐譎．可以免難．○李筌曰．智者不困．○杜牧曰．難阻之地．與敵相持．須用奇險詭譎之計．○梅堯臣曰．前有隘後有險．歸道又迂．則發謀慮．以取勝．○張預曰．難以力勝．易以謀取也．吳王曰．前有強敵．後有險難．敵絕我糧道．利我走勢．彼鼓譟不進．以觀吾能．則如之何．武曰．圍地必塞其闕．示無所往．則以軍為家．萬人同心．三軍齊力．并炊數日．無見火煙．故為毀亂寡弱之形．敵人見我．備之必輕．

則告勵士卒.令其奮怒.陳伏良卒.左右險阻.擊鼓而出.敵人若當.疾擊務突.則前鬥後拓.左右犄角.**死地則戰。**曹公曰.殊死戰也.○李筌曰.殊死戰.不求生也.○陳皥曰.陷在死地.則軍中人人自戰.故曰.置之死地而後生也.○賈林曰.力戰或生.守隅則死.○梅堯臣曰.前後左右無所之.示必死.人人自戰也.○張預曰.陷在死地.則人自為戰.吳王曰.敵人大至.圍我數重.欲突以出.四塞不通.欲勵士激眾.使之投命.則如之何.武曰.深溝高壘.安靜勿動.告令三軍.示不得已.殺牛燔車.以饗吾士.燒盡糧食.填夷井竈.割髮捐冠.絕去生慮.砥甲礪刃.并氣一力.或攻兩旁.震鼓疾譟.敵人亦懼.莫知所當.銳卒分行.疾攻其後.此是失道而求生.故曰.困而不謀者窮.窮而不戰者亡.

所謂古之善用兵者.能使敵人前後不相及。梅堯臣曰.設奇衝掩.**眾寡不相恃。**梅堯臣曰.驚撓之也.**貴賤不相救。**梅堯臣曰.散亂也.**上下不相扶。**原本作救.從御覽改正.編按宋本原作不相收.是孫星衍所據本誤也.○梅堯臣曰.倉惶也.**卒離而不集。兵合而不齊。**孟氏曰.多設疑事.出東見西.攻南引北.使彼狂惑散擾.而集聚不得也.○李筌曰.設變以疑之.救左則擊其右.惶亂不暇計.○杜牧曰.多設變詐.以亂敵人.或衝前掩後.或驚東擊西.或立偽形.或張奇勢.或則無形以合戰.敵則必備而眾分.使其意懾離散.上下驚擾.不能和合.不得齊集.此善用兵也.○梅堯臣曰.或已離而不能合.

或雖合而不能齊.○王晳曰.將有優劣則然.要在於奇正相生.手足相應也.○張預曰.出其不意.掩其無備.驍兵銳卒.猝然突擊.彼救前則後虛.應左則右隙.使倉皇散亂.不知所禦.將吏士卒.不能相赴.其卒已散而不復聚.其兵雖合而不能一.

合於利而動。不合於利而止。曹公曰.暴之使離.亂之使不齊.動兵而戰.○李筌曰.撓之令見利乃動.不亂則止.○梅堯臣曰.然能使敵若此.當須有利則動.無利則止.○張預曰.彼雖驚擾.亦當有利則動.無利則止.

敢問敵眾整而將來.待之若何。曹公曰.或問也.○梅堯臣曰.此設疑以自問.言敵人甚眾.將又嚴整.我何以待之耶.○張預曰.前所陳者.須兵眾相敵.然後可為.故或人問於我.而又整肅.則以何術待之也.

曰。先奪其所愛則聽矣。曹公曰.奪其所恃之利.若先據利地.則我所欲必得也.○李筌曰.孫子故立此問者.以此為祕要也.所謂愛謂敵所便愛也.或財帛子女.吾先困辱之.則敵進退皆聽也.○杜牧曰.據我便地.略我田野.利其糧道.斯三者.敵人之所愛惜倚恃者也.若能俱奪之.則敵人雖強.進退勝敗皆須聽我也.○陳皥曰.愛者不止所恃利.但敵人所顧之事.皆可奪也.○梅堯臣曰.當先奪其所顧愛.則我志得行.然後使其驚撓散亂.無所不至也.○王晳曰.先據利地.以奇兵絕其糧道.則如我之謀也.○張預曰.武曰.敵所愛者便地與糧食耳.我先奪之.則無不從我之計.

兵之情主速。乘人之不及。由不虞之道。攻其所不戒也。曹公曰。孫子應難以覆陳兵情也。○李筌曰。不虞不戒。破敵之速。○杜牧曰。此統言兵之情狀。以乘敵間隙。由不虞之道。攻其不戒之處。此乃兵之深情。將之至事也。○陳皞曰。此言乘敵人有不及不虞不戒之便。則須速進。不可遲疑也。蓋孫子之旨。言用兵貴疾速也。○梅堯臣曰。兵機貴速。當乘人之不備。乘人之不備者。行不虞之道。攻不戒之所也。○王晳曰。兵上神速。奪愛猶當然也。○何氏曰。如蜀將孟達之降魏。魏朝以達領新城太守。達復連吳固蜀。潛圖中國。謀洩。司馬宣王秉政。恐達速發。以書紿達以安之。達得書。猶預不決。宣王乃潛軍進討。諸將皆言達與二賊交構。宜審察而後動。宣王曰。達無信義。此其相疑之時也。當及其未定往討之。乃倍道兼行。八日到其城下。吳蜀各遣其將向西城安橋木闌塞以救達。宣王分諸將拒之。初達與諸葛亮書曰。宛去洛八百里。去吾一千一百里。聞吾舉事。當表上天子。比相反覆。一月間也。則吾城已固。諸軍足辦。所在深險。司馬公必不自來。諸侯來。吾無患矣。及兵到。達又告亮曰。吾舉事八日。而兵至城下。何其神速也。上庸城三面阻水。達於城下為木柵以自固。宣王渡水。破其柵。直造城下。八道攻之。旬有六日。達甥鄧賢將李輔等開門出降。遂斬達。李靖征蕭銑。集兵於夔州。銑以時屬秋潦。江水泛漲。三峽路陷。必謂靖不能進。遂休兵不設備。九月。靖乃率師而進。將下峽。諸將皆請停兵待水退。靖曰。兵貴神速。機不可失。今兵始集。銑尚未知。

若乘水漲之勢，倏忽至城下，所謂疾雷不及掩耳，此兵家上策，縱彼知我倉卒徵兵，無以應敵，此必成擒也，遂降蕭銑，衛公兵法曰，兵用上神，戰貴其速，簡練士卒，申明號令，曉其目以麾幟，習其耳以鼓金，嚴賞罰以誡之，重芻豢以養之，浚溝塹以防之，指山川以導之，召才能以任之，述奇正以教之，如此則雖敵人有雷電之疾，而我則有所待也，若兵無先備，則不應卒，卒不應，則失於機，失於機，則後於事，後於事，則不制勝而軍覆矣，故呂氏春秋云，凡兵者欲急捷，所以一決取勝，不可久而用之矣，或曰，兵之情雖主速，乘人之不及，然敵將多謀，戎卒輯睦，令行禁止，兵利甲堅，氣銳而嚴，力全而勁，豈可速而犯之耶，答曰，若此則當卷跡藏聲，蓄盈待竭，避其鋒勢，與其持久，安可犯之哉，廉頗之拒白起，守而不戰，宣王之抗武侯，抑而不進，是也，○張預曰，復謂或人曰，用兵之理，惟尚神速，所貴乎速者，乘人之倉卒，使不及為備也，出兵於不虞之徑，以掩其不戒，故敵驚擾散亂，而前後不相及，眾寡不相待也，

凡為客之道。深入則專。主人不克。李筌曰，夫為客深入則志專，主人不能禦也，○杜牧曰，言大凡為攻伐之道，若深入敵人之境，士卒有必死之志，其心專一，主人不能勝我也，克者勝也，○梅堯臣曰，為客者入人之地深，則士卒專精，主人不能克我，○張預曰，深入敵境，士卒心專，則為主者不能勝也，客在重地，主在輕地故耳，故趙廣武君謂韓信去國遠鬬，其鋒不可當是也，

掠於

饒野。三軍足食。王晳曰.饒野多稼穡.謹養而勿勞。併氣積力。運兵計謀。為不可測。曹公曰.養士併氣運兵.為不可測度之計.○李筌曰.氣盛力積.加以謀慮.則非敵之可測.○杜牧曰.斯言深入敵人之境.須掠田野.使我足食.然後閉壁養之.勿使勞苦.氣全力盛.一發取勝.動用變化.使敵人不能測我也.○陳皡曰.所處之野.須水草便近.積蓄不乏.謹其來往.善撫士卒.王翦伐楚.楚人挑戰.翦不出.勤於撫御.并兵一力.聞士卒投石為戲.知其養勇思戰.然後用之.一舉遂滅楚.但深入敵境.未見可勝之利.則須為此計.○梅堯臣曰.掠其富饒.以足軍食.息人之力.并兵為不可測之計.○王晳曰.謹養.謂撫循飲食.周謹之也.并銳氣.積餘力.形藏謀密.使敵不測.俟其有可勝之隙.則進之.○張預曰.兵在重地.須掠糧於富饒之野.以豐吾食.乃堅壁自守.勤撫其士卒.勿任以勞苦.令氣盛而力全.常為不可測度之計.伺敵可擊.則一舉而克.王翦伐荊.嘗用此術.投之無所往。死且不北。李筌曰.能得其力者.投之無往之地.○杜牧曰.投之無所往.謂前後進退.皆無所之.士以此皆求力戰.雖死不北也.○梅堯臣曰.置在必戰之地.知死而不退走.○張預曰.置之危地.左右前後.皆無所往.則守戰至死.而不奔北矣.死。焉不得編按.舊讀於得字斷句.諸註皆曲而難詳.焉不得屬下讀.則文意自明矣.○曹公曰.士死.安不得也.○孟氏曰.士死.無不得也.○杜牧曰.言士必死.安有不得勝之理.○梅堯臣曰.兵焉得不用命.○張預曰。士卒死戰。安不得志。尉繚子曰。一賊仗劍擊於市。萬人無不避之者。非一人之獨勇。萬人皆不肖也。必死與必生不侔也。**士人盡力。**曹公曰。在難地。心并也。○梅堯臣曰。士安得不竭力以赴戰。○王晳曰。人在死地。豈不盡力。○何氏曰。獸困猶鬥。鳥窮則啄。況靈萬物者人乎。○張預曰。同在難地。安得不共竭其力。**兵士甚陷則不懼。**杜牧曰。陷於危險。勢不獨死。三軍同心。故不懼也。○梅堯臣同杜牧注。○王晳曰。陷之難地則不懼。不懼則鬥志堅也。○張預曰。陷在危亡之地。人持必死之志。豈復畏敵也。**無所往則固。深入則拘。**曹公曰。拘。縛也。○李筌曰。固堅也。○杜牧曰。往走也。言深入敵境。走無生路。則人心堅固。如拘縛者也。○梅堯臣曰。投無所往。則自然心固。入深則自然志專也。○張預曰。動無所之。人心堅固。兵在重地。走無所適。則如拘係也。**不得已則鬥。**曹公曰。人窮則死戰也。○李筌曰。決命。○杜牧曰。不得已者。皆疑陷在死地。必不生。以死救死。盡不得已也。則人皆悉力而鬥也。○梅堯臣何氏同杜牧註。○張預曰。勢不獲已。須力鬥也。**是故其兵不修而戒。不求而得。不約而親。不令而信。**曹公曰。不求索其意。自得力也。○孟氏曰。不求其勝。而勝自得也。○李筌曰。投之必死。不令而得其用也。○杜牧曰。此言兵在死地。上下同志。不待修整而自戒懼。不待收索而自得心。不待約令而自親信也。○梅堯臣曰。不修而兵自戒。不索而情自得。不約而眾自親。不令而人自信。

皆所以陷於危難故三軍同心也○王晳曰謂死難之地人心自然故也○張預曰危難之地人自同力不修整而自戒慎不求索而得情意不約束而親上不號令而信命所謂同舟而濟則吳越何患乎異心也

禁祥去疑至死無所之。曹公曰禁妖祥之言去疑惑之計○一本作至死無所災○李筌曰妖祥之言疑惑之事而禁之故無所災○杜牧曰黃石公曰禁巫祝不得為吏士卜問軍之吉凶恐亂軍士之心言既去疑惑之路則士卒至死無有異志也○梅堯臣曰妖祥之事不作疑惑之言不入則軍士必不亂死而後已○王晳曰災祥神異有以惑人則禁止之○張預曰欲士死戰則禁止軍吏不得用妖祥之事恐惑眾也去疑惑之計則至死無他慮司馬法曰滅厲祥此之謂也倘士卒未有必戰之心則亦有假妖祥以使眾者田單守即墨命一卒為神每出入約束必稱神遂破燕是也

吾士無餘財非惡貨也無餘命非惡壽也。曹公曰皆燒焚財物非惡貨之多也棄財致死者不得已也○杜牧曰若有財貨恐士卒顧戀有苟生之意無必死之心也○梅堯臣曰不得已竭財貨不得已盡死戰○王晳曰足用而已士顧財富則偷生死戰而已士顧生路則無死志矣○張預曰貨與壽人之所愛也所以燒擲財寶割棄性命者非憎惡之也不得已也

令發之日士卒坐者涕霑襟偃臥者涕交頤。曹公曰皆持必死之計○李筌曰棄財與命有必死之志故感而流涕也○杜牧曰

士皆以死為約.未死戰之日.先令曰.今日之事.在此一舉.若不用命.身膏草野.為禽獸所食也.○梅堯臣曰.決以死力.牧說是也.○王晳曰.感勵之使然.○張預曰.感激之.故涕泣也.未戰之日.先令曰.今日之事.在此一舉.若不用命.身膏草野.為禽獸所食.或曰.凡行軍饗士.使酒拔劍起舞.作朋角抵.伐鼓叫呼.所以爭其氣.若令涕泣.無乃挫其壯心乎.答曰.先決其死力.後決其銳氣.則無不勝.倘無必死之心.其氣雖盛.無由克之.若荊軻與易水.士皆垂淚涕泣.及復為羽聲忼慷.則皆瞋目.髮上指冠.是也.

投之無所往者。諸劌之勇也。李筌曰.夫獸窮則搏.鳥窮則啄.今急迫.則專諸曹劌之勇也.○杜牧曰.言所投之處.皆為專諸曹劌之勇.○梅堯臣曰.既今以必死.則所往皆有專諸曹劌之勇.○張預曰.人懷必死.則所向皆有專諸曹劌之勇也.專諸.吳公子光使刺殺吳王僚者.劌.當為沬.曹沬以勇力事魯莊公.嘗執匕首劫齊桓公.

故善用兵。譬如率然。梅堯臣曰.相應之容易也.**率然者。常山之蛇也。擊其首則尾至。擊其尾則首至。擊其中**御覽一引作擊其腹**則首尾俱至。**初學記引此文微有異.○梅堯臣曰.蛇之為物也不可擊.擊之則率然相應.○張預曰.率猶速也.擊之則速然相應.此喻陳法也.八陣圖曰.以後為前.以前為後.四頭八尾.觸處為首.敵衝其中首尾俱救。敢問兵可使如率然乎。梅堯臣曰可使兵首尾率然相應如一體乎曰可。夫吳人與越人相惡也。當其同舟而濟。遇風。其相救也。如左右手。梅堯臣曰勢使之然○張預曰吳越仇讎也同處危難則相救如兩手況非仇讎者豈不猶率然之相應乎是故方馬埋輪。未足恃也。曹公曰方馬縛馬也埋輪示不動也此言專難不如權巧故曰設方馬埋輪不足恃也○李筌曰投兵無所往之地人自鬭如蛇之首尾故吳越之人同舟相救雖縛馬埋輪未足恃也○杜牧曰縛馬埋輪使為方陳使為不動雖如此亦未足稱為專固而足為恃須任權變置士於必死之地使人自為戰相救如兩手此乃守固必勝之道而足為恃也○陳皥曰人之相惡莫甚吳越同舟遇風而猶相救何則勢使之然也夫用兵之道若陷在必死之地使懷必死之憂則首尾前後不得不相救也有吳越之惡猶如兩手相救況無吳越之惡乎蓋言貴於設變使之則勇怯之心一也○梅堯臣同杜牧註○王晳曰此謂在難地自相救耳蛇之首尾人之左右皆喻相救之敏也同舟而濟在險難也吳越猶無異心況三軍乎故其足恃甚於方馬埋輪曹公說是也○張預曰上文歷言置兵於死地使人心專固然此未足為善也雖置之危地亦須用權智使人今相救如左右手則勝矣故曰雖縛馬埋輪未足恃固以取勝所可必恃者要使士卒相應如一體也齊勇若一。政之道也。李筌曰.齊勇者.將之道.○杜牧曰.齊正勇敢.三軍如一.此皆在於為政者也.○陳皞曰.政令嚴明.則勇者不得獨進.怯者不得獨退.三軍之士如一也.○梅堯臣曰.使人齊勇如一.心而無怯者.得軍政之道也.○王晳同梅堯臣註.○張預曰.既置之危地.又使之相救.則三軍之眾.齊力同勇如一夫.是軍政得其道也.**剛柔皆得.地之理也。**曹公曰.強弱一勢也.○李筌曰.剛柔得者.因地之勢也.○杜牧曰.強弱之勢.須用地形而制之也.○梅堯臣曰.兵無強弱.皆得用者.是因地之勢也.○王晳曰.剛柔.猶強弱也.言三軍之士.強弱皆得其用者.地利使之然也.曹公曰.強弱一勢.是也.○張預曰.得地利.則柔弱之卒亦可以克敵.況剛強之兵乎.剛柔俱獲其用者.地勢使之然也.**故善用兵者.攜手若使一人.不得已也。**曹公曰.齊一貌也.○李筌曰.理眾如理寡也.○杜牧曰.言使三軍之士.如牽一夫之手.不得已.故順我之命.喻易也.○賈林曰.攜手翻迭之道.便於回運.以後為前.以前為後.以左為右.以右為左.故百萬之眾如一人也.○梅堯臣曰.用三軍如攜手使一人者.勢不得已.自然皆從我所揮也.○王晳曰.攜使左右前後.率從我也.○張預曰.三軍雖眾.如提一人之手而使之.言齊一也.故曰.將之所揮.莫不從移.將之所指.莫不前死.

將軍之事.靜以幽.正以治。曹公曰.謂清淨幽深平正.○杜牧曰.清淨簡易.幽深難測.平正無偏.故能致治.○梅堯臣曰.靜以幽邃.人不能測.正而自治.人不能撓.○王晳曰.靜則不撓.幽則不測.正則不媮.治則不亂.○張預曰.其謀事則安靜而幽深.人不能測.其御下則公正而整治.人不敢慢.

能愚士卒之耳目。使之無知。

曹公曰.愚誤也.民可與樂成.不可與慮始.○李筌曰.為謀未熟.不欲令士卒知之.可以樂成.不可與謀始.是以先愚其耳目.使無見知.○杜牧曰.言使軍士非將軍之令.其他皆不知.如聾如瞽也.○梅堯臣曰.凡軍之權謀.使由之而不使知之.○王晳曰.杜其見聞.○何氏同杜牧註.○張預曰.士卒懵然無所聞見.但從命而已.

易其事。革其謀。使人無識。

李筌曰.謀事或變.而不識其原.○杜牧曰.所為之事.有所之謀.不使其造意之端.識其所緣之本也.○梅堯臣曰.改其所行之事.變其所為之謀.無使人能識也.○王晳曰.已行之事.已施之謀.當革易之.不可再也.○何氏曰.將術以不窮為奇也.○張預曰.前所行之事.舊所發之謀.皆變易之.使人不可知也.若裴行儉令軍士下營訖.忽使移就崇岡.初將吏皆不悅.是夜風雨暴至.前設營所水深丈餘.將士驚服.因問曰.何以知風雨也.行儉笑曰.自今但依我節制.何須問我所由知也.

易其居。迂其途。使人不得慮。

李筌曰.行路之便.眾人不得知其情.○杜牧曰.易其居.去安從危.迂其途.捨近即遠.士卒有必死之心.○陳皥曰.將帥凡舉一事.切委曲而致之.無使人得計慮者.○賈林曰.居我要害.能使自移.途近於我.能使迂之.發機微路.人不能知也.○梅堯臣曰.更其

所安之居，迂其所趨之途，無使人能慮也。○王晳曰：處易者，將致敵以求戰也；迂途者，示遠而密襲也。○張預曰：其居則去險而就易，其途則捨近而從遠，人初不曉其旨，及取勝乃服。太白山人曰：兵貴詭道者，非止詭敵也，抑詭我士卒，使由而不使知之也。**帥與之期，如登高而去其梯。**杜牧曰：使無退心，孟明焚舟是也。一本帥與之登高。○梅堯臣曰：可進而不可退也。**帥與之深入諸侯之地，而發其機。**陳皥曰：發其心機。○賈林曰：動我機權，隨事應變。○梅堯臣曰：發其危機，使人盡命。○王晳曰：皆勵決戰之志也。機之發，無復迴也。賈詡勸曹公曰：必決其機，是也。○張預曰：去其梯，可進而不可退；發其機，可往而不可返。項羽濟河沉舟之類也。**焚舟破釜，若驅群羊，驅而往，**編按：原本作若驅群羊而往，今據宋明諸本改之。又按：焚舟破釜並稱，始見於史記項羽本紀，疑是註文摻入經文，簡本正無此四字。**驅而來，莫知所之。**曹公曰：一其心也。○李筌曰：還師者，皆焚舟梁，堅其志，既不知謀，又無返顧之心，是以如驅羊也。○杜牧曰：三軍但知進退之命，不知攻取之端也。○梅堯臣曰：但馴然從驅，莫知其他也。○何氏曰：士之往來，唯將之令，如羊之從牧者。○張預曰：群羊往來，牧者之隨；三軍進退，惟將之揮。**聚三軍之眾，投之於險，此謂將軍之事也。**曹公曰：險，難也。○梅堯臣曰：措三軍於險難而取勝者，為將之所務也。○張預曰：去梯發機，置兵於危險以取勝者。此將軍之所務也。**九地之變。屈伸之利。人情之理。不可不察也。**曹公曰。人情見利而進。見害而退。○杜牧曰。言屈伸之利害。人情之常理。皆因九地以變化。今欲下文重舉九地。故於此重言發端。張本也。○梅堯臣曰。九地之變。有可屈可伸之利。人情之常理。須審察之。○王晳曰。明九地之利害。亦當極其變耳。言屈伸之利者。未見便則屈。見便則伸。言人情之理者。深專淺散。圍禦之謂也。○張預曰。九地之法。不可拘泥。須識變通。可屈則屈。可伸則伸。審所利而已。此乃人情之常理。不可不察。

凡為客之道。深則專。淺則散。梅堯臣曰。深則專固。淺則散歸。此而下重言九地者。孫子勤勤於九變也。○張預曰。先舉兵者為客。入深則專固。入淺則士散。此而下言九地之變。**去國越境而師者。絕地也。**梅堯臣曰。進不及輕。退不及散。在二地之間也。○王晳曰。此越鄰國之境也。是為鄰絕之地。當速決其事。若吳王伐齊近之。然如此者鮮。故不同九地之例。○張預曰。去己國。越人境而用師者。危絕之地也。若秦師過周而襲鄭是也。此在九地之外而言之者。戰國時間有之也。**四達者。衢地也。**梅堯臣曰。馳道四出。敵當一面。○張預曰。敵當一面。旁有國四屬。**入深者。重地也。**梅堯臣曰。士卒以軍為家。故心無散亂。**入淺者。輕地也。**梅堯臣曰。歸國尚近。心不能專。**背固前隘者。圍地也。**梅堯臣曰。背負險固。前當阨塞。○張預曰前狹後險進退受制於人也無所往者死地也。梅堯臣曰窮無所之○張預曰前後左右窮無所之也是故散地吾將一其志。李筌曰一卒之心○杜牧曰守則志一戰則易散○梅堯臣曰保城備險可一志堅守候其虛懈出而襲之○張預曰集人聚穀一志固守依險設伏攻敵不意輕地吾將使之屬。通典之作其鄭氏遺說同今本○曹公李筌曰使相及屬○杜佑曰使相仍也輕地還師當安道促行然令相屬續以備不虞也○杜牧曰部伍營壘密近聯屬蓋以輕散之地一者備其逃逸二者恐其敵至使易相救○梅堯臣曰行則隊校相繼止則營壘聯屬脫有敵至不有散逸也○王晳曰絕則人不相恃○張預曰密營促隊使相屬續以備不虞以防逃遁爭地吾將趨其後。曹公曰利地在前當速進其後也○杜佑曰利地在前當進其後爭地先據者勝不得者負故從其後使相及也○李筌曰利地必爭益其備也此筌以趨字為多字○杜牧曰必爭之地我若已後當疾趨而爭況其不後哉○陳皥曰二說皆非也若敵據地利我後爭之不亦後據戰地而趨戰之勞乎所謂爭地必趨其後者若地利在前先分精銳以據之彼若恃眾來爭我以大眾趨其後無不尅者趙奢所以破秦軍也○梅堯臣曰敵未至其地我若在後則當疾趨以爭之○張預曰爭地貴速若前驅至而後不及則未可故當疾進其後使首尾俱至或曰趨其後謂後發先至也交地吾將謹其守。

通典作固其結，按此通典本誤也。○杜佑曰，交結諸侯，固其交結。（從通典增補編按依孫子之意，交地乃交互往來之地，非結交之地，佑註非是。）○杜牧曰，嚴壁壘也。○梅堯臣曰，謹守壁壘，斷其通道。○王晳曰，懼襲我也。○張預曰，不當阻絕其路，但嚴壁固守，候其來則設伏擊之。

衢地，吾將固其結。通典作謹其市，按通典本誤。○杜佑曰，衢地四通，交易之地，市，變事之端也，方與諸侯結和，當謹約使勿殆，使諸侯爭。（從通典增補）○杜牧曰，結交諸侯，使之牢固。○梅堯臣曰，結交諸侯，使之堅固，勿令敵先。○王晳曰，固以德禮威信，且示以利害之計。○張預曰，財帛以利之，盟誓以要之，堅固不渝，則必為我助。

重地，吾將繼其食。曹公曰，掠彼也。○杜佑曰，將掠彼也，深入當繼其糧，不可使絕也。○李筌曰，館穀於敵也，繼一作掠。○賈林曰，使糧相繼而不絕也。○梅堯臣曰，道既遐絕，不可歸國取糧，當掠彼以食軍。○張預曰，兵在重地，轉輸不通，不可乏糧，當掠彼以續食。

圮地，吾將進其塗。曹公曰，疾過去也。○杜佑曰，疾過去也，疾行無留。○李筌曰，不可留也。○梅堯臣曰，無所依，當速過。○張預曰，遇圮塗之地，宜引兵速過。

圍地，吾將塞其闕。曹公李筌曰，以一士心也。○孟氏曰，意欲突圍，示以守固。○杜佑曰，以一士心也，塞其闕，不欲走之意。○杜牧曰，兵法圍師必闕，示以生路，令無死志，因而擊之，今若我在圍地，敵開生路以誘我卒，我返自塞之，令士卒有必死之心。後魏末，齊神武起義兵于河北，為爾朱兆天光度律仲遠等四將會于鄴南。士馬精強。號二十萬。圍神武於南陵山。時神武馬二千。步軍不滿三萬。兆等設圍不合。神武連繫牛驢自塞之。于是將士死戰。四面奮擊。大破兆等四將也。○梅堯臣曰。自塞其旁。使士卒必死戰也。○王晳曰。懼人有走心。○張預曰。吾在敵圍。敵開生路。當自塞之。以一士心。齊神武繫牛馬以塞路。而士卒死戰。是也。

死地。吾將示之以不活。曹公李筌曰。勵士也。○杜佑曰。勵士也。焚輜重。棄糧食。塞井夷竈。示之無活。必殊死戰也。○杜牧曰。示之必死。令其自奮以求生也。○賈林曰。焚財棄糧。塞井破竈。示必死也。○梅堯臣曰。必死可生。人盡力也。○王晳同梅堯臣註。○何氏同杜牧註。○張預曰。焚輜重。棄糧食。塞井夷竈。示以無活。勵之死戰也。

故兵之情。圍則禦。曹公曰。相持禦也。○杜佑曰。相禦持也。窮則同心守禦。○李筌曰。敵圍我則禦之。○杜牧曰。言兵在圍地。始乃人人有禦敵持勝之心。○梅堯臣同杜牧註。○張預曰。在圍則自然持禦。

不得已則鬥。曹公曰。勢有不得已也。○杜佑曰。勢有不得已也。言鬥太過。戰不可以惡勝。走不能脫。恐其有降人之心者。(據通典補)○李筌曰。有不得已則戰。○梅堯臣曰。勢無所往必鬥。○王晳曰。脫死者唯鬥而已。○張預曰。勢不可已。須悉力而鬥。

過則從。曹公曰。陷之甚過。則從計也。○孟氏曰。甚陷則無所不從。○李筌曰。過則審躡。又云。陷之於過。則謀從之。○梅堯臣同孟氏註。○張預曰。深陷于危難之地。則無不從計。若班超在鄯善。欲與麾下數十人殺虜使。乃諄諭之。其士卒曰。今在危亡之地。死生從司馬。是也。

是故不知諸侯之謀者。不能預交。不知山林險阻沮澤之形者。不能行軍。不用鄉導者。不能得地利。曹公曰。上已陳此三事。而復云者。力惡不能用兵。故復言之。○李筌曰。三事軍之要也。○梅堯臣曰。已解軍爭篇中。重陳此三者。蓋言敵之情狀地之利害。當預知焉。○王晳曰。再陳者。勤戒之也。○張預曰。知此三事。然後能審九地之利害。故再陳於此也。

四五者。不知一。非霸王之兵也。曹公曰。謂九地之利害。或曰。上四五事也。○張預曰。四五謂九地之利害。有一不知。未能全勝。

夫霸王之兵。伐大國。則其眾不得聚。威加於敵。御覽敵下有家字。下同。則其交不得合。孟氏曰。以義制人。人誰敢拒。○李筌曰。夫并兵震威。則諸侯自顧。不敢預交。○杜牧曰。權力有餘也。能分散敵也。○陳皞曰。雖有霸王之勢。伐大國則眾不得聚。要在結交外援。若不如此。但以威加於敵。逞己之強。則必敗也。○梅堯臣曰。伐大國。能分其眾。則權力有餘也。權力有餘。則威加敵。威加敵。則旁國懼。旁國懼。則敵交不得合也。○王晳曰。能知敵謀。能得地利。又能形之。使其不相救不相恃。則雖大國。豈能聚眾而拒我哉。威之所加者大。則敵交不得合。○張預曰。恃富強之勢。而亟伐大國。則己之民衆將怨苦而不得聚也。甲兵之威倍勝於敵國。則諸侯懼而不敢與我交合也。或曰。侵伐大國。若大國一敗。則小國離而不聚矣。若晉楚爭鄭。晉勝則鄭附。晉敗則鄭叛也。小國既離。則敵國之權力分而弱矣。或我之兵威得以爭勝於彼。是則諸侯豈敢與敵人交合乎。

是故不爭天下之交。御覽不爭作不事。不養天下之權。信音伸。己之私。威加於敵。故其城可拔。其國可隳。

曹公曰。霸王者。不結成天下諸侯之交權者也。絕天下之交。奪天下之權。以威德伸己之私。○李筌曰。能絕天下之交。惟得伸己之私志。威而無外交者。○杜牧曰。信。伸也。言不結鄰援。不蓄養機權之計。但逞兵威加於敵國。貴伸己之私欲。若此者。則其城可拔。其國可隳。齊桓公問於管仲曰。必先頓甲兵。修文德。正封疆。而親四鄰。則可矣。於是復魯衛燕所侵地。而以好成。四鄰大親。乃南伐楚。北伐山戎。東制令支。折孤竹。西服流沙。兵車之會六。乘車之會三。乃率諸侯而朝天子。吳夫差破越於會稽。敗齊於艾陵。闕溝於商魯。會晉於黃池。爭長而反。威加諸侯。諸侯不敢與爭。勾踐伐之。乞師齊楚。齊楚不應。民疲兵頓。為越所滅。越王勾踐問戰於申包胥曰。越國南則楚。西則晉。北則齊。春秋皮幣玉帛子女以賓服焉。未嘗敢絕。求以報吳。願以此戰。包胥曰。善哉。蔑以加焉。遂伐吳滅之。○陳皥曰。智力既全。威權在我。但自養士卒。為不可勝之謀。天下諸侯無權可事也。仁智義謀。己之私有。用以濟衆。故曰伸私威。振天下。德光四海。恩沾品物。信及豚魚。百姓歸心無思不服故攻城必拔伐國必隳也○賈林曰諸侯既懼不得附聚不敢合從我之智謀威力有餘諸侯自歸何用養交之也不養一作不事○梅堯臣曰敵既不得與諸侯交合則我言不爭其交不養其權用己力而已爾威亦爭勝於敵矣故可拔其城可隳其國此謂霸王之兵也○王晳曰結交養權則天下可從申私損威則國城不保○張預曰不爭交援則勢孤而助寡不養權力則人離而國弱伸一己之私忿暴兵威於敵國則終取敗亡也或曰敵國眾既不得聚交又不得合則我當絕其交奪其權得伸己所欲而威倍於敵國故人城可得而拔人國可得而奪之

施無法之賞。懸無政之令。曹公曰言軍法令不應預施懸也司馬法曰見敵作誓瞻功作賞此之謂也（此註原本脫今據通典補正）○賈林曰欲拔城隳國之時故懸法外之賞罰行政外之威令故不守常法常政故曰無法無政○梅堯臣曰瞻功行賞法不預設臨敵作誓政不先懸○王晳曰杜姦媮也曹公曰軍法令不預施懸之司馬法曰見敵作誓瞻功行賞此之謂也○張預曰法不先施政不預告皆臨事立制以勵士心司馬法曰見敵作誓瞻功行賞

犯三軍之眾。若使一人。曹公曰犯用也言明賞罰雖用眾若使一人也○李筌曰善用兵者為法作政而人不知懸事無令而人從之是以犯眾如一人也○梅堯臣曰犯用也賞罰嚴明用多若用寡也○張預曰賞功不逾時罰罪不遷列賞罰之典既明且速則用眾如寡也

犯之以事。勿告以言。

梅堯臣曰。但用以戰。不告以謀。○王晳曰。情泄則謀乖。○張預曰。任用之於戰鬥。勿諭之以權謀。人知謀則疑也。若裴行儉不告士卒以徙營之由。是也。

犯之以利。勿告以害。編按：簡本作……以害。勿告以利。利害相反。孫子前言投之無所往死且不北。下言投之亡地。陷之死地。則有何利可犯。故當從簡本改之。○曹公曰。勿使知害。○李筌曰。犯。用也。卒知言與害則生疑難。○梅堯臣曰。用令知利。不令知害。○王晳曰。慮疑懼也。○張預曰。人情見利則進。知害則避。故勿告以害也。

投之亡地然後存。陷之死地然後生。曹公曰。必殊死戰。在亡地無敗者。孫臏曰。兵恐不投之死地也。○李筌曰。兵居死地。必決命而鬥。以求生。韓信水上軍。則其義也。○梅堯臣曰。地雖曰亡。力戰不亡。地雖曰死。死戰不死。故曰。亡者存之基。死者生之本也。○何氏曰。如漢王遣將韓信擊趙。未至井陘口三十里止舍。夜半傳發。選輕騎二千人。人持一赤幟。從間道萆山而觀趙軍。誡曰。趙見我走。必空壁逐我。汝疾入趙壁。拔趙幟。立漢幟。令其裨將傳餐曰。今日破趙會食。信乃使萬人先行。出背水陳。趙軍望見而大笑。平旦。信建大將軍之旗鼓。行出井陘口。趙開壁擊之。大戰良久。於是信走水上軍。趙空壁逐信。信已入水上軍。軍皆殊死戰。不可敗。信所出奇兵二千騎馳入趙壁。皆拔趙幟。立漢赤幟。趙軍攻信既不得。還壁見漢幟大驚。遂亂遁走。於是漢兵夾擊。大破虜趙軍。斬陳餘泜水上。擒趙王。諸將因問信曰。兵法右背山陵。前左水澤。今者將軍令臣等反背水陳。曰破趙會食臣等不服然竟以勝此何術也信曰此在兵法顧諸君不察耳兵法不曰陷之死地而後生置之亡地而後存乎且信非得素拊循士大夫也此所謂驅市人而戰其勢非置之死地使人人自為戰今與之生地皆走寧尚可得而用之乎諸將皆服曰非所及也梁將陳慶之守渦陽城與後魏軍相持自春至冬數十百戰師老氣衰魏之援兵復欲築壘於軍後諸將恐腹背受敵議退師慶之曰共來至此涉歷一歲縻費糧仗其數極多諸軍並無鬥心皆謀退縮豈是欲立功名直聚為鈔暴耳蓋聞置兵死地乃可求生須虜大合然後與戰必捷諸將壯其計從之魏人掎角作十三城慶之銜枚夜出陷其四壘所餘九城兵甲猶盛乃陳其俘馘鼓噪而攻遂大奔潰斬獲略盡後魏末齊神武與義兵於河北時爾朱兆等四將兵馬號二十萬夾洹水而軍時神武士馬不滿三萬以眾寡不敵遂於韓陵山為圓陳繫牛驢以塞道於是將士皆死戰四面奮擊大破之齊神武兵少天光等兵十倍圍而缺之神武乃自塞其缺士皆有必死之志是以破敵也高齊北豫州刺史司馬消難請降後周周將楊忠與柱國達奚（編按原本無奚字據周書楊忠傳補）武援之於是共率騎士五千人各乘馬一匹從間道馳入齊境五百里前後遣三使報消難而皆不反命去豫州三十里武疑有變欲還忠曰有進死無退生獨以千騎夜趣城下四面峭絕徒聞擊柝之聲武親來麾數百騎以西忠勒餘騎不動候門開而入乃馳遣召武時齊鎮城將伏敬遠勒甲士二千人據東陴舉烽嚴警武憚之不欲保城乃多

取財帛。以消難及其屬先歸。忠以三千騎為殿。到洛南。皆解鞍而臥。齊眾來追於洛北。忠謂將士曰。但飽食。今在死地。賊必不敢渡水。以當吾鋒。食畢。齊兵佯若渡水。忠馳將擊之。齊兵不敢逼。遂徐引而退。○張預曰。置之死亡之地。則人自為戰。乃可存活也。項羽救趙。破釜焚廬。示以必死。諸侯從壁上觀。楚戰士無不一當十。遂虜秦將是也。

夫眾陷於害。然後能為勝敗。梅堯臣曰。未陷難。則士卒心不專。既陷危難。然後勝。勝敗在人為之耳。○張預曰。士卒用命。則勝敗之事在我所為。

故為兵之事。在於順詳敵之意。曹公曰。佯愚也。或曰。彼欲進。設伏而退。彼欲去。開而擊之。○李筌曰。敵欲攻我以守待之。敵欲戰。我以奇待之。退伏利誘。皆順其所欲。○杜牧曰。夫順敵之意。蓋言我欲擊敵。未見其隙。則藏形閉跡。敵人之所為。順之勿驚。假如強以陵我。我則示怯而伏。且順其強以驕其意。候其懈怠而攻之。假如欲退而歸。則開圍使去。以順其退。使無鬥志。遂因而擊之。皆順敵之旨也。○陳皞曰。順敵之旨。不假多說。但強示之弱。進示之退。使敵心不戒。然後攻而破之必矣。○梅堯臣曰。佯怯佯弱。佯亂佯北。敵人輕來。我志乃得。○張預曰。彼欲進。則誘之令進。彼欲退。則緩之令退。奉順其旨。設奇伏以取之。或曰。敵有所欲。當順其意以驕之。留為後圖。若東胡遣使謂冒頓曰。欲得頭曼千里馬。冒頓與之。復遣使來曰。願得單于一閼氏。冒頓又與之。及其驕怠而擊之。遂滅東胡是也。

并敵一

向。千里殺將。曹公曰、并兵向敵、雖千里能擒其將也。○杜牧曰、上文言為兵之事在順敵之意、此乃未見敵人之隙耳、若已見其隙有可攻之勢、則須并兵專力以向敵人、雖千里之遠、亦可以殺其將也。○賈林曰、能以利誘敵人、使一向趨之、則我雖遠千里、亦可擒殺其將。○梅堯臣曰、隨敵一向、然後發伏出奇、則能遠擒其將。○王晳曰、順敵意隨敵形、及其空虛不虞、并兵一力以向之、可以覆其軍、殺其將、則明如冒頓滅東胡之事是也。

此謂巧能成事者也。曹公曰、是成事巧者也、一作是謂巧攻成事。○梅堯臣曰、能順敵而取勝、機巧者也。○何氏曰、能如此者、是巧攻之成事者也。○張預曰、始順其意、後殺其將、成事之巧也。

是故政舉之日。夷關折符。無通其使。曹公曰、謀定則閉關折符、無得有所沮議、恐惑眾士心也。○杜牧曰、其所不通、豈敵人之使乎、若敵人之使不受、則何必夷關折符、然後為不通乎。答曰、夷關折符者、不令國人出入、蓋恐敵人有間使潛來、或藏形隱跡、由危歷險、或竊符盜信、假託姓名而來窺我也。無通其使者、敵人若有使來聘、亦不可受之、恐有智能之士、如張孟談婁敬之屬、見其微而知著、測我虛實也、此乃兵形未成、恐敵人先事以制我也。兵形已成、出境之後、則使在其間、古之道也。○梅堯臣曰、夷、滅也、折、斷也、舉政之日、滅塞道梁、斷毀符節、使不通者、恐泄我事也。○張預曰、廟筭已定、軍謀已成、則夷塞關梁、毀折符信、勿通使命、恐泄我事也、彼有使來、則當納之，故下文云，敵之開闔必亟入之。**勵於廊廟之上。以誅其事。**曹公曰，誅，治也。○杜牧曰，勵，揣厲也，言廊廟之上誅治其事，成敗先定，然後興師，一本作以謀其事。○梅堯臣曰，嚴整於廊廟之上，以計其事，言其密也。○何氏曰，磨勵廊廟勝之策，以責成其事。○張預曰，兵者大事，不可輕議，當惕勵於廟堂之上，密治其事，貴謀不外泄也。**敵人開闔。必亟入之。**曹公曰，敵有間隙，當急入之也。○孟氏曰，開闔，間者也，有間來則疾內之。○李筌曰，敵開闔未定，必急來也。○梅堯臣同孟氏註。○張預曰，開闔，謂間使也，敵有間來，當急受之，或曰，謂敵人或開或闔，出入無常，進退未決，則宜急乘之。**先其所愛。**曹公曰，據利便也。○李筌曰，先攻其積聚及妻子，利不擇其用也。○杜牧曰，凡是敵人所愛惜倚恃以為軍者，則先奪之也。○梅堯臣曰，先察其便利愛惜之所也。○何氏同杜牧註。**微與之期。**曹公曰，後人發，先人至。○杜牧曰，微者，潛也，言以敵人所愛利便之處為期，將欲謀敵之，故潛往赴期，不令敵人知也。○陳皥曰，我若先奪便地，而敵不至，雖有其利，亦奚用之，是以欲取其愛惜之處，必先微與敵人相期，誤之使必至。○梅堯臣曰，微露之期，使間歸告，然後我後人發，先人至也，後發者，欲其必赴也，先至者，奪其所愛也。○王晳曰，權譎也，微者所以示密也，公曰，先敵至也。○張預曰，兵所愛者，便利之地，我欲先據，當微露其意，與之相期，敵方趨之，我乃後發，而先至也，所以使敵先趨者，恐我至而敵不來也，故曰，爭地吾將趨其後.**踐墨隨敵。以決戰事。**曹公曰.行踐規矩無常也.○李筌曰.墨者.出道也.出遲道而從之.恐不及.○杜牧曰.墨規矩也.言我常須踐履規矩.深守法制.隨敵人之形.若有可乘之勢.則出而決戰.○陳皥曰.兵雖要在迅速.以決戰事.然自始及末.須守法制.縱獲勝捷.亦不可爭競擾亂也.城濮之戰.晉文公登有莘之墟.以望其師.曰.少長有禮.其可用也.踐墨一作剗墨.○賈林曰.剗除也.墨繩墨也.隨敵計以決戰事.惟勝是利.不可守以繩墨而為.○梅堯臣曰.舉動必踐法度.而隨敵屈伸.因利以決戰也.○王晳曰.踐兵法如繩墨.然後可以順敵決勝.○張預曰.循守法度.踐履規矩.隨敵變化.形勢無常.乃可以決戰取勝.墨繩墨也.婦人左右前後跪起.皆中規矩繩墨.是也.**是故始如處女。敵人開戶。後如脫兔。敵不及拒。**曹公李筌曰.處女示弱.脫兔往疾也.○杜牧曰.言敵人初時.謂我所能為.如處女之弱.我因急去攻之.險迅疾速.如兔之脫走.不捍拒也.或曰.我避敵走.如脫兔.曰.非也.○梅堯臣曰.始若處女.踐規矩之謂也.後若脫兔.應敵決戰之謂也.○王晳曰.處女.隨敵也.開戶.不虞也.脫兔.疾也.若田單守即墨.而破燕軍.是也.○張預曰.守則如處女之弱.令敵懈怠.是以啟隙.攻則猶脫兔之疾.乘敵倉卒.是以莫禦.太史公謂田單守即墨.攻騎劫.正如此語.不其然乎.

孫子集註卷十二

賜進士及第署山東提刑按察使分巡兗沂曹濟黃河兵備道孫星衍　賜進士出身署萊州府知府候補同知吳人驥　同校

火攻篇

曹公曰.以火攻人.當擇時日也.○王晳曰.助兵取勝.戒虛發也.○張預曰.以火攻敵.當使姦細潛行地里之遠近.途逕之險易.先熟知之乃可往.故次九地.

孫子曰。凡火攻有五。一曰火人。杜佑曰.與敵陳師.敵傍近草.因風燒之.戰之助也.（據通典補）○李筌曰.焚其營.殺其士卒也.○杜牧曰.焚其營柵.因燒兵士.吳起曰.凡軍居荒澤.草木幽穢.可焚而滅.蜀先主伐吳.吳將陸遜拒之於夷陵.先攻一營不利.諸將曰.空殺兵耳.遜曰.吾已曉破敵之術矣.乃勅各持一把茅.以火攻拔之.一爾勢成.通率諸軍同時俱攻.斬張南馮習及胡王沙摩柯等.破四十餘營.死者萬數.備因夜遁.軍資器械略盡.遂歐血而殂.○梅堯臣曰.焚營柵荒穢.以助攻戰也.○何氏曰.魯桓公世.焚邾婁之咸丘.始以火攻也.後世兵家者流.故有五火之攻.以佐取勝之道也.如後漢班超使西域.到鄯善.初夜.將吏士奔虜營.會天大風.超令十人持鼓藏虜舍後.約曰.見火燃.皆當鳴鼓大呼.餘人悉持兵弩夾門而伏.超順風縱火.前後鼓譟.虜衆驚亂.超手格殺三人.餘衆悉燒死.又皇甫嵩率衆討黃巾賊張角嵩保長社賊來圍城嵩兵少軍中皆恐召軍吏謂曰兵有奇變不在衆寡今賊依草結營易為風火若因夜縱火必大驚亂吾出兵擊之其功可成其夕遂大風嵩乃約勒軍士皆束苣乘城使銳士間出圍外縱火大呼城上舉燎應之嵩因鼓而奔其陳賊驚亂奔走大破之又五代梁太祖乾寧中親領大軍由鄆州東北次於魚山朱宣瑾覘知即以兵徑至且圖速戰帝軍出砦時宣瑾已陳於前須臾東南風大起帝軍旌旗失次甚有懼色帝即令騎士揚鞭呼嘯俄而西北風驟發時兩軍皆在草莽中帝因令縱火既而煙燄亙天乘勢以攻賊陳宣瑾大破餘衆擁入清河因築京觀于魚山之下又後唐伐蜀工部任圜以大軍至漢州康延孝來逆戰圜命董璋以東川懦卒當其鋒伏精兵於其後延孝擊退東川之軍急追之遇伏兵延孝敗馳入漢州閉壁不出西川孟知祥以兵二萬與圜合勢攻之漢州四面樹竹木為柵三月圜陳于金雁橋即率諸軍鼓譟而進四面縱火風燄亙空延孝危急引騎出陳于金雁橋又大敗之○張預曰焚彼營舍以殺其士火攻之先也班超燒匈奴使者是也

二曰火積。

杜佑曰燒其積蓄（據通典補）○李筌曰焚積聚也○杜牧曰積者積蓄也糧食薪芻是也高祖與項羽相持成皐為羽所敗北渡河得張耳韓信軍軍修武深溝高壘使劉賈將二萬人騎數百渡白馬津入楚地燒其積聚以破其業楚軍乏食隋文帝時高熲獻取陳之策曰江南土薄舍多茅竹所有儲積皆非地窖可密遣行人因風縱火待彼修葺復更燒之不出數年自

可財力俱盡帝行其策由是陳人益斃○梅堯臣曰焚其委積以困芻糧○張預曰焚其積聚使芻糧不足故曰軍無委積則亡劉賈燒楚積聚是也。

三曰火輜。四曰火庫。

杜佑曰燒其輜重使奸人入敵營燒其兵庫（據通典補）○李筌曰燒其輜重焚其庫室○杜牧曰器械財貨及軍士衣裝在車中上道未止曰輜在城營壘已有止舍曰庫其所藏二者皆同後漢末袁紹相許攸降曹公曰今袁氏輜重有萬餘兩車屯軍不嚴今以輕兵襲之不意而至焚其積聚不過三日袁氏自敗公大喜選精騎五千皆用袁氏旗幟銜枚縛馬口從間道出入抱束薪所歷道有問者語之曰袁公恐曹公抄略後軍遣兵以益備聞者信以為然皆自若既至圍屯大放火營中驚亂因大破之輜重悉焚之矣○陳皥曰夫敵有愛惜之物亦可以攻之彼若出救是我以火分其勢也更遇其心神撓惑自可破軍殺將也○梅堯臣曰焚其輜重以窘貨財焚其庫室以空蓄聚○何氏曰如前秦苻堅遣將王猛伐前燕慕容評率兵四十萬禦之以持久制之猛遣將郭慶率步騎五千夜從間道起火于晉山燒評輜重火見鄴中因而滅之○張預曰焚其輜重使器用不供故曰軍無輜重則亡曹公燒袁紹輜重是也焚其府庫使財貨不充故曰軍無財則士不來。

五曰火隊。

按通典本隊又作墜○杜佑曰墜墮也以火墮敵營中也火墜之法以鐵籠火著箭頭頸強弩射敵營中一曰火道燒絕其糧道（據通典御覽補）○李筌曰焚其隊仗兵器○杜牧曰焚其行伍因亂而擊之○賈

林曰.隊.道也.燒絕糧道及轉運也.○梅堯臣曰.焚其隊仗.以奪兵具.隊一作隧.(編按原本作隧一作隊依明談愷本改據此隊隧同意為通道.即指糧道及轉運通道.非謂隊仗也.)○何氏同賈林註.○張預曰.焚其隊仗.使兵無戰具.故曰.器械不利.則難以應敵也.

行火必有因。曹公曰.因姦人.○杜佑曰.因姦人也.又因風燥而焚燒.(據通典御覽補.)○李筌曰.因姦人而內應也.○陳皥曰.須得其便.不獨姦人.○賈林曰.因風燥而焚之.○張預曰.火攻皆因天時燥旱.營舍茅竹.積芻聚糧.居近草莽.因風而焚之.

煙火必素具。曹公曰.煙火.燒具也.○杜佑曰.燒具也.先具燧之屬.(據通典御覽補.)○李筌曰.薪芻蒿艾.糧糞之屬.○杜牧曰.艾蒿荻葦薪芻膏油之屬.先須修事以備用.兵法有火箭.火簾.火杏.火兵.火戰.火禽.火盜.火弩.凡此者皆可用也.○梅堯臣曰.潛姦伺隙.必有便也.秉秆持燧.必先備也.傳曰.惟事事有備.乃無患也.○張預曰.貯火之器.燃火之物.常須預備.伺便而發.

發火有時.起火有日。梅堯臣曰.不妄發也.○張預曰.不可偶然.當伺時日.

時者.天之燥也。曹公曰.燥者.旱也.○梅堯臣曰.旱熯易燎.○張預曰.天時旱燥.則火易燃.

日者.宿在箕壁翼軫也。原本宿作月.從通典御覽改正.又箕壁通典御覽皆作戊箕東壁.

凡此四宿者.風起之日也。杜佑曰.戊翼參曰.月宿此宿之日風起.蕭世誠曰.春丙丁.夏戊己.秋壬癸.冬甲乙.此日有疾風猛雨也.吾勘太乙中.有飛鳥十精.知風雨期.五子元運式也.各候其時.可以用火也.（據通典御覽補.）○李筌曰.天文志月宿此者多風.玉經云.常以月加日.從營室順數十五至翼.月宿在於此也.○杜牧曰.宿者.月之所宿也.四宿者.風之使也.○梅堯臣曰.箕.龍尾也.壁.東壁也.翼.軫.鶉尾也.宿在者.謂月之所次也.四宿好風.月離必起.○張預曰.四星好風.月宿則起.當推步躔次.知所宿之日.則行火.一說.春丙丁.夏戊己.秋壬癸.冬甲乙.此日有疾風猛雨.又占風法.取雞羽重八兩.掛於五丈竿上.以候風所從來.四宿.即箕.壁.翼.軫也.

凡火攻.必因五火之變而應之。梅堯臣曰.因火為變.以兵應之.○張預曰.因其火變.以兵應之.五火.即人.積.輜.庫.隊.也.**火發於內.則早應之於外。**御覽早作軍.誤.○曹公曰.以兵應之也.○杜佑曰.以兵應之.使間人縱火於敵營內.當速進以攻其外也.○李筌曰.乘火勢而應之也.○杜牧曰.凡火乃使敵人驚亂.因而擊之.非謂空以火敗敵人也.聞火初作.即攻之.若火闌眾定而攻之.當無益.故曰早也.○梅堯臣曰.內若驚亂.外以兵擊.○張預曰.火纔發於內.則兵急擊於外.表裏齊攻.敵易驚亂.**火發而其兵靜者。**原本無而其二字.從通典補.**待而勿攻。**杜牧曰.火作不驚.敵素有備.不可遽攻.須待其變者也.○梅堯臣曰.不驚撓者.必有備也.○王皙曰.以不變也.○何氏曰.火作而敵不驚者.必有備也.我往攻則反或受害.○張預曰.火雖發而兵不亂者.敵有備也復防其變故不可攻。**極其火力可從而從之不可從而止。**曹公曰見可而進知難而退○杜佑曰見利則進知難則退極盡也盡火力可則應不可則止無使敵知吾所為○李筌曰夫火發兵不亂不可攻○杜牧曰俟火盡已來若敵人擾亂則攻之若敵終靜不擾則收兵而退也○梅堯臣曰極其火勢待其變則攻不變則勿攻○王晳曰伺其變亂則乘之終不變亂則自治而蓄力○何氏曰如魏滿寵征吳勅諸將曰今夕風甚猛賊必來燒我營宜為之備諸軍皆警夜半果來燒營寵掩擊破之者是也○張預曰盡其火勢亂則攻安靜則退。**火可發於外無待於內以時發之。**李筌曰魏武破袁紹於官渡用許攸計燒輜重萬餘則其義也○杜牧曰上文云五火變須發於內若敵居荒澤草穢或營柵可焚之地即須及時發火不必更待內發作然後應之恐敵人自燒野草我起火無益漢時李陵征匈奴戰敗為單于所逐及於大澤匈奴於上風縱火陵亦先放火燒斷蒹葭用絕火勢○陳皡曰以時發之所謂天之燥月之宿在四星也○賈林曰火可發於外不必待內應得時即應發不可拘於常勢也○梅堯臣同杜牧註○張預曰火亦可發於外不必須待作於內但有便則應時而發黃巾賊張角圍漢將皇甫嵩於長社賊依草結營嵩使銳士間出圍外縱火大呼城上舉燎應之嵩因鼓而奔其陳賊驚亂遂敗走。**火發上風無攻下風。**曹公曰不便也○杜佑曰不便也燒之必退退而逆攻之必為所害也.(據通典御覽補.)○李筌曰.隋江東賊劉元進攻王世充於延陵.令把草東方.因風縱火.俄而迴風.悉燒元進營.軍人多死者.○杜牧曰.若是東則焚敵之東.我亦隨以攻其東.若火發東面.攻其西.則與敵人同受也.故無攻下風.則順風也.若舉東可知其他也.○梅堯臣曰.逆火勢.非便也.敵必死戰.○王皙曰.或擊其左右可也.○張預曰.燒之必退.退而逆擊之.必死戰.則不便也.

晝風久.夜風止。○曹公曰.數當然也.○杜佑曰.數常也.陽風也.晝風則火氣相動也.夜風卒.欲縱火.亦當知風之長短也.(據通典御覽補編按陽風也疑乃風陽也之誤倒.)○李筌曰.不知始也.○杜牧曰.老子曰.飄風不終朝.○梅堯臣曰.凡晝風必夜止.夜風必晝止.數當然也.○王皙同梅堯臣註.○張預曰.晝起則夜息.數當然也.故老子曰.飄風不終朝.

凡軍必知有五火之變.以數守之。○杜佑曰.既知起五火之變.當復以數消息其可否.○杜牧曰.須筭星躔之數.守風起日.乃可發火.不可偶然而為之.○梅堯臣曰.數星之躔.以候風起之日.然而發火.亦當有防其變.○張預曰.不可止知以火攻人.亦當防人攻己.推四星之度數.知風起之日.則嚴備守之.

故以火佐攻者明。○杜佑曰.取勝明也.(據通典補.)○梅堯臣曰.明白易勝.○張預曰.用火助攻.灼然可以取勝.

以水佐攻者強。○杜佑曰.水以為衝.故強.○梅堯臣曰.勢之強也.○張預曰.水能分敵之軍.彼勢分則我勢強.

水可以絕.不

可以奪。曹公曰。火佐者。取勝明也。水佐者。但可以絕敵道。分敵軍。不可以奪敵蓄積。○杜佑曰。水但能絕其敵道。分敵軍耳。不可以奪敵蓄積及計數也。（從通典補。）○李筌曰。軍者必守術數而佐之。水火所以明強也。光武之敗王莽。魏武之擒呂布。皆其義也。以水絕敵人之軍。分為二。則可。難以奪敵人之蓄積。○杜牧曰。水可絕敵糧道。絕敵救援。絕敵奔逸。絕敵衝擊。不可以久奪險要蓄積也。○王晳曰。強者取其決注之暴。○張預曰。水止能隔絕敵軍。使前後不相及。取其一時之勝。然不若火能焚奪敵之積聚。使之滅亡者。韓信決水斬楚將龍且。是一時之勝。曹公焚袁紹輜重。紹因以敗。是使之滅亡也。水不若火。故詳於火而略於水。

夫戰勝攻取而不修其功者凶。命曰費留。曹公曰。若水之留。不復還也。或曰。賞不以時。但費留也。賞善不踰日也。○李筌曰。賞不踰日。罰不踰時。若功立而不賞。有罪而不罰。則士卒疑惑。日有費也。○杜牧曰。修者。舉也。夫戰勝攻取。若不藉有功舉而賞之。則三軍之士必不用命也。則有凶咎。徒留滯費耗。終不成事也。○賈林曰。費留惜費也。○梅堯臣曰。欲戰必勝。攻必取者。在因時乘便。能作為功也。作為功者。修火攻水攻之類。不可坐守其利也。坐守其利者凶也。是謂費留矣。○王晳曰。戰勝攻取而不修功賞之差。則人不勸。不勸則費財老師。凶害也已。○張預曰。戰攻所以能必勝必取者。水火之助也。水火所以能破軍敗敵者。士卒之用命也。不修舉有功而與之.凶咎之道也.財竭師老而不得歸.費留之謂也.**故曰。明主慮之。良將修之。**杜牧曰.黃石公曰.夫霸者制士以權.結士以信.使士以賞.信衰則士疏.賞虧則士不為用.○賈林曰.明主慮其事.良將修其功.○梅堯臣曰.始則君發其慮.終則將修其功.○張預曰.君當謀慮攻戰之事.將當修舉尅捷之功.**非利不動。**御覽作不起.按此與李筌杜牧本皆同.○李筌曰.明主賢將.非見利不起兵.○杜牧曰.先見起兵之利.然後兵起.○梅堯臣曰.凡兵非利於民.不興也.一作非利不起也.**非得不用。**杜牧曰.先見敵人可得.然後用兵.○賈林曰.非得其利.不用也.**非危不戰。**曹公曰.不得已而用兵.○李筌曰.非至危不戰.○梅堯臣曰.凡用兵.非危急不戰也.所以重凶器也.○張預曰.兵凶器.戰危事.須防禍敗.不可輕舉.不得已而後用.

主不可以怒而興師。通典御覽皆兩引作興軍.○王晳曰.不可但以怒也.若息侯伐鄭.○張預曰.因怒興師.不亡者鮮.若息侯與鄭伯有違言而伐鄭.君子是以知息之將亡.**將不可以慍而致戰。**御覽一引作合戰.○王晳曰.不可但以慍也.若晉趙穿.○張預曰.因忿而戰.罕有不敗.若姚襄怒苻堅黃眉壓壘而陳.因出戰.為黃眉所敗.是也.怒大於慍.故以主言之.慍小於怒.故以將言之.君則可以興兵.將則止可言戰.**合於利而動。**通典御覽兩引動皆為用.按九地篇亦云.合於利而動也.**不合於利**

而止。曹公曰。不得以己之喜怒而用兵也。○杜佑曰。人主聚眾興軍。以道理勝負之計。不可以己之私怒將舉兵則以策。不可以慍恚之故而合戰也。○賈林曰。慍怒內作。不顧安危固不可也。○梅堯臣曰。兵以義動。無以怒興。戰以利勝。無以慍敗。○張預曰。不可因己之喜怒而用兵當顧利害所在。尉繚子曰。兵起非可以忿也。見勝則興。不見勝則止。**怒可以復喜。慍可以復悅。**張預曰。見於色者謂之喜。得於心者謂之悅。**亡國不可以復存。死者不可以復生。**杜佑曰。凡主怒興軍伐人。無素謀明計。則破亡矣。將慍怒而鬥。倉卒而合戰。所傷殺必多。怒慍復可以悅喜。言亡國不可復存。死者不可復生者。言當慎之。○杜牧曰。亡國者。非能亡人之國也。言不度德。不量力。因怒興師。因慍合戰。則其兵自死。其國自亡者也。○梅堯臣曰。一時之怒可返而喜也。一時之慍可返而悅也。國亡軍死。不可復已。○王晳曰。喜怒無常。則威信去矣。○張預曰。君因怒而興兵。則國必亡。將因慍而輕戰。則士必死。**故明君慎之。良將警之。此安國全軍之道也。**通典及御覽無全軍二字。脫。○杜牧曰。警言戒之也。○梅堯臣曰。主當慎重。將當警懼。○張預曰。君常慎於用兵。則可以安國。將常戒於輕戰。則可以全軍。

孫子集註卷十三

賜進士及第署山東提刑按察使分巡兗沂曹濟黃河兵備道孫星衍　賜進士出身署萊州府知府候補同知吳人驥　同校

用間篇

曹公李筌曰.戰者.必用間諜.以知敵之情實也.○張預曰.欲素知敵情者.非間不可也.然用間之道.尤須微密故次火攻也.

孫子曰。凡興師十萬。出兵千里。百姓之費。公家之奉。日費千金。內外騷動。怠於道路。御覽無怠於道路句脫也.不得操事者。七十萬家。曹公曰.古者八家為鄰.一家從軍.七家奉之.言十萬之師舉.不事耕稼者七十萬家.○李筌曰.古者發一家之兵.則鄰里三族共資之.是以不得耕稼者七十萬家.而資十萬之眾矣.○杜牧曰.古者一夫田一頃.夫九頃之地.中心一頃鑿井樹廬.八家居之.是為井田.怠.疲也.言七十萬家奉十萬之師.轉輸疲於道路也.○梅堯臣曰.輸糧供用.公私煩役.疲於道路.廢於耒耜也.曹說是也.○張預曰.井田之法.八家為鄰.一家從軍.七家奉之.興兵十萬.則輟耕作者七十萬家也.或問曰.重地則掠.疲於道路而轉輸何也.曰.非止運糧.亦供器用也.且兵貴掠敵者.謂深踐敵境.則當備其乏.故須掠以繼食.非專館穀於敵也。亦有磧鹵之地無糧可因。得不餉乎。**相守數年。以爭一日之勝。而愛爵祿百金。不知敵之情者。不仁之至也。**李筌曰。惜爵賞不與間諜。令窺敵之動靜。是為不仁之至也。○杜牧曰。言不能以厚利使間也。○梅堯臣曰。相守數年。則七十萬家所費多矣。而乃惜爵祿百金之微。不以遺間釣情取勝。是不仁之極也。○王皙曰。惜財賞不用間也。○張預曰。相持且久。七十萬家財力一困。不知恤此而反靳惜爵賞之細。不以啗間求索知敵情者。不仁之甚也。**非人之將也。**編按。簡本人作民。○梅堯臣曰。非將人成功者也。**非主之佐也。**一本作非仁之佐也。○梅堯臣曰。非以仁佐國者也。**非勝之主也。**梅堯臣曰。非致勝主利者也。○張預曰。不可以將人。不可以佐主。不可以主勝。勤勤而言者。嘆惜之也。**故明君賢將。所以動而勝人。成功出於眾者。先知也。**李筌曰。為間也。○杜牧曰。知敵情也。○梅堯臣曰。主不妄動。動必勝人。將不苟功。功必出眾。所以者何也。在預知敵情也。○王皙曰。先知敵情。制如神也。○何氏曰。周官士師掌邦諜。蓋異國間伺之謂也。故兵家之有四機二權。曰事機。曰智權。皆善用間諜者也。故能敵人動靜我預知矣。韋孝寬為驃騎大將軍。鎮玉壁。孝寬善於撫御。能得人心。所遣間諜入齊者。皆為盡力。亦有齊人得孝寬金貨。遙通書疏。故齊之動靜。朝廷皆先知之。時有主帥許盆。孝寬委以心膂。令守一戍。盆乃以城東入.孝寬恕遣諜取之.俄而斬首而還.其能致物情如此.又李達為都督義州宏農等二十一防諸軍事.每厚撫境外之人.使為間諜.敵中動靜.必先知之.至有事泄被誅戮者.亦不以為悔.其得人心也如此.○張預曰.先知敵情.故動則勝人.功業卓然.超絕群眾.

先知者。不可取於鬼神。張預曰.視之不見.聽之不聞.不可以禱祀而取.**不可象於事。**曹公曰.不可以禱祀而求.亦不可以事類而求也.○李筌曰.不可取於鬼神象類.唯間者能知敵之情.○杜牧曰.象者類也.言不可以他事比類而求.○梅堯臣曰.不可以卜筮知也.不可以象類求也.○張預曰.不可以事之相類者擬象而求.**不可驗於度。**曹公曰.不可以事數度也.○李筌曰.度.數也.夫長短闊狹.遠近小大.即可驗之於度數.人之情偽.度不能知也.○梅堯臣曰.不可以度數驗也.言先知之難也.○張預曰.不可以度數推驗而知.**必取於人知敵之情者也。**曹公曰.因人也.○李筌曰.因間人也.○梅堯臣曰.鬼神之情.可以筮卜知.形氣之物.可以象類求.天地之理.可以度數驗.唯敵之情.必由間者而後知也.○張預曰.鬼神象類度數.皆不可以求先知.必因人而後知敵情也.

故用間有五。有因間。有內間。有反間。有死間。有生間。梅堯臣曰.五間之名也.○張預曰.此五間之名.因間當為鄉間.故下文云鄉間可得而使.(編按.張註甚是.下文作因間者并當改之.)**五間俱起。莫知其道。**

是為神紀。 通典御覽為作謂 **人君之寶也。** 曹公曰同時任用五間也○李筌曰五間者因五人用之○杜牧曰五間俱起者敵人不知其情泄形露之道乃鬼神之綱紀人君之重寶也○賈林曰紀理也言敵人俱莫知我以何道如通神理也○梅堯臣曰五間俱起以間敵而莫知我用之之道是曰神妙之綱紀人君之所貴也○張預曰五間循環而用人莫能測其理茲乃神妙之綱紀人君之重寶也

因間者因其鄉人而用之。 杜佑曰因敵鄉人知敵表裏虛實之情故就而用之可使伺候也○杜牧曰因敵鄉國之人而厚撫之使為間也晉豫州刺史祖逖之鎮雍丘愛人下士雖疏交賤隸皆恩禮而遇之河上堡固先有任子在胡者皆聽兩屬時遣游軍偽抄之明其未附諸塢主感戴胡有異圖輒密以聞前後尅獲蓋由於此西魏韋孝寬使齊人斬許盆而來猶其義也○賈林曰讀因間為鄉間○梅堯臣曰因其國人利而使之○何氏曰如春秋時楚師伐宋九月不服將去宋楚大夫申叔時曰築室反耕者宋必聽命楚子從之宋人懼使華元夜入楚師登子反之牀起之曰寡君使元以病告曰敝邑易子而食析骸以爨雖然城下之盟有以國斃不能從也去我三十里唯命是聽子反懼與之盟而告楚子退三十里宋及楚平○張預曰因敵國人知其底裏就而用之可使伺候也韋孝寬以金帛啗齊人而齊人遙通書疏是也

內間者因其官人而用之。 杜佑曰因其在官失職者若刑戮之子孫與受罰之家也因其

有隙就而用之。○李筌曰。因敵人失職之官。魏用許攸也。○杜牧曰。敵之官人有賢而失職者。有過而被刑者。亦有寵嬖而貪財者。有屈在下位者。有不得任使者。有欲因敗喪以求展己之材能者。有飜覆變詐常持兩端之心者。如此之官皆可以潛通問遺。厚貺金帛而結之。因求其國中之情。察其謀我之事。復間其君臣使不和同也。○梅堯臣曰。因其官屬結而用之。○何氏曰。如益州牧羅尚遣將隗伯攻蜀賊李雄於郫城。互有勝負。雄乃募武都人朴泰。鞭之見血。使譎羅尚。欲為內應。以火為期。尚信之。悉出精兵。遣隗伯等率兵從泰擊雄。雄將李驤於道設伏。泰以長梯倚城而舉火。伯軍見火起而爭緣梯。泰又以繩汲上尚軍百餘人。皆斬之。雄因放兵內外擊之。大破尚軍。此用內間之勢也。又隋陰壽為幽州總管。高寶寧舉兵反。壽討之。寶寧奔于磧北。壽班師。留開府成道昂鎮之。寶寧遣其子僧伽率輕騎掠城下而去。尋引契丹靺鞨之眾來攻。道昂苦戰連日乃退。壽患之。於是重購寶寧。又遣人陰間其所親任者趙世模王威等。月餘。世模率其眾降。寶寧復走契丹。為其麾下趙修羅所殺。北邊遂安。又唐太宗討竇建德。入武牢。進薄其營。多所傷殺。凌敬進說曰。宜悉兵濟河。攻取懷州河陽。使重將居守。更率眾鳴鼓建旗。踰太行。入上黨。先聲後實。傳檄而定。漸趨壺口。稍駭蒲津。收河東之地。此策之上也。行必有三利。一則入無人之境。師有萬全。二則拓土得兵。三則鄭圍自解。建德將從之。王世充之使長孫安世陰齎金玉。啗其諸將。以亂其謀。眾咸進諫曰。凌敬書生耳。豈可與言戰乎。建德從之。

退而謝敬曰.今衆心甚銳.此天贊我矣.因此決戰.必然大捷.已依衆議.不得從公言也.敬固爭.建德怒.杖出焉.於是悉衆進逼武牢.太宗按甲挫其銳.建德中槍.竄於牛口渚.車騎將軍白士讓楊武威生獲之.又王翦為秦將.攻趙.趙使李牧司馬尚禦之.李牧數破走秦軍.殺秦將桓齮.翦惡之.乃多與趙王寵臣郭開等金.使為反間.曰.李牧司馬尚欲與秦廢趙.以多取封於秦.趙王疑之.使趙蔥及顏聚代將.斬李牧.廢司馬尚.後三月.翦因急擊趙.大破殺趙蔥.虜趙王遷及其將顏聚也.○張預曰.因其失意之官.或刑戮之子弟.凡有隙者.厚利使之.晉任析公.吳納子胥.皆近之.

反間者.因其敵間而用之.

杜佑曰.敵使間來視我.我知之.因厚賂重許.反使為我間也.蕭世誠曰.言敵使人來候我.我佯不知.而示以虛事.前卻期會.使師相語.是曰反間.（據通典御覽補.）○李筌曰.敵有間來窺我得失.我厚賂之.而令反為我間也.○杜牧曰.敵有間來窺我.我必先知之.或厚賂誘之.反為我用.或佯為不覺.示以偽情而縱之.則敵人之間.反為我用也.陳平初為漢王護軍尉.項羽圍於滎陽.漢王患之.請割滎陽以西和.項王勿聽.平曰.顧楚有可亂者.彼項王骨鯁之臣.亞父鍾離昧龍且周殷之屬.不過數人耳.大王能出捐數萬斤金.行反間.間其君臣.以疑其心.項王為人意忌信讒.必內相誅.漢因舉兵而攻之.破楚必矣.漢王以為然.乃出黃金四萬斤與平.恣所為.不問出入.平既多以金縱反間於楚軍.宣言諸將.鍾離昧等為項王將.功多矣.然終不得裂地而王.欲與漢為一.以滅項氏.

分王其地．項王果疑之．使使至漢．漢為太牢之具．舉進．見楚使．即佯驚曰．吾以為亞父使．乃項王使也．復持去．以惡草具進楚使．使歸具以報項王．果大疑亞父．亞父欲急擊下滎陽城．項王不信．不肯聽亞父．亞父聞項王疑之．乃大怒．疽發而死．卒用陳平之計滅楚也．○梅堯臣曰．或以偽事紿之．或以厚利啗之．○王晳曰．反敵間．反為我間也．或留之．使言其情．又或示以詭形而遣之．○何氏曰．如燕昭王以樂毅為將．破齊七十餘城．及惠王立．與樂毅有隙．齊將田單乃縱反間於燕．宣言曰．齊王已死．城之不拔者二耳．樂毅畏誅而不敢歸．以伐齊為名．實欲連兵南面而王齊．齊人未附．故且緩即墨以待其事．齊人所懼．惟恐他將之來．即墨殘矣．燕王以為然．使騎劫代樂毅．燕人士卒離心．單又縱反間曰．吾懼燕人掘吾城外冢墓．戮辱先人．燕人從之．即墨人激怒請戰．大破燕師．所亡七十餘城悉復之．又秦師圍趙閼與．趙將趙奢救之．去趙國都三十里．不進．秦間來．奢善食遣之．間以報秦將．以為奢師怯弱而止不行．奢隨而卷甲趨秦師．擊破之．又范睢為秦昭王將．使左庶長王齕攻韓．取上黨．上黨民走趙．趙軍長平．齕因攻趙．趙使廉頗將．廉頗堅壁以待秦．數挑戰．趙兵不出．趙王數以為讓．而睢使人行千金於趙．為反間曰．秦之所惡．獨畏趙括耳．廉頗軍易與．且降矣．趙王既怒廉頗軍多亡失．數敗．又反堅壁不戰．又聞秦反間之言．因使括代頗．秦聞括將．以白起為上將軍．射殺括及坑降卒四十萬．○張預曰．敵有間來．或重賂厚禮以結之．告以偽辭．或佯為不知．疏而慢之．示以虛事．使之歸報．

則反為我利也趙奢善食秦間漢軍佯驚楚使是也

死間者。為誑事於外。令吾間知之。而傳於敵間也。

通典御覽傳皆作待按此與李筌本同也○杜佑曰作誑詐之事於外佯漏泄之使吾間知之吾間至敵中為敵所得必以誑事輸敵敵從而備之吾所行不然間則死矣又云敵間來聞我誑事以持歸然皆非所圖也二間皆不能知幽隱深密故曰死間也蕭世誡曰所獲敵人及已叛亡軍士有重罪繫者故為貸免相勅勿泄佯不祕密令敵間竊聞之吾因縱之使亡亡必歸敵必信焉往必死故曰死間○李筌曰情詐偽不足信吾知之今吾動此間而待之此筌以待字為非傳也○杜牧曰誑者詐也言吾間在敵未知事情我則詐立事跡令吾間憑其詐跡以輸誠於敵而得敵信也若吾進取與詐跡不同間者不能脫則為敵所殺故曰死間也漢王使酈生說齊下之齊罷守備韓信因而下之田横怒烹酈生此事甚近○梅堯臣曰以誑告敵事乖必殺○王晳曰詐而間使敵得之間以吾詐告敵事決必殺之也○何氏曰如戰國鄭武公欲伐胡先以其子妻胡因問群臣曰吾欲用兵誰可伐者大夫關其思曰胡可武公怒而戮之曰胡兄弟之國子言伐之何也胡君聞之以鄭為親己不備鄭鄭襲而取之此用死間之勢也又班超發于闐諸國兵擊莎車龜茲二國揚言兵少不敵罷散乃陰緩生口歸以告龜茲王喜而不虞超即潛勒兵馳赴莎車大破降之斯亦同死間之勢又李靖伐突厥頡利可汗以唐儉先在突厥結和親突厥不備靖因掩擊

破之。○張預曰。欲使敵人殺其賢能。乃令死士持虛僞以赴之。吾間至敵。爲彼所得。彼以誑事爲實。必俱殺之。我朝曹太尉嘗貸人死。使僞爲僧。吞蠟彈入西夏。至則爲其所囚。僧以彈告。即下之開讀。乃所遺彼謀臣書也。戎主怒。誅其臣。并殺間僧。此其義也。然死間之事非一。或使吾間詒敵約和。我反伐之。則間者立死。酈生烹於齊王。唐儉殺於突厥。是也。

生間者。反報也。

杜佑曰。擇己之有賢材智能能自開通於敵之親貴。察其動靜。知其事計所爲。已知其實。還以報我。故曰生間。○李筌曰。往來之使。○杜牧曰。往來相通報也。生間者。必取內明外愚。形劣心壯。趫捷勁勇。閑於鄙事。能忍饑寒垢恥者爲之。○賈林曰。身則公行。心乃私覘。往反報復。常無所害。故曰生間。○梅堯臣曰。使智辨者往覘其情而以歸報也。○何氏曰。如華元登子反之牀而歸。又如隋達奚武爲東秦刺史時。齊神武趣沙苑。太祖遣武覘之。武從三騎。皆衣敵人衣服。至日暮。去營數百步。下馬潛聽。得其軍號。因上馬歷營。若警夜者。有不如法者。往往撻之。具知敵之情狀。以告太祖。太祖深嘉焉。遂破之。○張預曰。選智能之士。往視敵情。歸以報我。若婁敬知匈奴之強。以告高祖之類。然生間之事亦眾。或己欲退。告敵以戰。或己欲戰。告敵以退。若秦行人夜戒晉師曰。來日請相見。臾駢曰。使者目動而言肆。懼我也。秦果夜遁。又呂延攻乞伏乾歸。大敗之。乾歸乃遣間稱東奔成紀。延信而追之。耿稚曰。告者視高而色動。必有姦計。延不從。遂爲所敗。是也。

故三軍之親。 原本作事.從通典御覽改正. **莫親於間。** 杜佑曰.若不親撫重以祿賞.則反為敵用泄我情實○杜牧曰.受辭指蹤.在於臥內.○梅堯臣曰.入幄受詞.最為親近.○王晳曰.以腹心親結之.○張預曰.三軍之士.然皆親撫.獨於間者以腹心相委.是最為親密也. **賞莫厚於間。** 杜佑曰.厚賞之.賴其用.○梅堯臣曰.爵祿金帛.我無愛焉.○王晳曰.軍功之賞.莫厚於此.○張預曰.非高爵厚利.不能使間.陳平曰.願出黃金四十萬斤.間楚君臣. **事莫密於間。** 杜佑曰.間事不密.則為己害.○杜牧曰.出口入耳也.密一作審.○梅堯臣曰.幾事不密則害成.○王晳曰.獨將與謀.○張預曰.惟將與間得聞其事.非密與. **非聖智不能用間。** 杜佑曰.不能得間人之用也.(從通典御覽補.)○杜牧曰.先量間者之性誠實多智.然後可用之.厚貌深情.險於山川.非聖人莫能知.○梅堯臣曰.知其情偽.辨其邪正.則能用.○王晳曰.聖通而先識.智明於事.○張預曰.聖則事無不通.智則洞照幾先.然後能為間事.或曰.聖智則能知人.

非仁義不能使間。 孟氏曰.太公曰.仁義著則賢者歸之.賢者歸之.則其間可用也.○陳皞曰.仁者有恩以及人.義者得宜而制事.主將者既能仁結而義使.則間者盡心而覘察.樂為我用也.○梅堯臣曰.撫之以仁.示之以義.則能使.○王晳曰.仁結其心.義激其節.仁義使人.有何不可.○張預曰.仁則不愛爵賞.義則果決無疑.既啗以厚利.又待以至誠.則間者竭力. **非微妙不能得間**

之實。通典本微妙作微密.御覽同.○杜佑曰.精微用意.密不泄漏.○杜牧曰.間亦有利於財寶.不得敵之實情.但將虛辭以赴我約.此須用心淵妙.乃能酌其情偽虛實也.○梅堯臣曰.防間反為敵所使.思慮故宜幾微臻妙.○王晳曰.謂間者必性識微妙.乃能得所間之事實.○張預曰.間以利害來告.須用心淵微精妙.乃能察其真偽.微哉微哉。無所不用間也。杜牧曰.言每事皆須先知也.○梅堯臣曰.微之又微.則何所不知.○王晳曰.丁寧之.當事事知敵之情也.○張預曰.密之又密.則事無巨細.皆先知也.

間事未發而先聞者.間與所告者皆死。通典作先聞其間者.與所告者皆死.御覽同.○杜牧曰.告者非誘間者.則不得知間者之情.殺之可也.○陳皞曰.間者未發其事.有人來告其聞者.所告者亦與間者俱殺.以滅口.無令敵人知之.○梅堯臣曰.殺間者.惡其泄.殺告者.滅其言.○王晳曰.間敵之事.泄者當誅.告人亦殺.恐傳諸眾.○張預曰.間敵之事.謀定而未發.忽有聞者來告.必與間俱殺之.一惡其泄.一滅其口.秦已間趙.不用廉頗.秦乃以白起為將.令軍中曰.有泄武安君將者斬.此是已發其事.尚不欲泄.況未發乎.

凡軍之所欲擊。城之所欲攻。人之所欲殺。必先知其守將左右謁者門者舍人之姓名。令吾間必索知之。杜佑曰.守謂官守職任者.謁.告也.主告事者也.門者.守門者也.舍人.守舍之人也必先知之為親舊有急則呼之則不可不知亦因此知敵之情○李筌曰知其姓名則易取也○杜牧曰凡欲攻戰必須知敵所用之人賢愚巧拙則量材以應之漢王遣韓信曹參灌嬰擊魏豹問曰魏大將誰也對曰柏直漢王曰是口尚乳臭不能當韓信騎將誰也曰馮敬曰是秦將馮無擇子也雖賢不能當灌嬰步卒將誰也曰項它曰是不能當曹參吾無患矣○陳皞曰此言敵人左右姓名必須我先知之或敵使來間我當使間去若不知其左右姓名則不能成間者之說漢高伐秦至嶢關張良曰吾聞其將賈豎爾可以利啗之又曰其將雖曰欲和其軍士未肯不如因其懈而擊之乃進兵擊破之又宋華元夜登子反之牀以告宋病若非素知門人舍人左右姓名先使開導之又何由得登其牀也○梅堯臣曰凡敵之左右前後之姓名皆須審省而令吾間先知則吾間可行矣○王晳曰不可臨事求也○張預曰守將守官任職之將也謁者典賓客之將也門者閽吏也舍人守舍之人也凡欲擊其軍欲攻其城欲殺其人必先知此左右之姓名則可也欲潛入其軍則呼其名姓而往若華元夜登子反之床以告宋病杜元凱註引此文謂元用此術得以自通是也又漢高祖入韓信臥內取其印亦近之

必索敵人之間來間我者。因而利之。導而舍之。通典御覽無必索二字○杜佑曰舍居止也今吾人遺以重利復導而舍止之則可令詭其辭**故反間可得而用也。**曹公曰舍居止也○杜佑曰故能取敵之間而用之

○杜牧曰.敵間之來.必誘以厚利.而止舍之.使為我反間也.○梅堯臣曰.必探索知敵之來間者.因而利誘之.引而舍止之.然後可為我反間也.○王晳曰.此留敵間以詢其情者也.必謹舍之.曲為辯說.深致情愛.然後啗以大利.威以大刑.自非至忠於其君王者.皆為我用矣.○張預曰.索求也.求敵間之來窺我者.因以厚利誘導而館舍之.使反為我間也.言舍之者.謂稽留其使也.淹延既久.論事必多.我因得察敵之情.下文言四間皆因反間而知.非久留其人.極論其事.則何以悉知.

因是而知之。故鄉間內間可得而使也。

今本通典鄉間作因間.後人妄改也.○杜佑曰.因反敵間而知敵情.鄉間內間者皆可得使.○杜牧曰.若敵間以利導之.尚可使為我反間.因此乃知厚利亦可使鄉間內間也.此言使間非利不可.故上文云.相守數年.爭一日之勝.而愛爵祿百金.不知敵情者.不仁之至也.下文皆同其義也.○陳暐曰.此說疏也.言敵使間來.以利啗之.誘令止舍.因得敵之情.因間內間.可使反間誘而使之.○梅堯臣曰.其國人之可使者.其官人之可用者.皆因反間而知之.○張預曰.因是反間.知彼鄉人之貪利者.官人之有隙者.誘而使之.

因是而知之。故死間為誑事.可使告敵。

通典下有因是可得而攻也句.御覽同.○杜佑曰.因誑事而知敵情.生間往反.可使知其敵之腹心所在.(據通典御覽補.)○張預曰.因是反間.知彼可誑之事.使死間往告之.

因是而知之。故生間可使如期。

杜牧曰.可使往來如期.○陳暭曰.言五間皆循環相因.惟生間可使如期.○梅堯臣曰.今吾間以誑告敵者.須因反間而知敵之可誑也.生間以利害覘敵情.須因反間而知其疏密.則可往得實而歸.如期也.○張預曰.因是反間知彼之情.故生間可往復如期也.

五間之事。主必知之。李筌曰.孫子殷勤於五間.主切知之.**知之必在於反間。故反間不可不厚也。**杜佑曰.人主當知五間之用.厚其祿.豐其財.而反間者.五間之本事之要也.故當在厚待.○杜牧曰.鄉間內間死間生間四間者.皆因反間知敵情而能用之.故反間最切.不可不厚也.○梅堯臣曰.五間之始.皆因緣於反間.故當厚遇之.○張預曰.人主當用五間以知敵情.然五間皆因反間而用.則是反間者豈可不厚待之耶.

昔殷之興也。伊摯在夏。曹公曰.伊摯伊尹也.**周之興也。呂牙在殷。**曹公曰.呂牙.太公也.○梅堯臣曰.伊尹呂牙非叛於國也.夏不能任.而殷任之.殷不能用.而周用之.其成大功者.為民也.○何氏曰.伊呂聖人之耦.豈為人間哉.今孫子引之者.言五間之用.須上智之人.如伊呂之才智者.可以用間.蓋重之之辭耳.○張預曰.伊尹夏臣也.後歸於殷.呂望殷臣也.後歸於周.伊呂相湯武以兵定天下者.順乎天而應乎人也.非同伯州犁之奔楚.苗賁皇之適晉.狐庸之在吳.士會之居秦也.**故惟明君賢將。能**

以上智為間者。必成大功。此兵之要。三軍之所恃而動也。李筌曰.孫子論兵始於計而終于間者.蓋不以攻為主.為將者可不慎之哉.○杜牧曰.不知敵情.軍不可動.知敵之情.非間不可.故曰.三軍所恃而動.李靖曰.夫戰之取勝.此豈求於天地.在乎因人以成之.歷觀古人之用間.其妙非一.即有間其君者.有間其親者.有間其賢者.有間其能者.有間其助者.有間其鄰好者.有間其左右者.有間其縱橫者.故子貢史廖陳軫蘇秦張儀范雎等.皆憑此而成功也.且間之道有五焉.有因其邑人.使潛伺察而致辭焉.有因其仕子.故洩虛假.令告示焉.有因敵之使.矯其事而返之焉.有審擇賢能.使覘彼向背虛實而歸說之焉.有佯緩罪戾.微漏我偽情浮計.使亡報之焉.凡此五間.皆須隱祕.重之以賞.密之又密.始可行焉.若敵有寵嬖.任以腹心者.我當使間遺其珍玩.恣其所欲.順而旁誘之.敵有重臣失勢.不滿其志者.我則啗以厚利.詭相親附.採其情實而致之.敵有親貴左右.多辭誇誕.好論利害者.我則使間曲情尊奉.厚遺珍寶.揣其所間而反間之.敵若使聘於我.我則稽留其使.令人與之共處.矯致慇懃.偽相親暱.朝夕慰諭.倍供珍味.觀其辭色而察之.仍朝夕令使獨與己伴居.我遣聰耳者潛於複壁中聽之.使既遲違.恐彼怪責.必是竊論心事.我知事計.遣使用之.且夫用間間人.人亦用間以間己.己以密往.人以密來.理須獨察於心.參會於事.則不失矣.若敵人來候我虛實.察我動靜.覘知事計.而行其間者.我當佯為不覺.舍止而善飯之.

微以我偽言誑事示以前卻期會則我之所須為彼之所失者因其有間而反間之彼若將我虛以為實我即乘之而得志矣夫水所以能濟舟亦有因水而覆沒者間所以能成功亦有憑間而傾敗者若束髮事主當朝正色忠以盡節信以竭誠不詭伏以自容不權宜以為利雖有善間其可用乎○陳皞曰晉伯州犁奔楚楚苗賁皇奔晉及晉楚合戰於鄢陵苗賁皇在晉侯之側伯州犁侍於楚王二人各言舊國長短之情然則晉所以勝楚者楚所以敗者其故何也二子則有優劣也是知用間之道間敵之情得不慎擇其人深究其說也故上文云非聖智莫能用間者夫聖智知人人即附之賢者受知則戮力為效非聖非智必猜必忌公道不啟仁義不施則義士賢人因而銜憤此將上天不祐幽有鬼神設無人事之變恐有陰誅之禍豈上智之士為其用哉故上文云非仁義莫能使間然則湯武之聖伊呂宜用伊呂獲用事宜必濟聖賢一會交泰時乘道合乾坤功格寰宇當其耕夫於畎畝釣叟於渭濱知我者誰能無念也○賈林曰軍無五間如人之無耳目也○王晳曰未知敵情也不可動也○張預曰用師之本在知敵情故曰此兵之要也未知敵情則軍不可舉故曰三軍所恃而動也然處十三篇之末者蓋非用兵之常也若計戰攻形勢虛實之類兵動則用之至於火攻與間則有時而為耳

孫子敘錄一卷

文登 畢以珣 撰

史記曰。孫子武者。齊人也。以兵法見於吳王闔閭。卒以為將。

吳越春秋曰。吳王登臺向南風而嘯。有頃而嘆。群臣莫有曉王意者。子胥知王之不定。乃薦孫子於王。孫子者。吳人也。善為兵法。辟隱幽居。世人莫知其能。按孫子本齊人.後奔吳.故吳越春秋謂之吳人也.鄧名世姓氏辨證書曰.齊敬仲五世孫書.為齊大夫.伐莒有功.景公賜姓孫氏.食采於樂安.生馮.為齊卿.馮生武.字長卿.以田鮑四族謀作亂.奔吳.為將軍.是也.

史記又曰。後百餘歲有孫臏。亦武之後世孫也。按姓氏辨證書曰.武生三子.馳明敵.明食采於富春.生臏.即破魏軍擒太子申者也.按此所說.則臏乃武之孫也.史記之言猶為未審.○又按紹興四年鄧名世上其書.胡松年稱其學有淵源.多所按據.序又云.自五經子史以及風俗通姓苑百家譜姓纂諸書.凡有所長.盡用其說.是其書內所云皆可依據也.

越絕書曰。巫門外大冢。吳王客孫武冢也。去縣十里。按武惟為客卿。故春秋左氏傳言伍員而不詳孫武也。其史稱伐楚及齊晉者。蓋武以客卿將兵故也。

史記。闔閭曰。可以小試勒兵乎。對曰。可。闔閭曰。可試以婦人乎。曰。可。於是許之。出宮中美人。得百八十人。孫子分為二隊。以王之寵姬二人各為隊長。皆令持戟。令之曰。汝知而心與左右手背乎。婦人曰。知之。孫子曰。前則視心。左視左手。右視右手。後即視背。婦人曰。諾。約束既布。乃設鈇鉞。即三令五申之。於是鼓之右。婦人大笑。孫子曰。約束不明。申令不熟。將之罪也。復三令五申而鼓之左。婦人復大笑。孫子曰。約束不明。申令不熟。將之罪也。既已明而不如法者。吏士之罪也。乃欲斬左右隊長。吳王在臺上觀。見且斬愛姬。大駭。趣使使下令曰。寡人已知將軍能用兵矣。寡人非此二姬。食不甘味。願勿斬也。孫子曰。臣既已受命為將。將在軍。君命有所不受。遂斬隊長二人以徇。用其次為隊長。於是復鼓之。婦人左右前後跪起皆中規矩繩墨。無敢出聲。於是孫子使使報王曰。兵既整齊。王可試下觀之。唯王所欲用之。雖赴水火猶可也。吳王曰。將軍罷休就舍。寡人不願下觀。孫子曰。王徒好其言。不能用其實。於是闔閭知孫子能用兵。卒以為將。西破彊楚入郢。北威齊晉。顯名諸侯。孫子與有力焉。

吳越春秋曰。吳王問曰。兵法寧可以小試耶。孫子曰。可。可以小試於後宮之女。王曰。諾。孫子曰。得大王寵姬二人以為軍隊長。各將一隊。令三百人皆被甲兜鍪。操劍盾而立。告以軍法。隨鼓進退。左右迴旋。使知其禁。乃令曰。一鼓皆振。二鼓操進。三鼓為戰形。於是宮女皆掩口而笑。孫子乃親自操枹擊鼓。三令五申。其笑如故。孫子顧視諸女連笑不止。孫子大怒。兩目忽張。聲如駭虎。髮上衝冠。項旁絕纓。顧謂執法曰。取鈇鑕。孫子曰。約束不明。申令不信。將之罪也。既以約束。三令五申。卒不卻行。士之過也。軍法如何。執法曰。斬。武乃令斬隊長二人。即吳王之寵姬也。吳王登臺觀望。正見斬二愛姬。馳使下之令曰。寡人已知將軍能用兵矣。寡人非此二姬。食不甘味。宜勿斬之。孫子曰。臣既已受命為將。將在軍。君雖有令。臣不受之。孫子復撝鼓之。當左右進退。迴旋規矩。不敢瞬目。二隊寂然無敢顧者。於是乃報吳王曰。兵已整齊。願王觀之。惟所欲用。使赴水火。猶無難矣。而可以定天下。吳王忽然不悅。曰。寡人知子善用兵。雖可以霸。然而無所施也。將軍罷兵就舍。寡人不願。孫子曰。王徒好其言。而不用其實。子胥諫曰。臣聞兵者凶事。不可空試。故為兵者。誅伐不行。兵道不明。今大王虔心思士。欲興兵戈以誅暴楚。以霸天下而威諸侯。非孫武之將。而誰能涉淮踰泗越千里而戰者乎。於是吳王大悅。因鳴鼓會軍。集而攻楚。孫子為將。拔舒。殺吳亡將二公子蓋餘燭傭。

史記曰。光謀欲入郢。將軍孫武曰。民勞未可。且待之。

又曰。闔廬謂伍子胥孫武曰。始子之言郢未可入。今果何如。二子對曰。楚將子常貪而唐蔡皆怨之。王必欲大伐。必得唐蔡乃可。闔廬從之。悉興師。五戰楚五敗。遂入郢。

吳越春秋曰。吳王謀欲入郢。孫武曰。民勞未可恃也。楚聞吳使孫子伍子胥白喜為將。楚國苦之。群臣皆怨。

又曰。闔閭聞楚得湛盧之劍。遂使孫武伍胥白喜伐楚。拔六與潛二邑。

又曰。楚使公子囊瓦伐吳。吳使伍胥孫武擊之。圍於豫章。大破之。

又曰。吳王謂子胥孫武曰。始子言郢不可入。今果何如。二將曰。夫戰借勝以成其威。非常勝之道。吳王曰。何謂也。二將曰。楚之為兵。天下彊敵也。今臣與之爭鋒。十亡一存。而王入郢者。天也。臣不敢必。吳王曰。吾欲復擊楚。奈何而有功。伍胥孫武曰。囊瓦者貪而多過於諸侯。而唐蔡怨之。王必伐。得唐蔡。

又曰。樂師扈子非荊王信讒佞作窮劫之曲曰。吳王哀痛助忉怛。垂涕舉兵將西伐伍胥白喜孫武決三戰破郢王奔發。

淮南子曰。君臣乖心。則孫子不能以應敵。

劉向新序曰。孫武以三萬破楚二十萬者。楚無法故也。

漢官解詁曰。魏氏瑣連孫武之法。

史記又曰。孫武以兵法見於吳王闔閭。闔閭曰。子之十三篇吾盡觀之矣。按史記惟言以兵法見闔閭。不言十三篇作於何時。考魏武序云為吳王闔閭作兵法一十三篇。試之婦人。卒以為將。則是十三篇特作之以干闔閭者也。今考其首篇云將聽吾計。用之必勝。留之。將不聽吾計。用之必敗。去之。言聽從吾計則必勝。吾將留之。不聽吾計則必敗。吾將去之。是其干之之事也。○又按虛實篇云越人之兵雖多。亦奚益於勝敗哉。是為闔閭言之也。九地篇云吳人與越人相惡也。當其同舟而濟。遇風。其相救也。如左右手。亦對闔閭言也。故魏武云為吳王闔閭作之。其言信已。

吳越春秋曰。吳王召孫子。問以兵法。每陳一篇。王不知口之稱善。

按十三篇之外。又有問答之辭。見於諸書徵引者。蓋武未見闔閭。作十三篇以干之。既見闔閭。相與問答。武又定著為若干篇。皆在漢志八十二篇之內也。

吳王問孫武曰。散地士卒顧家。不可與戰。則必固守不出。若敵攻我小城。掠吾田野。禁吾樵採。塞吾要道。待吾空虛而急來攻。則如之何。武曰。敵人深入吾都。多背城邑。士卒以軍為家。專志輕鬥。吾兵在國。安土懷生。以陳則不堅。以鬥則不勝。當集人合眾。聚穀蓄帛。保城備險。遣輕兵絕其糧道。彼挑戰不得。轉輸不至。野無所掠。三軍困餒。因而誘之。可以有功。若與野戰。則必因勢。依險設伏。無險則隱於天氣。陰晦昏霧。出其不意。襲其懈怠。可以有功。

吳王問孫武曰。吾至輕地。始入敵境。士卒思還。難進易退。未背險阻。三軍恐懼。大將欲進。士卒欲退。上下異心。敵守其城壘。整其車騎。或當吾前。或擊吾後。則如之何。武曰。軍至輕地。士卒未專。以入為務。無以戰為故。無近其名城。無由其通路。設疑佯惑。示若將去。乃選驍騎。銜枚先入。掠其牛馬六畜。三軍見得。進乃不懼。分吾良卒。密有所伏。敵人若來。擊之勿疑。若其不至。捨之而去。

吳王問孫武曰。爭地敵先至。據要保利。簡兵練卒。或出或守。以備我奇。則如之何。武曰。爭地之法。讓之者得。爭之者失。敵得其處。慎勿攻之。引而佯走。建旗鳴鼓。趣其所愛。曳柴揚塵。惑其耳目。分吾良卒。密有所伏。敵必出救。人欲我與。人棄吾取。此爭先之道。若我先至。而敵用此術。則選吾銳卒。固守其所。輕兵追之。分伏險阻。敵人還鬥。伏兵旁起。此全勝之道也。

吳王問孫武曰。交地。吾將絕敵令不得來。必全吾邊城。修其所備。深絕通道。固其阨塞。若不先圖。敵人已備。彼可得來。而吾不可往。衆寡又均。則如之何。武曰。既我不可以往。彼可以來。吾分卒匿之。守而易怠。示其不能。敵人且至。設伏隱廬。出其不意。可以有功也。

吳王問孫武曰。衢地必先。吾道遠。發後。雖馳車驟馬。至不能先。則如之何。武曰。諸侯參屬。其道四通。我與敵相當。而傍有國。所謂先者。必重幣輕使。約和傍國。交親結恩。兵雖後至。衆以屬矣。簡兵練卒。阻利而處。親吾軍事。實吾資糧。令吾車騎出入瞻候。我有衆助。彼失其黨。諸國犄角。震鼓齊攻。敵人驚恐。莫知所當。吳王問孫武曰。吾引兵深入重地。多所踰越。糧道絕塞。設欲歸還。勢不可過。欲食於敵。持兵不失。則如之何。武曰。凡居重地。士卒輕勇。轉輸不通。則掠以繼食。下得粟帛。皆貢於上。多者有賞。士無歸意。若欲還出。切為戒備。深溝高壘。示敵且久。敵疑通途。私除要害之道。乃令輕車銜枚而行。塵埃氣揚。以牛馬為餌。敵人若出。鳴鼓隨之。陰伏吾士。與之中期。內外相應。其敗可知。

吳王問孫武曰。吾入圮地。山川險阻。難從之道。行久卒勞。敵在吾前。而伏吾後。營居吾左。而守吾右。良車驍騎。要吾隘道。則如之何。武曰。先進輕車。去軍十里。與敵相候。接期險阻。或分而左。或分而右。大將四觀。擇空而取。皆會中道。倦而乃止。

吳王問孫武曰。吾入圍地。前有強敵。後有險難。敵絕糧道。利我走勢。敵鼓噪不進。以觀吾能。則如之何。武曰。圍地之宜。必塞其闕。示無所往。則以軍為家。萬人同心。三軍齊力。并炊數日。無見火煙。故為毀亂寡弱之形。敵人見我。備之必輕。告勵士卒。令其奮怒。陳伏良卒。左右險阻。擊鼓而出。敵人若當。疾擊務突。前鬥後拓。左右犄角。

又問曰。敵在吾圍。伏而深謀。示我以利。縈我以旗。紛紛若亂。不知所之。奈何。武曰。千人操旍。分塞要道。輕兵進挑。陳而勿搏。交而勿去。此敗謀之法。已上皆孫子遺文。見通典。

又曰。軍入敵境。敵人固壘不戰。士卒思歸。欲退且難。謂之輕地。當選驍騎伏要路。我退敵追。來則擊之也。

吳王問孫武曰。吾師出境。軍於敵人之地。敵人大至。圍我數重。欲突以出。四塞不通。欲勵士激眾。使之投命潰圍。則如之何。武曰。深溝高壘。示為守備。安靜勿動。以隱吾能。告令三軍。示不得已。殺牛燔車。以饗吾士。燒盡糧食。填夷井竈。割髮捐冠。絕去生慮。將無餘謀。士有死志。於是砥甲礪刃。并氣一力。或攻兩旁。震鼓疾譟。敵人亦懼。莫知所當。銳卒分兵。疾攻其後。此是失道而求生。故曰。困而不謀者窮。窮而不戰者亡。吳王曰。若我圍敵。則如之何。武曰。山峻谷險。難以踰越。謂之窮寇擊之之法。伏卒隱廬。開其去道。示其走路。求生逃出。必無鬥志。因而擊之。雖眾必破。兵法又曰。若敵人在死地。士卒勇氣。欲擊之法。順而勿抗。陰守其利。絕其糧道。恐有奇兵隱而不覩。使吾弓弩俱守其所。按何氏引此文亦云兵法曰。則知問答之詞亦在八十二篇之內也。○已上見何氏註。○按此皆釋九地篇義。辭意甚詳。故其篇帙不能不多也。

吳王問孫武曰。敵勇不懼。驕而無慮。兵眾而強。圖之柰何。武曰。詘而待之。以順其意。無令省覺。以益其懈怠。因敵遷移。潛伏候待。前行不瞻。後往不顧。中而擊之。雖眾可取。攻驕之道。不可爭鋒。見通典。

吳王問孫武曰。敵人保據山險。擅利而處之。糧食又足。挑之則不出。乘間則侵掠。為之柰何。武曰。分兵守要。謹備勿懈。潛探其情。密候其怠。以利誘之。禁其樵牧。按牧字誤。當作採。久無所得。自然變改。待離其固。奪其所愛。敵據險隘。我能破之也。見通典及太平御覽。○按以上問答皆非十三篇文。吳越春秋所云問以兵法。不知口之稱善者。是也。

孫子曰。將者。智也。仁也。敬也。信也。勇也。嚴也。是故智以折敵。仁以附眾。敬以招賢。信以必賞。勇以益氣。嚴以一令。故折敵則能合變。眾附則思力戰。賢智集則陰謀利。賞罰必則士盡力。氣勇益則兵威令自倍。威令一則惟將所使。按此所釋計篇五事。亦答闔閭之問也。見潛夫論。

孫子曰。凡地多陷曲曰天井。按此釋行軍篇義。見太平御覽。

孫子曰。故曰。深草蓊穢者。所以逃遁也。深谷險阻者。所以止禦車騎也。隘塞山林者。所以少擊眾也。沛澤杳冥者。所以匿其形也。見通典。

孫子曰。強弱長短雜用。

又曰。遠則用弩。近則用兵。兵弩相解也。

又曰。以步兵十人擊騎一匹。亦見通典。

孫子曰。人効死而士能用之。雖優游暇譽。令猶行也。

又曰。長陳為甄。

又曰。其鎮如岳。其停如淵。見文選註.○按已上七條今十三篇內亦無之.

孫子八陣有苹車之乘。見鄭君周禮註.編按.周禮春官車僕鄭註作苹車之陳.○按隋經籍志有孫子八陣圖一卷.此其遺文也.

孫子占曰。三軍將行。其旌旗從容以向前。是為天送。必亟擊之。得其大將。三軍將行。其旌旗墊音店.然若雨。是為天霑。其帥失。三軍將行。旍旗亂於上。東西南北。無所主方。其軍不還。三軍將陣。雨師。是為浴師。勿用陣戰。三軍將戰。有雲其上而赤。勿用陣。先陣戰者。莫復其迹。三軍方行。大風飄起於軍前。右周絕軍。其將亡。右周中。其師得糧。見太平御覽.○按隋志又有孫子雜占四卷.此其遺文也.○又按北堂書鈔引孫子兵法云.貴之而無驕.委之而不專.扶之而無隱.危之而不懼.故良將之動也.猶璧玉之不可污也。太平御覽以為出諸葛亮兵要。又引孫子兵法祕要云。良將思計如飢。所以戰必勝。攻必克也。按兵法祕要。孫子無其書。魏武有兵法接要一卷。或亦名為孫子兵法接要。猶魏武所作兵法。亦名為續孫子兵法也。北堂書鈔又引孫子兵法論云。非文無以平治。非武無以治亂。善用兵者有三略焉。上略伐智。中略伐義。下略伐勢。按此亦不似孫武語。蓋後世言兵多祖孫武。故作兵法論。即名為孫子兵法論也。附識於此以備考。

陳振孫書錄解題曰。孫武事吳闔閭。而事不見於春秋傳。未知其果何代人也。

又曰。孫吳或是古書。按孫子生於敬王之代。故周秦兩漢諸書皆多襲用其文。陳氏于此猶有不盡信之言。疏謬甚矣。

戰國策。孫臏曰。兵法百里而趨利者蹶上將。五十里走者軍半至。語本孫子軍政篇。（編按此誤。應為軍爭篇。）

又曰。馬陵道狹。而旁多阻險。可伏兵。語意本行軍篇。

又曰。攻其懈怠。出其不意。語出計篇。

吳起曰。投之無所往。天下莫當。語本九地篇。

又曰。凡過山川邱陵。亟行勿留。語本行軍篇。

又曰。治寡如治眾。語出埶篇。

又曰。以半擊倍。百戰不殆。語意本謀攻篇。

又曰。必死則生。幸生則死。語意本九變篇。

又曰。以近待遠。以佚待勞。以飽待飢。語出軍爭篇。

又曰。夫鼙鼓金鐸所以威目。旌旗麾幟所以威耳。語意本軍爭篇。

又曰。晝以旌旗旛幟為節。夜以金鼓笳笛為節。語意本軍爭篇。

又曰。遇諸邱陵林谷深山大澤。疾行亟去。勿得從容。語意本行軍篇.

又曰。敵若絕水。半渡而擊之。語出行軍篇.

又趙奢救閼與。軍士許歷曰。先據北山者勝。後至者敗。語意本地形篇.

尉繚子曰。守法一而當十。語意本謀攻篇.

又曰。治兵者若祕於地。若邃於天。語意本形篇.

鶡冠子曰。發如鏃矢。聲如雷霆。語意本軍爭篇.

又曰。埶急節短。語出埶篇.

又曰。百戰而勝。非善之善者也。不戰而勝。善之善者也。語本謀攻篇.

史記。陳餘曰。吾聞兵法。十則圍之。倍則戰之。語出謀攻篇.

又鯨布擊楚。或說楚將曰。兵法自戰其地為散地。語出九地篇.

又高帝遣劉敬視匈奴。劉敬曰。此必能而示之不能。語出計篇。

又韓信曰。兵法不曰。陷之死地而後生。置之亡地而後存乎。語出九地篇。

呂氏春秋曰。若鷙鳥之擊也。搏攫則殪。語出埶篇。

又曰。夫兵貴不可勝。不可勝在己。可勝在彼。聖人必在己者。不必在彼者。語本形篇。

淮南子曰。高者為生。下者為死。語本計篇及行軍篇。

又曰。同舟而濟於江。卒遇風波。捷捽抬杼船。若左右手。語本九地篇。

又曰。主孰賢。將孰能。語本計篇。

又曰。卒如雷霆。疾如風雨。若從地出。若從天下。語本軍爭及形篇。

又曰。不襲堂堂之陳。不擊塡塡之旗。語出軍爭篇.

又曰。勇者不得獨進。怯者不得獨退。語出軍爭篇.

又曰。如決積水於千仞之隄。若轉員石於萬丈之谿。語本勢篇.

又曰。是故令之以文。齊之以武。是謂必取。語出行軍篇.

又曰。疾如彍弩。勢如發矢。語本埶篇.

又曰。晝則多旌。夜則多火。語本軍爭篇.

又曰。避實就虛。若驅群羊。語出埶篇及九地篇.

又曰。故曰。無恃其不吾奪也。恃吾不可奪。語本九變篇.

又曰。飢者能食之。勞者能息之。有功者能得之。語意本虛實篇.

太玄經曰。卵破石碫。語本埶篇.

潛夫論曰。將者民之司命。而國安危之主也。語出作戰篇。

又曰。敗者。非天之所災。將之過也。語出地形篇。○按孫子惟為古書。故先秦兩漢多述其文。東漢以後諸傳記所徵引者。更不可以悉舉。乃陳氏忽疑其書。並疑其人。何也。

孫子曰。不知三軍之事。而同三軍之政。則軍士惑矣。不知三軍之權。而同三軍之任。則軍士疑矣。按孫子古書多存古義。今略舉數事以袪陳氏之惑。○按同有冒義。故字從冃也。釋言云。弇。蓋也。弇。同也。是同有覆冒之義也。同三軍之政。同三軍之任者。猶言奄有其政。奄有其任也。此古訓不作同異解。向來註者殊夢夢。○又按尚書太保奉同瑁。馬氏以同瑁為一物。天子所執玉瑞名也。

孫子曰。惎秆一石。當吾二十石。按惎說文作萁。豆稭也。其忌聲同。故又作惎也。詩云。夜如何其。其語助。以聲同。又借忌為之。詩又云。抑釋掤忌。抑鬯弓忌。是足也。此其作惎者。春秋已後或體字也。諸字書皆缺載。

孫子曰。朝氣銳。晝氣惰。暮氣歸。按廣雅。歸。息也。列子云。鬼。歸也。又云。古者為死人為歸人。是歸乃滅息之義也。左氏一鼓作氣，再而衰，三而竭。竭盡正與滅息義相發明。今杜佑等以欲歸釋之，言若士卒暮而欲歸，不明古義疏矣。

孫子曰：為兵之事，在於順詳敵之意。按曹註曰：佯愚也。是以詳為佯，古通用字也。

孫子曰：不得已則鬥。按書內鬥字皆如此。說文云：鬥，兩士相對，兵杖在後，象鬥形也。今諸書皆假鬪為之，鬥字弗著于篇矣。編按本書中之鬪字皆統一為鬥字。

孫子曰：勵於廟堂之上，以誅其事。按說文：誅，討也；討，治也。故誅亦得為治也。又誅治聲近，故可假借為之。猶且得為此，期得為近，析得為斯之類是也。他字書皆不載。

孫子曰：絕水必遠水。按絕者越也，言過水而處軍，則必遠於水也。故上文云絕山依谷，言過山而處軍必依於谷也。又云絕斥澤，唯亟去勿留，言過斥澤則不可處軍，必亟去之勿留也。爾雅曰：正絕流曰亂。正絕流猶言直渡水也，其名為亂者，亦厲之意，即爾雅以衣涉水為厲是也。詩云：涉渭為亂。鄭君云：絕流而南。是鄭固以絕為越也。至孔穎達則云：水以流為順，橫渡則絕其流，是為隔絕之義。唐人不達古訓，無足怪也。又呂氏春秋曰：章子令人視水可絕者，有芻水旁者曰：水淺深易知，荊人所盛守者，皆其淺者也；所簡守，皆其深者也。是絕訓為越之證也。○又按此古訓諸字書皆缺載。

孫子曰。將者。君之輔也。輔周則國必強。輔隙則國必弱。按周者。無缺也。隙者。有缺也。周隙相對言之。古語之常。故云圍師必闕。圍者。周也。闕者。隙也。此言將之智勇能周則強。不能周則弱也。今賈氏以才周其國釋周字。以內懷其貳釋隙字。不明對文之義。疏矣。

孫子曰。犯三軍之眾。若使一人。按曹註謂犯為用。非。當云犯動也。故下文云犯之以事。勿告以言。犯之以利。勿告以害。若以用釋之。下文不可通矣。又犯字本無用意。蓋凡文字皆有本訓有轉訓。犯為侵。故又得為動。魏武不明于聲音訓詁之源流。以用釋犯。既不經見。妄為之說。謬已。

孫子曰。是故方馬埋輪。不足恃也。按方者。繫縛之也。曹註。方縛也。是已。說文。方象兩舟總其頭謂聚束兩船之頭也。爾雅。諸侯維舟。大夫方舟。維繫四舟曰維舟。繫併兩舟曰方舟。故方又有併義。呂氏春秋曰。窬木方版以為舟楫。言併其版。亦拘縛之意也。又為法為所。論語。遊必有方。是方為所。亦繫定之意也。論語又曰。子貢方人。鄭註謂言人過惡。言以禮法拘縛人也。陸德明釋文云。鄭本方作謗。按此似唐以後人不明註意。以為言人過惡無當於方人之義。率臆改之。非鄭原本也。○又按此古訓諸字書皆缺載。○又按書內古義多不經見。而精當不可移易。真古書也。後之為字書者。以其兵家言不悉置意。故多漏略。陳氏不察而妄議之。謬之謬矣。○又按今所傳孫子算經三卷。無名字。宋史藝文志云不知名。考孫子兵法形篇云兵法一曰度。二曰量。三曰數。四曰稱。五曰勝。地生度。度生量。量生數。數生稱。稱生勝。而算經則云。度之所起。起於忽。稱之所起。起於黍。量之所起。起於粟。凡大數之法萬萬曰億。篇首即以度量數稱四事。分為四節。與他算書不同。則斷知其為孫武之書無疑也。○又中興書目云。或云五曹算經出于孫武。按此所說是也。五曹者。一為田曹。地利為先也。既有田疇。必資人力。故次兵曹。人眾必用食飲。次集曹。眾既會集。必務儲蓄。次倉曹。倉廩貨幣相交質。次金曹。而其意則以兵為要。田疇食幣皆為兵用也。又按夏侯陽算經曰。田曹云。度之所起。起於忽。倉曹云。量之所起。起於粟。以孫子算經之文而謂之五曹。則固知其為一人之書也。書目之言信足徵已。

孫子篇卷異同

漢藝文志。兵權謀家。吳孫子兵法八十二篇。圖九卷。按八十二篇者，其一為十三篇，未見闔閭時所作，今所傳孫子兵法是也。其一為問答若干篇，既見闔閭所作，即諸傳記所引遺文是也。一為八陣圖，鄭註周禮引之是也。一為兵法雜占，太平御覽所引是也。外又有牝八變陣圖、戰鬥六甲兵法，俱見隋經籍志。又有三十二壘經，見唐藝文志。按漢志惟云八十二篇，而隋唐志於十三篇之外又有數種，可知其具在八十二篇之內也。

七錄。孫子兵法三卷。史記正義曰。案十三篇為上卷。又有中下二卷。按此孫子本書無註文，其云又有中下二卷，則唐時故書猶存，不僅今所傳之十三篇也。○又按所云三卷者，蓋十三篇為上卷，問答之辭為中下卷也。其八陣圖雜占諸書，則別本行之，故隋唐志諸書亦皆別出。又按宋藝文志有孫武孫子三卷，朱服校定孫子三卷，即此也。

隋書經籍志。兵部。孫子兵法二卷。吳將孫武撰。魏武注。梁三卷。諸書皆云三卷，惟晁氏讀書志以為一卷，文獻通考因之。孫子兵法一卷。魏武王凌集解。諸書無著錄，惟通志略有之。

孫武兵經二卷。張子尚注。通志略云三卷諸書無錄．鈔孫子兵法一卷。魏太尉賈詡鈔。諸書無錄．通志略有之．梁有孫子兵法二卷。孟氏解詁。亦見唐志及通志略．孫子兵法一卷。吳處士沈友撰。見唐志及通志略．唐志云三卷．通志略云二卷．又孫子八陣圖一卷。亡。亦見通志略．吳孫子牝八變陣圖一卷。見通志略．孫子兵法雜占四卷。見通志略．梁有孫子戰鬥六甲兵法一卷。諸書皆不著錄．

新唐書藝文志兵書類。魏武注孫子三卷。孟氏解孫子二卷。沈友注孫子三卷。孫子三十二壘經一卷。通志略作三十二壘經．蓋字誤．李筌注孫子二卷。晁氏讀書志作三卷．文獻通考因之．通志略及宋史皆云一卷．杜牧注孫子三卷。通志略云一卷．○按杜牧註最為詳贍．故諸書皆錄為三卷．作一卷者誤．陳皥注孫子一卷。晁氏志云三卷．通考因之．賈林注孫子一卷。晁氏志無錄．文獻通考同．○按唐志又有兵書捷要七卷．孫武撰．此字誤．當云魏武也．見隋志及通志略．

郡齋讀書志。兵家類。魏武注孫子一卷。李筌注三卷。杜牧注三卷。陳皡注三卷。紀燮注三卷。梅聖俞注三卷。宋志無錄。通志略云一卷。王晳注三卷。宋志無錄。何氏注三卷。宋志無錄。通志略云一卷。又晁氏云未詳其名。近代人也。按何氏名延錫。見通志略。

直齋書錄解題。兵書類。孫子三卷。漢志八十二篇。魏武削其繁冗。定為十三篇。杜牧之注孫子三卷。按書錄解題惟載曹杜二家註。他書皆未及見也。

通志。兵略。孫子兵法三卷。吳將孫武撰。魏武注。又一卷。魏武王凌集解。又二卷。蕭吉注。隋唐志無錄。又二卷。孟氏解詁。又二卷。吳沈友撰。又一卷。唐李筌撰。又一卷。唐杜牧撰。又一卷。唐陳皡注。又一卷。唐賈林注。又一卷。何延錫注。又一卷。張預注。宋志無錄。又三卷。王晳注。又一卷。梅堯臣撰。孫武兵經三卷。張子尚注。鈔孫子兵法一卷。魏太尉賈詡鈔。續孫子兵法二卷。魏武撰。孫子遺說一卷。鄭友賢撰。右兵書。孫子八陣圖一卷。吳孫子牝八變陣圖二卷。右營陣。吳孫子三十三壘經一卷。孫子兵法雜占四卷。右兵陰陽。

文獻通考。魏武注孫子一卷。李筌注三卷。杜牧注三卷。陳皞注三卷。紀燮注三卷。梅聖俞注三卷。王晳注三卷。何氏注三卷。按通考所錄悉本晁公武讀書志。

宋史藝文志。兵書類。孫武孫子三卷。朱服校定孫子三卷。魏武注孫子三卷。蕭吉注孫子一卷。或題曹蕭注。賈林注孫子一卷。陳皞注孫子一卷。宋奇孫子解并武經簡要二卷。諸書皆不著錄。李筌注孫子一卷。五家注孫子三卷。魏武杜牧陳皞賈林孟氏。杜牧孫子注三卷。曹杜注孫

子三卷。吉天保十家孫子會注十五卷。按今本十三篇為十三卷.又按梅堯臣王晳何延錫張預

四家註.志內皆不著錄.○杜牧曰.孫武書數十萬言.魏武削其繁剩.筆其精粹.成此書.按孫子十三篇者.出於手定.史記兩稱之.而杜牧以為魏武筆削所成.誤已.○晁公武曰.唐李筌以魏武所解多誤.約歷代史依遁甲註成三卷.○又曰.唐杜牧以武書大略用仁義使機權.曹公所註解十不釋一.蓋惜其所得.自為新書爾.因備註之.世謂牧慨然最喜論兵.欲試而不得者.其學能道春秋戰國時事.甚博而詳.知兵者有取焉.○又曰.唐陳皞以曹公註隱微.杜牧註闊疏.重為之註.○又曰.唐紀燮集唐孟氏賈林杜佑三家所解.○歐陽修曰.世所傳孫子十三篇.多用曹公杜牧陳皞註.號三家.○又曰.三家之註.皞最後.其說時時攻牧之短.○晁公武曰.王晳以古本校正闕誤.又為之註.仁廟天下承平.人不習兵.元昊既叛.邊將數敗.朝廷頗訪知兵者.士大夫人人言兵矣.故本朝註解孫武書者.大抵皆當時人也.

○按今孫子集註本由華陰道藏錄出.即宋吉天保所合十家註也.十家者.一魏武.二李筌.三杜牧.四陳皞.五賈林.六孟氏.七梅堯臣.八王晳.九何延錫.十張預也.○十家本內又有杜佑君卿註.按杜佑乃作通典.引孫子語而訓釋之.非註也.通典引孫子曰.利而誘之.親而離之.註云.以利誘之.使五間并入.辯士馳說.親彼君臣.分離其形勢.若秦遣反間.誑趙.使廢廉頗而任趙奢之子是也.考利而誘之.親而

離之二語。孫子本文不相屬。通典摘引之。又為之註。求其意義。幾成一事。與孫子句各為義者異已。○又按杜佑註例。每先引曹註。下附己意。故前之所說。後或不同也。○又杜佑註。自引用曹註之外。亦或間引孟氏。○又按十家註自魏武之後。孟氏為先。見隋書經籍志。原本次于陳皡賈林之後。誤也。今改正。晁公武以為唐人。亦誤也。○又按杜佑雖非為孫子作註。然既引用其文。不當次于賈林之後。梅氏之前。今改正次孟氏。○又按杜牧者。佑之孫也。原本列牧于佑前。大謬。○又孫子道藏原本題曰集註。大興朱氏本題曰註解。今改為孫子十家註。從宋志也。○又道藏本有鄭友賢孫子遺說一卷。見通志藝文略。今仍原本附刻於後。

十家註孫子遺說

序

鄭樵通志藝文略孫子遺說一卷鄭友賢撰

求之而益深者。天下之備法也。叩之而不窮者。天下之能言也。為法立言。至於益深不窮。而後可以垂教於當時。而傳諸後世矣。儒家者流。惟苦易之為書。其道深遠而不可窮。學兵之士。嘗患武之為說微妙而不可究。則亦儒者之易乎。蓋易之為言也。兼三才。備萬物。以陰陽不測為神。是以仁者見之謂之仁。智者見之謂之智。百姓日用而不知。武之為法也。包四種。籠百家。以奇正相生為變。是以謀者見之謂之謀。巧者見之謂之巧。三軍由之而莫能知之。迨夫九師百氏之說興。而益見大易之義。如日月星辰之神。徒推步其輝光之迹。而不能考其所以為神之深。十家之註出。而愈見十三篇之法。如五聲五色之變。惟詳其耳目之所聞見。而不能悉其所以為變之妙。是則武之意不得謂盡於十家之註也。然而學兵之徒。非十家之說。亦不能窺武之藩籬。尋流而之源。由徑而入戶。於武之法不可謂無功矣。項因餘暇。撫武之微旨。而出於十家之不解者。略有數十事。託或者之問。具其應答之義。名曰十註遺說。學者見其說之有遺。則始信益深之法。不窮之言。庶幾大易不測之神矣。滎陽鄭友賢撰。

孫子遺說

或問。死生之地。何以先存亡之道。曰。武意以兵事之大在將得其人。將能則兵勝而生。兵生於外則國存於內。將不能則兵敗而死。兵死於外則國亡於內。是外之生死繫內之存亡也。是故兵敗長平而趙亡。師喪遼水而隋滅。太公曰。無智略大謀。彊勇輕戰。敗軍散衆。以危社稷。王者慎勿使為將。此其先後之次也。故曰。知兵之將。生民之司命。國家安危之主也。

或問。得算之多。得算之少。況於無算。何以是多少無之義。曰。武之文固不汗漫而無據也。蓋經之以五事。校之以七計。彼我之算。盡於此矣。五事之經。得三四者為多。得一二者為少。七計之校得四五者為多。得二三者為少。五七俱得者為全勝。不得者為無算。所謂冥冥而決事。先戰而求勝。圖乾沒之利。出浪戰之師者也。

或問計利之外所佐者何勢。曰兵法之傳有常。而其用之也有變。常者法也。變者勢也。書者可以盡常之言。而言不能盡變之意。五事七計者常法之利也。詭道不可先傳者權勢之變也。

常而求勝。如膠柱鼓瑟。以書御馬。趙括所以能書而不能戰。易言而不知變也。蓋法在書之傳。而勢在人之用。武之意初求用於吳。恐吳王得書聽計而棄己也。故以此辭動之。乃謂書之外尚有因利制權之勢在我能用耳。

或問因糧於敵者。無遠輸之費也。取用必於國者何也。曰兵械之用不可假人。亦不可假於人。器之於人。固在積習便熟。而適其長短重輕之宜。與夫手足不相鉏鋙。而後可以濟用而害敵矣。吾之器敵不便於用。敵之器吾不習其利。非國中自備而習慣於三軍。則安可一旦倉卒假人之兵而給己之用哉。易曰。萃除戎器以戒不虞。太公曰。慮不先設器械不備。此皆言取用於國。不可因於人也。

或問。兵以伐謀為上者。以其有屈人之易。而無血刃之難。伐兵攻城。為之次下明矣。伐交之智。何異於伐謀之工。而又次之。曰。破謀者不費而勝。破交者未勝而費。帷幄樽俎之間。而揣摩折衝。心戰計勝其未形已成之策。不煩毫氂之費。而彼奔北降服之不暇者。伐謀之義也。或遣使介。約車乘聘幣之奏。或使間諜。出土地金玉之資。張儀散六國之從。陰厚者數年。尉繚子破諸侯之援。出金三十萬。如此之類。費已廣而敵未服。非加以征伐之勞。則未見全勝之功。宜乎次於晏嬰子房寇恂荀彧之智也。

或問。武之書皆法也。獨曰此謀攻之法也。此軍爭之法也。曰。餘法槩論兵家之術。惟二篇之說及於用。誠其易用而稱其所難。夫告人以所難。而不濟之以成法。則不足為完書。蓋謀攻之法。以全為上。以破次之。得其法。則兵不鈍而利可全。非其法。則有殺士三分之災。軍爭之法。以迂為直。以患為利。得其法。則後發而先至。非其法。則至於擒三將軍。此二者豈用兵之易哉。乃云。必以全爭於天下。又云。莫難於軍爭。難之之辭也。欲濟其所難者。必詳其法。凡所謂屈人非戰。拔城非攻。毀國非久者。乃謀攻之法也。凡所謂十一而至。先知迂直之計者。乃軍爭之法也。見其法而知其難於餘篇矣。

或問。將能而君不御者勝。後魏太武命將出師。從命者無不制勝。違教者率多敗失。齊神武任用將帥出討。奉行方便。罔不克捷。違失指教。多致奔亡。二者不幾於御之而後勝哉。曰。知此而後可以用武之意。既曰將能而君不御者勝。則其意固謂將不能而君御之則勝也。夫將帥之列。才不一槩。智愚勇怯。隨器而任。用者付之以閫寄。不能者授之以成算。亦猶後世責曹公使諸將以新書從事。殊不識公之御將。因其才之小大而縱抑之。張遼樂進。守門之偏才也。合淝之戰。封以函書。節宣其用。夏侯惇兄弟。有大帥之略。假以節度。便宜從事。不拘科制。何嘗一槩而御之邪。傳曰。將能而君御之。則為縻軍。將不能而君委之。則為覆軍。惟公得武之法深。而後太武神武。庶幾公之英略耳。非司馬宣王。安能知武之蘊哉。

或問勝可知。而不可為者。以其在彼者也。佚而勞之。親而離之。佚與親在敵。而吾能勞且離之。豈非可為歟。曰。傳稱用師觀釁而動。敵有釁不可失。

蓋吾觀敵人無可乘之釁。不能彊使為吾可勝之資者。不可為之義也。敵人既有可乘之隙。吾能置術於其間而不失。敵之敗者。可知之義也。使敵人主明而賢。將智而忠。不信小說而疑。不見小利而動。其佚也。安能勞之。其親也安能離之。有楚子之暗。與囊瓦之貪。而後吳人亟肆以疲之。有項王之暴與范增之隘。而後陳平以反間疎之。夫釁隙之端。隱於佚親之前。勞離之策發於釁隙之後者。乃所謂可知也。則惟無釁隙者。乃不可為也。

或問。守則不足。攻則有餘。其義安在。曰。謂吾所以守者力不足。吾所以攻者力有餘者。曹公也。謂力不足者可以守。力有餘者可以攻者。李筌也。謂非強弱為辭者。衛公也。謂守之法要在示敵以不足。攻之法要在示敵以有餘者。太宗也。夫攻守之法。固非己實強弱。亦非虛形示敵也。蓋正用其有餘不足之形勢。以固己勝敵。夫所謂不足者。吾隱形於微。而敵不能窺也。有餘者。吾乘勢於盛。而敵不能支也。不足者。微之稱也。當吾之守也。滅跡於不可見。韜聲於不可聞。藏形於微妙不足之際。而使敵不知其所攻矣。所謂藏於九地之下者是也。有餘者。盛之稱也。當吾之攻也。若迅雷驚雹。壞山決塘。作勢於盛強有餘之極。而使敵不知其所守矣。所謂動於九天之上者是也。此有餘不足之義也。

或問。三軍之眾。可使必受敵而無敗者。奇正是也。受敵無敗。二義也。其於奇正有所主乎。曰。武論分數形名奇正虛實四者。獨於奇正云云者。知其法之深。而二義所主未白也。復曰。凡戰以正合。以奇勝。正合者。正主於受敵也。奇勝者。奇主於無敗也。以合為受敵。以勝為無敗。不其明哉。

或問。武論奇正之變。二者相依而生。何獨曰善出奇者。曰。闕文也。凡所謂如天地江河日月四時五色五味。皆取無窮無竭相生相變之義。故首論以正合奇勝。終之以奇正之變不可勝窮。相生如循環之無端。豈以一奇而能生變。交相無已哉。宜曰。善出奇正者。無窮如天地也。

或問。其勢險者其義易明。其節短者其旨安在。曰。力雖甚勁者。非節量短近而適其宜。則不能害物。魯縞之脆也。強弩之末不能穿。毫末之輕也。衝風之衰不能起。鷙鳥雖疾也。高下而遠來。至於竭羽翼之力。安能擊搏而毀折哉。嘗以遠形為難戰者此也。是故麴義破公孫瓚也。發伏於數十步之內。周訪敗杜曾也。奔赴於三十步之外。得節短之義也。

或問。十三篇之法各本於篇名乎。曰。其義各主於題篇之名。未嘗泛濫而為言也。如虛實者一篇之義。首尾次序皆不離虛實之用。但文辭差異耳。其意所主非實即虛。非虛即實。非我實而彼虛。則我虛而彼實。不然則虛實在於彼此。而善者變實而為虛。變虛而為實也。雖周流萬變。而其要不出此二端而已。凡所謂待敵者佚者。力實也。趨戰者勞者。力虛也。致人者。虛在彼也。不致於人者。實在我也。利之也者。役彼於虛也。害之也者。養我之實也。佚能勞之。飽能飢之。安能動之者。佚飽安實也。勞飢動虛也。彼實而我能虛之也。行於無人之地者。趨彼之虛而資我之實也。攻其所不守者。避實而擊虛也。守其所不攻者。措實而備虛也。敵不知所守者。鬥敵之虛也。敵不知所攻者。犯我之實也。無形無聲者。虛實之極而入神微也。不可禦者。乘敵備之虛也。不可追者。畜我力之實也。攻所必救者。乘虛則實者虛也。乖其所之者。能實則虛者實也。形人而敵分者。見彼虛實之審也。無形而我專者。示吾虛實之妙也。所與戰約者。彼虛無以當吾之實也。寡而備人者。不識虛實之形也。衆而備己者。能料虛實之情也。千里會戰者。預見虛實也。左右不能救者。信人之虛實也。越人無益於勝者。越將不識吳之虛實也。策之候之形之角之者。辨虛實之術也。得也動也生也有餘也者。實也。失也靜也死也不足也者。虛也。不能窺謀者。外以虛實之變惑敵人也。莫知吾制勝之形者。內以虛實之法愚士衆也。水因地制流。兵因敵制勝者。以水之高下。喻吾虛實變化不常之神也。五行。勝者實也。囚者虛也。四時。來者實也。往者虛也。日。長者實也。短者虛也。月。生者實也。死者虛也。皆虛實之類。不可拘也。以此推之。餘十二篇之義皆倣於此。但說者不能詳之耳。

或問。軍爭為利。眾爭為危。軍之與眾也。利之與危也。義果異乎。曰。武之辭未嘗妄發而無謂也。軍爭為利者。下所謂軍爭之法也。夫惟所爭而得此軍爭之法。然後獲勝敵之利矣。眾爭為危者。下所謂舉軍而爭利也。夫惟全舉三軍之眾而爭。則不及於利而反受其危矣。蓋軍爭者。案法而爭也。眾爭者。舉軍而趨也。為利者。後發而先至也。為危者。擒三將軍也。

或問。兵以詐立。以利動。以分合為變。立也動也變也。三者先後而用乎。曰。先王之道。兵家者流。所用皆有本末先後之次。而所尚不同耳。蓋先王之道尚仁義。而濟之以權。兵家者流貴詐利。而終之以變。司馬法以仁為本。孫武以詐立。司馬法以義治之。孫武以利動。司馬法以正。不獲意則權。孫武以分合為變。蓋本仁者治必為義。立詐者動必為利。在聖人謂之權。在兵家名曰變。非本與立。無以自修。非治與動。無以趨時。非權與變。無以勝敵。有本立而後能治動。能治動而後可以權變。權變所以濟治動。治動所以輔本立。此本末先後之次略同耳。

或問。武所論舉軍動眾皆法也。獨稱此用眾之法者。何也。曰。武之法奇正貴乎相生。節制權變兩用而無窮。既以正兵節制自治其軍。未嘗不以奇兵權變而勝敵。其於論勢也。以分數形名居前者。自治之節制也。以奇正虛實居後者。勝敵之權變也。是先節制而後權變也。凡所謂立於不敗之地而不失敵之敗。修道而保法。自保而全勝者。皆相生兩用先後之術也。蓋鼓鐸旌旗。所以一人之耳目。人既專一。勇者不得獨進。怯者不得獨退。此何法也。是節制自治之正法也。止能用吾三軍之眾而已。其法也固未及於勝人之奇也。談兵之流。往往至此而止矣。武則不然。曰。此用吾眾之法也。凡所謂變人之耳目。而奪敵之心氣。是權謀勝敵之奇法也。

或問。奪氣者必曰三軍。奪心者必曰將軍。何也。曰。三軍主於鬥。將軍主於謀。鬥者乘於氣。謀者運於心。夫鼓作鬥爭。不顧萬死者。氣使之也。深思遠慮。以應萬變者。心生之也。氣奪則怯於鬥。心奪則亂於謀。下者不能鬥。上者不能謀。敵人上下怯亂。則吾一舉而乘之矣。傳曰。一鼓作氣。三而竭者。奪鬥氣也。先人有奪人之心者。奪謀心也。三軍將軍之事異矣。

或問。自計及間。上下之法皆要妙也。獨云此用兵之法妙者。何也。曰。夫事至於可疑。而後知不疑者為明。機至於難決。而後知能決者為智。用兵之法。出於眾人之所不可必者。而吾之明智了然不至於猶豫者。其所得固過於眾人而通於法之至妙也。所謂高陵勿向。背丘勿逆。蓋亦有可向可逆之機。佯北勿從。銳卒勿攻。亦有可從可攻之利。餌兵勿食。歸兵勿遏。亦有可食可遏之理。圍師必闕。窮寇勿追。亦有不闕可追之勝。此兵家常法之外。尚有反覆微妙之術。智者不疑而能決。所謂用兵之法妙也。

或問。九變之法。所陳五事者何。曰。九變者。九地之變也。散輕爭交衢重圮圍死。此九地之名也。一其志。使之屬。趨其後。謹其守。固其結。繼其食。進其塗。塞其闕。示不活。此九地之變也。九而言五者。闕而失次也。下文曰。將通於九變之地利者。知用兵矣。將不通於九變之利者。雖知地形。不能得地之利矣。是九變主於九地明矣。故特於九地篇曰。九地之變。人情之理。不可不察也。然則既有九地。何用九變之文乎。曰。武所論將不通九變之利。又曰。治兵不知九變之術。蓋九地者。陳變之利。故曰。不知變不得地之利。九變者。言術之用。故曰。不知術不得人之用。是故六地有形。九地有名。九名有變。九變有術。知形而不知名。決事於冥冥。知名而不知變。驅眾而浪戰。知變而不知術。臨用而事屈。此所以六地九地九變皆論地利。而為篇異也。李筌以塗有所不由而下五利兼之為十變者。誤也。復指下文為五利。何嘗有五利之義也。

絕地無留。當作輕地。蓋輕有無止之辭。

或問。凡軍好高而惡下。太公曰。凡三軍處山之高。則為敵所棲。豈好高之義乎。曰。武之高。非太公之高也。公所論天下之絕險也。高山盤石。其上亭亭。無有草木。四面受敵。蓋無草木。則乏芻牧樵採之利。面面受敵。則絕出入運饋之路。可上而不可下。可死而不可久。此固有棲之之害也。武之所論。假勢利之便也。處隆高丘陵之地。使敵人來戰。則有高隆向陵逆丘之害。而我得因高乘下建瓴走丸轉石決水之勢。加以養生處實。先利糧道。戰則有乘勢之便。守則有處實之固。居則有養生足食之利。去則有便道向生之路。雖有百萬之敵。安能棲我於高哉。太武棲姚興於天渡。李先計令遣奇兵邀伏。絕柴壁之糧道。此興犯處高之忌。而先得棲敵之法明矣。學孫武者深明好高之論。而不悟處於太公之絕險。知其勢利之便者。後可與議其書矣。

或問。六地者。地形也。復論將有六敗者何。曰。後世學兵者泥勝負之理於地形者。故曰地形者。兵之助。非上將之道也。太公論主帥之道。擇善地利者三人而委之。則地形固非將軍之事也。所謂料敵制勝者。上將之道也。知此為將之道者。戰則必勝。不知此為將之道者。戰則必敗。凡所言曰走曰弛曰崩曰陷曰亂曰北者。此六者敗之道。將之至任。不可不察也。是勝敗之理不可泥於地形。而繫於將之工拙也。至於九地亦然。曰。剛柔皆得。地之理也。將軍之事靜以幽。正以治。驅三軍之眾如群羊。往來不知其所之者。將軍之事也。特垂誡於六地九地者。孫武之深旨也。

或問。死焉不得士人盡力。諸家釋為二句者何。曰。夫人之情。就其甚難者不顧其甚易。捨其至大者不吝其至微。死難於生也。甘其萬死之難。則況出於生之甚易者哉。身大於力也。棄其一身之大。則況用於力之至微者哉。武意以謂三軍之士。投之無所往。則白刃在前。有所不避也。死且不避。況於生乎。身猶不慮。況於生乎。故曰。死且不北。夫三軍之士不畏死之難者。安得不人人用力乎。死焉不得。士人盡力。諸家斷為二句者。非武之本意也。

或曰。方馬埋輪。諸家釋為方縛。或謂縛馬為方陳者。何也。曰解方為縛者。義不經據。縛而方之者。非武本辭。蓋方當為放字。武之說本乎人心離散。則雖強為固止。而不足恃也。固止之法。莫過於柅其所行。古者用兵。人乘車而戰。車駕馬而行。今欲使人固止而不散。不得齊勇之政。雖放去其馬而牧之。陷輪於地而埋之。亦不足恃之為不散也。噫。車中之士。轅不得馬而駕。輪不得轍而馳。尚且奔走散亂而不一。則固在以政而齊其心也。

或問兵情主速。又曰為兵之事。夫情與事義果異乎。曰。不可探測而蘊於中者。情也。見於施為而成乎其外者。事也。情隱於事之前。而事顯於情之後。此用兵之法。隱顯先後之不同也。所謂兵之情主速者。蓋吾之所由所攻。欲出於敵人之不虞不戒也。夫以神速之兵。出於人之所不能虞度而戒備者。固在中情祕密而不露。雖智者深閒。不能前謀先窺也。所謂為兵之事者。蓋敵意既順而可詳。敵釁已形而可乘。一向并敵之勢。千里殺敵之將。使陳不暇戰。而城不及守者。彼敗事已顯。而吾兵業已成於外也。故曰所謂巧能成事者。此也。是則情事之異。隱顯先後也。

或曰。九地之中復有絕地者何也。曰。興師動眾。去吾之國中。越吾之境土。而初入敵人之地。疆場之限。所過關梁津要。使吾踵軍在後。告畢書絕者。所以禁人內顧之情。而止其還遁之心也。司馬法曰。書親絕。是謂絕顧壹慮。尉繚子踵軍令曰。遇有還者誅之。此絕地之謂也。然而不預九地者何。九地之法皆有變。而絕地無變。故論於九地之中。而不得列其數也。或以越境為越人之國。如秦越晉伐鄭者。鑿也。

或問。不知諸侯之謀。不能預交。不知山林險阻沮澤之形。不能行軍。不用鄉導。不能得地利。重言於軍爭九地二篇者何也。曰。此三法者。皆行師爭利。出沒往來。遲速先後之術也。蓋軍爭之法。變迂為直後發先至之為急也。九地之利。盛言為客深入利害之為大也。非此三法安能舉哉。噫。與人爭迂直之變。趨險阻之地。踐敵人之生地。求不識之迷途。若非和鄰國之援為之引軍。明山川林麓險難阻阨沮洳濡澤之形而為之標表。求鄉人之習熟者為之前導。引動而必迷。舉而必窮。何異即鹿無虞。惟入於林。不行其野。強違其馬。欲爭迂直之勝。圖深入之利。安能得其便乎。稱之二篇。不亦旨哉。

或問。何謂無法之賞。無政之令。曰。治軍御眾。行賞之法。施令之政。蓋有常理。今欲犯三軍之眾。使不知其利害。多方悞敵。而因利制權。故賞不可以拘常法。令不可以執常政。噫。常法之賞不足以愚眾。常政之令不足以惑人。則賞有時而不拘。令有時而不執者。將軍之權也。夫進有重賞。有功必賞。賞法之常也。吳子相敵。北者有賞。馬隆募士。未戰先賞。此無法之賞也。先庚後甲。三令五申。政令之常也。若曰。若驅群羊。往來莫知所之。李愬襲元濟。初出。眾請所向。曰東六十里止。至張柴。諸將請所止。復曰入蔡州。此無政之令也。

或問。用間使間。聖智仁義。其旨安在。曰。用間者。用間之道也。或以事。或以權。不必人也。聖者無所不通。智者深思遠慮。非此聖智之明。安能坐以事權間敵哉。使間者。使人為間也。吾之與間。彼此有可疑之勢。吾疑間有覆舟之禍。間疑我有害己之計。非仁恩不足以結間之心。非義斷不足以決己之惑。主無疑於客。客無猜於主。而後可以出入於萬死之地而圖攻矣。秦王使張儀相魏。數年無効。而陰厚之者。恩結間之心也。高祖使陳平用金數十萬。離楚君臣。平楚之亡虜也。吾無問其出入者。義決己之惑也。

或問。伊摯呂牙。古之聖人也。豈嘗為商周之間邪。武之所稱。豈非尊間之術而重之哉。曰。古之人立大事。就大業。未嘗不守於正。正不獲意。則未嘗不假權以濟道。夫事業至於用權。則何所不為哉。但處之有道。而卒反於正。則權無害於聖人之德也。蓋在兵家名曰間。在聖人謂之權。湯不得伊摯。不得悉夏政之惡。伊摯不在夏。不能成湯之美。武不得呂牙。不能審商王之罪。呂牙不在商。不能就武之德。非此二人者。不能立順天應人伐罪弔民之仁義。則非為間於夏商而何。惟其處之有道。而終歸於正。故名曰權。兵家之間。流而不反。不能合道。而入於詭詐之域。故名曰間。所謂以上智成大功者。真伊呂之權也。權與間實同而名異。
或問。何以終於篇之末。曰。用兵之法。惟間為深微神妙。而不可易言也。所謂非聖智不能用間。非微妙不能得間之實者。難之之辭也。武始以十三篇干吳者。亦欲以其書之法。教闔閭之知兵也。教人之初。蒙昧之際。要在從易而入難。先明而後幽。本末次序。而導之使不惑也。是故始教以計量校算之法。而次及於戰攻形勢虛實軍爭之術。漸至於行軍九變地形地名火攻之備。諸法皆通。而後可以論間道之深矣。噫。教人之始者。務令明白易曉。而遽期之以聖智微妙之所難。則求之愈勞。而索之愈迷矣。何異王通謂不可驟而語易者哉。或曰。廟堂多算。非不難也。何不列之於終篇也。曰。計之難者。經之以五事。校之以七計。而索其情也。夫敵人之情。最為難知。不可取於鬼神。不可求象於事。不可驗於度。先知者必在於間。蓋計待情而後校。情因間而後知。宜乎以間為深而以計為淺也。孫武之蘊至於此。而知十家之說不能盡矣。

新譯孫子讀本。吳仁傑注譯.○孫子這部書對後世產生的影響.是巨大而深遠的.它以其軍事學術理論的深度.及應用於人類實踐領域的廣度.長久地保存著珍貴的文化價值.伴隨著時空的推移.此書中所展示的思想光輝並未褪色.反而因經歷久遠而愈顯璀璨.

新譯吳子讀本。王雲路注譯.○吳子一書早在戰國時期就和孫子兵法齊名.在先秦諸兵書.特別是孫子兵法的基礎上有不少新的發展.是一部有價值的兵書.對後世影響很大.宋朝時更為武舉試者必讀.頗受重視.現有英日法俄等文字譯本.

新譯司馬法。王雲路注譯.○司馬法自問世以來.就以其內容閎廓.思想深邃.而為歷代統治者及兵家學者所重視.影響極為深遠.從漢唐以至於宋代.此書的重要程度絲毫不因時間而改變.孫子集註的各家註文中.常可見司馬法之文字.可與本書參照閱讀.

相關閱讀書目

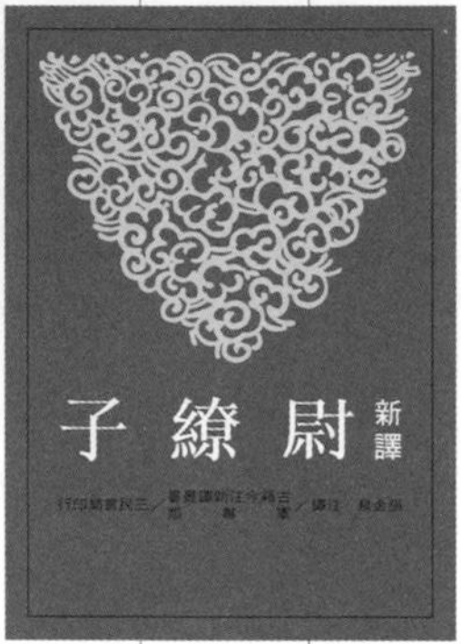

新譯尉繚子。張金泉注譯.○尉繚子是我國春秋戰國時期兵書的總結性論著.既對孫子吳起所代表的先進軍事思想有所繼承和發展.又批判了當時流行的兵陰陽說.創見很多.為歷代學者所引用.

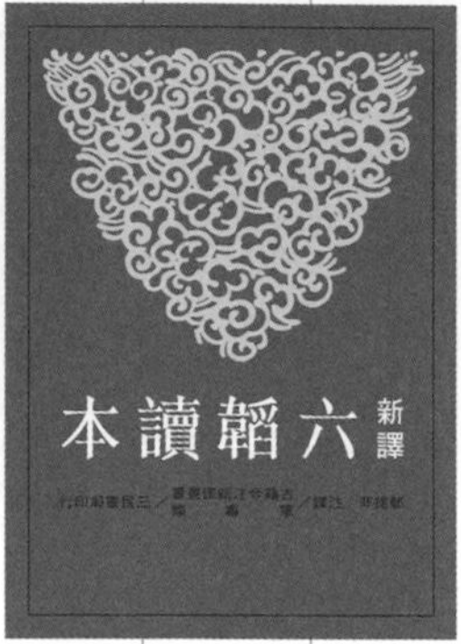

新譯六韜讀本。鄔錫非注譯.○六韜是一部古代著名兵書.漢高祖劉邦.三國時的孫權.劉備及諸葛孔明都十分推崇.宋神宗時更列入武經七書之一.本書在軍事理論上有一定的價值.其中論及的戰略和戰術觀點.對企管等其他領域.也富有啟迪意義.

新譯李衛公問對。鄔錫非注譯.○本書是唐太宗李世民同其大臣李靖討論軍事問題及用兵之道的談話紀錄.其原理可被廣泛運用到政治.文化.商戰.企業管理.公共關係.人際交往及個人思想修養等方面.孫子集註中.唐人注文亦常引用此書之言.可見其價值與地位.

新譯左傳讀本（上中下）◎郁賢皓等／注譯

戰爭的史事，便是兵法的實例，讀兵法，不能不讀歷史。《左傳》又稱為《春秋左氏傳》或《左氏春秋》，根據《春秋》編年記事的體例，全面記錄了春秋時期社會動盪變格的歷史進程，對於每一場戰爭之前的情勢，及戰後的影響，都有詳細的記述，包含著中國最早的戰爭思想，也是中國先秦時期內容最豐富、體制最宏大的一部史學著作。

新譯吳越春秋　◎黃仁生／注譯

本書是以春秋時期，吳國和越國的歷史為題材而寫成的一部古典名著，它比較系統地記敘了吳越興亡的始末，尤其濃筆重彩地描繪了春秋末年吳越爭霸過程中的一些傳奇故事和傳奇人物，在中國文化史上產生了深遠的影響。

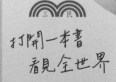

國家圖書館出版品預行編目資料

孫子集註／魏武帝等註；清 孫星衍等校.——初版五刷.——臺北市：東大，2024
面；　公分.——（古籍重刊）

ISBN 978-957-19-2797-8（平裝）
1. 孫子兵法 — 註釋

592.092　　94016528

古籍重刊

孫子集註

註　者｜魏武帝等
校　者｜清 孫星衍等

創辦人｜劉振強
發行人｜劉仲傑
出版者｜東大圖書股份有限公司(成立於 1974 年)

三民網路書店
https://www.sanmin.com.tw

地　址｜臺北市復興北路 386 號　(復北門市)　(02)2500-6600
臺北市重慶南路一段 61 號(重南門市)　(02)2361-7511

出版日期｜初版一刷 2006 年 4 月
初版五刷 2024 年 6 月
書籍編號｜E121260
ISBN｜978-957-19-2797-8